深入理解自然语言处理

从深度学习到大模型应用

宋文峰◎编著

U0387559

清华大学出版社

北京

内 容 简 介

本书从自然语言处理（NLP）的任务视角分门别类地介绍深度学习与大模型在现阶段各 NLP 任务中的应用。以任务视角是指以一个个场景项目为视角，这样可以让读者获得更多的实战经验。本书的每章都有核心模型的先验链条，这对读者理解和掌握 NLP 模型非常有帮助。

本书分为 9 章，对应 9 种 NLP 任务。第 1 章介绍分词和词性标注任务。第 2 章介绍文本分类任务，如情感分析、文章分类与打标签等。第 3 章介绍命名实体识别任务，如提取内容中的姓名和公司名等，在知识图谱、内容结构化和智能对话等场景中也有该类任务的具体应用。第 4 章介绍神经机器翻译任务，该类任务是 NLP 最先商用的独立场景。第 5 章介绍文本纠错任务，该类任务的应用非常广泛，涉及用户输入的场景一般需要用到纠错任务，否则用户体验会很差。第 6 章介绍机器阅读理解任务，该类任务偏学术，在实践中往往属于某个大任务下的子任务。第 7 章介绍句法分析任务，该类任务比较传统，基于深度学习的应用场景还不多。第 8 章介绍文本摘要任务，该类任务在新闻类业务场景中应用较多。第 9 章介绍信息检索和问答系统任务，凡是类似搜索和输入类需要等待回复的场景都会用到该类任务。

本书内容丰富，讲解深入浅出，适合有一定机器学习基础的 NLP 入门和进阶人员阅读，也适合 NLP 领域的从业人员作为解决具体业务问题的参考书，还适合高等院校人工智能等相关专业作为教材。

版权所有，侵权必究。举报：010-62782989，beiqinquan@tup.tsinghua.edu.cn。

图书在版编目（CIP）数据

深入理解自然语言处理：从深度学习到大模型应用 / 宋文峰编著.
北京：清华大学出版社, 2025. 1. -- ISBN 978-7-302-68152-6
Ⅰ. TP391
中国国家版本馆 CIP 数据核字第 2025AX7233 号

责任编辑：王中英
封面设计：欧振旭
责任校对：胡伟民
责任印制：丛怀宇

出版发行：清华大学出版社
　　网　　　址：https://www.tup.com.cn, https://www.wqxuetang.com
　　地　　　址：北京清华大学学研大厦 A 座　　　　邮　　编：100084
　　社　总　机：010-83470000　　　　　　　　　邮　　购：010-62786544
　　投稿与读者服务：010-62776969，c-service@tup.tsinghua.edu.cn
　　质量反馈：010-62772015，zhiliang@tup.tsinghua.edu.cn
印　装　者：小森印刷霸州有限公司
经　　　销：全国新华书店
开　　　本：185mm×260mm　　　　印　　张：19.25　　　字　　数：480 千字
版　　　次：2025 年 3 月第 1 版　　　　　　　　　印　　次：2025 年 3 月第 1 次印刷
定　　　价：89.80 元

产品编号：109963-01

随着人工智能技术的飞速发展，自然语言处理（NLP）领域迎来了前所未有的变革。在 2022 年之前，NLP 的研究和应用主要集中在传统的模型和方法上，如基于规则的方法、统计模型与机器学习算法等。这些技术虽然取得了一定的成果，但是在处理复杂、多变的自然语言时仍面临着诸多挑战。

近年来，随着深度学习技术的不断发展和计算能力的显著提升，大模型在 NLP 任务中的应用逐渐崭露头角。这些模型通过在大规模语料库上进行预训练，学会了丰富的语言知识和上下文理解能力，从而在各种 NLP 任务中取得了令人瞩目的表现。例如，BERT 和 GPT 等大模型的出现，极大地推动了 NLP 的发展，使得机器在文本生成、问答系统和对话系统等领域的表现有了质的飞跃。

在业界，小米的小爱同学（现更名为"超级小爱"）、阿里巴巴的天猫精灵、微软的小冰等智能助手都是基于大模型技术实现的。它们能够与人类进行流畅的对话，理解用户的意图并完成各种任务，如查询天气、播放音乐、设置提醒等。这些智能助手的出现，不仅提高了人们的生活质量，也推动了 NLP 技术的普及和应用。

除了智能助手外，大模型还在翻译、文本分类、分词和命名实体识别等 NLP 任务中取得了显著的突破。特别是在翻译领域，大模型的出现使得机器翻译的准确性得到了极大的提升。如今，即便是专业翻译人员，也经常会先使用基于大模型的机器翻译工具进行初步翻译，然后再基于这些结果进行润色和修改，从而大大提高了工作效率。

然而，随着 NLP 技术的不断发展，业界对 NLP 工程师的要求也越来越高。未来的 NLP 工程师不仅需要掌握传统的 NLP 技术和方法，还需要具备深度学习和大模型的相关知识，能够应对更加复杂和多样的 NLP 任务。因此，对于想要进入 NLP 领域的人来说，掌握深度学习和大模型技术将成为 NLP 从业人员的必备技能之一。

目前市面上系统讲解 NLP 任务的图书还不多，已经出版的大多数相关图书主要介绍各类算法，如朴素贝叶斯、隐马尔可夫模型（HMM）和条件随机场（CRF）等，最后介绍一下深度学习的相关内容。这样的讲述风格，其好处是讲解循序渐进，可以降低对读者学习规划能力的要求，但也会降低读者的学习兴趣。因为在遇到具体问题和应用场景之前，如何使用各类算法是不知道的，这样会导致学习目的缺失。对于编程问题，目前市面上已经有大量基于项目讲解编码的图书。但是对于算法场景而言，基于项目讲述的图书还很少。当然，算法场景也可以基于项目讲解，只是它对业务数据有强关联性，在具体项目中这样做容易陷入大量的数据清洗等细节上。

基于上述原因，笔者觉得有必要另辟蹊径，编写一本帮助学习者系统理解 NLP 的图书。本书基于 NLP 任务进行讲述，而不是基于真实的项目。如果厘清了各个任务的具体解决思路，那么当遇到真实的项目时自然可以顺利上手。这时，学习者与有经验的算法工程师的区别可能只是在特征工程、业务理解和模型参数调整等方面，而不会像工程开发那样——

如果只是开发学习性项目而没有经手过真实的项目，那么学习者与"有经验"就会有很大的鸿沟。

本书特色

- ❑ 基于 9 种 NLP 任务组织内容，每种任务都可以视为一个具体的实战项目，各个任务之间依赖度较低，学习者可以基于兴趣选择自己感兴趣的内容进行学习，或者基于当前遇到的问题直接查阅相关的解决方案和思路。
- ❑ 不但介绍 NLP 任务的传统实现方法，而且重点介绍其深度学习实现方法，并在每章后给出基于 ChatGPT 或者 BERT 等大模型实现相关任务的示例，从而帮助学习者全面掌握 NLP 任务的实现方法和应用。
- ❑ 详细介绍实现 NLP 任务的多种模型，不但对相关模型的理论知识进行详细介绍，而且辅以 200 多幅原理图，以帮助学习者更加高效、直观地理解。
- ❑ 以深度学习的前后进展逻辑展开讲解，详细分析每种模型的创新点，不仅可以让学习者快速掌握深度学习模型的核心逻辑，而且可以收获前人总结的先验知识。
- ❑ 不仅可以让学习者对 NLP 的相关任务有清楚的认识和深入的理解，而且可以对学习者阅读 NLP 相关论文提供很大的帮助。

本书内容

本书共 9 章，分别对应 9 种 NLP 任务。

第 1 章分词和词性标注，首先介绍如何用 Python 最常见的分词工具包 jieba 实现分词，然后介绍深度学习模型在分词中的应用，最后给出用 ChatGPT 模型实现分词和词性标注的示例。分词是比较基础的 NLP 任务，需要 NLP 工程师清楚其内部逻辑。

第 2 章文本分类，重点介绍文本分类的词向量方法和深度学习方法，并分别给出用 ChatGPT 和 BERT 模型实现文本分类的示例。文本分类是很常见的 NLP 任务，几乎所有的 NLP 任务都可以归结为分类任务，诸如情感分析、文章分类和打标签等都是常见的文本分类任务场景。

第 3 章命名实体识别，首先介绍 NLP 工具包 HanLP 在命名实体识别中的实现方法，然后介绍深度学习模型在该领域的探索，最后分别给出用 ChatGPT 提示词和 ChatGPT API 进行实体识别的示例。命名实体识别最常见的应用场景是实体提取，例如从一句话中提取其中的姓名和公司名等。知识图谱、内容结构化和智能对话等场景都有命名实体识别的相关应用。

第 4 章神经机器翻译，详细地介绍目前比较热门的 Transformer 模型，并分别给出用 BERT 和 ChatGPT 模型进行神经机器翻译的示例。神经机器翻译是 NLP 最先商用的独立任务场景，它也是经典"编码器-解码器"模型架构的最初任务场景。

第 5 章文本纠错，主要介绍文本纠错的工程流解决方案，并分别给出用 ChatGPT 提示词和 ChatGPT API 进行文本纠错的示例。文本纠错是应用非常广泛的一类任务，涉及用户输入的场景一般需要用到纠错，否则用户体验会非常差。

第 6 章机器阅读理解，基于 Match-LSTM 模型逐一介绍深度学习在机器阅读理解领域的应用，并分别给出用 BERT 和 ChatGPT 模型进行机器阅读理解的示例。机器阅读理解任务学术性较强，在实践中往往属于某个大任务下面的子任务。

第 7 章句法分析，首先介绍短语句法分析和依存句法分析，然后介绍深度学习与句法分析的结合，最后分别给出用 ChatGPT API 和 ChatGPT 提示词进行句法分析的示例。句法分析是比较传统的 NLP 任务，虽然目前它基于深度学习的应用场景还不多，但是并不意味着未来依然不多。

第 8 章文本摘要，主要介绍传统的摘要方法、抽取式模型和生成式模型，并分别给出用 ChatGPT API 和 ChatGPT 提示词进行文本摘要的示例。文本摘要类任务在新闻类业务场景中的应用较多，它也是类似翻译的模型结构。

第 9 章信息检索和问答系统，重点介绍表征式模型、交互式模型和混合式模型，并给出使用 ChatGPT 模型进行问答和检索信息的示例。信息检索和问答系统是使用频率很高的 NLP 任务，凡是类似搜索和输入类需要等待回复的场景都可以归为这类任务。

本书读者对象

- 想全面学习 NLP 任务模型的人员。
- 有一定机器学习和深度学习基础的 NLP 初学者与进阶者。
- 从事 NLP 开发的工程师。
- 对 NLP 感兴趣的人员。
- 对大模型应用感兴趣的人员。
- 相关培训机构的学员。
- 高校相关专业的学生。

本书配套资源

本书涉及的配套教学 PPT 有两种获取方式：一是关注微信公众号"方大卓越"，回复数字"41"获取下载链接；二是在清华大学出版社网站（www.tup.com.cn）上搜索本书，然后在本书页面上找到"资源下载"栏目，单击"网络资源"或"课件下载"按钮进行下载。

本书售后支持

由于笔者水平所限，书中难免存在疏漏与不足之处，恳请广大读者批评与指正。学习者在阅读本书时若有疑问，可发送电子邮件获取帮助，邮箱地址为 bookservice2008@163.com。

宋文峰
2025 年 1 月

目录

第 1 章　分词和词性标注

分词是 NLP 里非常基础的一项任务，它跟词性标注（POS）和命名实体识别（NER）一样，都属于序列标注任务。词性标注和 NER 任务一般是在分词之后进行的，少量 NER 模型为了减少分词带来的错误传播，不进行分词而直接执行 NER 任务。词性标注跟分词一样都不是现阶段 NLP 领域的研究热点，因为无论是传统的机器学习方法，还是深度学习方法，分词和词性标注的性能基本上都已经达到了较高的水准，可以商用，使用更复杂的模型能明显提升性能。

本章主要介绍分词，先介绍一些背景知识，然后介绍传统的分词方法，之后介绍深度学习在分词任务中的应用，最后讨论一下中文场景分词与不分词的优劣。

1.1　为什么要学习分词

分词相对来说是中文的一个专属 NLP 任务，英文因为有天然的空格作为分割，所以基本上不需要分词。在英文 NLP 教材或者论文中基本上找不到与分词相关的内容。

但要研究和学习中文的 NLP 就一定要学习分词吗？后面有一节会专门讨论这个问题。之所以讨论这个问题，是因为在当前的深度学习时代，尤其是 BERT（Bidirectional Encoder Representations from Transformers，一种预训练语言模型）的中文字向量使用以来，很多任务使用字向量的效果反而比使用词向量的效果好，似乎学习分词已经不能算是深度学习的必备能力了，使用字向量的模型可能不需要分词了。但并不是所有的模型都使用的是字向量，也就是说字向量目前并没有完全代替词向量。而且很多的 NLP 任务并不需要做向量化的嵌入，如信息提取 IR（其实就是搜索），还有很多任务依然是基于词向量的（如知识图谱、词性标注和句法分析等），如果不分词，那么这些任务就无法执行。

如果想要精通自然语言处理，那么还是要学习分词。其实现在主流的分词工具的实现还是比较简单的，如 jieba 和 hanlp 等，其代码看着复杂，但核心逻辑并不复杂，里面的很多代码是分词后要做的工作，如词性标注 POS 及命名实体识别 NER 等。

1.2　分词的传统算法

现在分词工具的主流方法基本都是最短路径分词，它基于词典进行分词——正反向最大匹配，下面逐一介绍。

1.2.1　正向最大匹配

分词最简单的方法是先整理出一个词表，然后在需要被分词的句子中逐个查找，如果匹配，则认为这是一个词。例如"我们一起去吃饭"，通过词表能分出"我们""一起""吃饭"等词。

至于词表可以使用通用汉语词表，也可以使用自己整理收集的词表，例如一些专业领域的词表（电子商务和医药等）。

给定一个句子，具体如何基于词表查找分词呢？如果仅是对词表进行随意查找，那么很容易把一些长词切分为短词。例如，"中华人民共和国成立了"被切分为"中华""人民""共和国""成立了"。"中华人民共和国"此类词一般有独立的意义，被区分为短词之后，其意义减弱甚至消失了。因此随意查找肯定不是好方案。

最大匹配法的提出就是为了避免此类问题。

正向最大匹配是指在查找词表时，优先匹配最长的那个词，如果匹配上更长的词，则抛弃短词。例如前面的"中华人民共和国"，如果词表里有这个词，则直接匹配成功，如果没有这个长词，就往下切分。

所谓正向，就是从左向右逐字搜索。还以"中华人民共和国"为例，搜索过程是先搜索"中华"，如果词表里有这个词则记录下来，即使没有也继续搜索，下一个搜索的词是"中华人"，有没有该词都会继续搜索，如果有，则记录，下一个是"中华人民"，以此类推，直到找到"中华人民共和国"这个词后停止。如果词表里没有这个词，则往回退，找那个次长的。

这里如果用词表的词在句子中搜索可以吗？当然可以，但是，如果词表有 50 万个词（这个量级是通用词表的常见数量），那么每次搜索就要遍历 50 万次，效率太低。

为了提高搜索的性能，往往使用一种称为 Trie 树的数据结构，也叫字典树。

1.2.2　Trie 树

Trie 树也叫字典树，它是一种数据结构，以相对有限的空间代价来提升分词查找的速度，如图 1.1 所示。

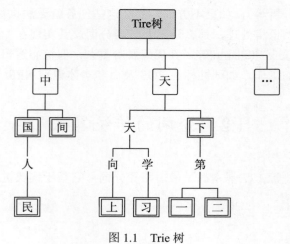

图 1.1　Trie 树

　　Trie 树的设计思路是以树形组织词表，根节点只有一个，其没有实际意义，只是用来保存所有一级节点的指针。从第一级节点开始，每级的每个节点都保存一个字。例如"天天向上"这个词，在 Trie 树里，第一级就是"天"，第二级是"天"，第三级是"向"，第四级是"上"。完全靠文字描述可能不是很清楚，可以参考图 1.1。

　　词表里所有的词的第一个字都在 Trie 树的第一级，第二个字都在第二级，以此类推。所有与第一个字相同的词，都被合并到一个子树下面。例如，"中国"与"中间"的第一字都是"中"，则共享一个父节点。

　　在图 1.1 中，双边框的字都表示词的结束，如"中国"的"国"字，在查找的时候可以通过这个结束标示来判断是否可以结束查找。

　　如何使用树结构呢？我们再模拟一遍搜索的过程。例如，"中国人民无条件支持你"，从"中"开始即 Trie 树的根节点开始查找，发现里面有"中"这个字，而且"中"这个字并没有结束标示，意思就是"中"不能成为一个词。

　　根节点保存着所有词的第一个字，那么如何能快速查找呢？遍历吗？其显示性能太低了。解决办法其实很简单，在构造字典树的时候把下面的节点做一个排序即可。在数据结构的排序中，对于有效列表，可以进行最快的二分查找。当然也有一些 Trie 树的变种，把这种多叉树的结构改为二叉树，其实就是为了进行天然的二分查找。还有更快的方法，就是对每一层都使用一个 Hash 表来存储，这样在 $O(1)$ 的时间内就可以完成查找，但代价是占用的内存空间很大。

　　我们继续上面的查找，找到"中"之后开始找"中国"，"中"下面有"国"字，同时"国"字有结束标示，也就是说"中国"后面的下一个字如果不是"人"字，在 Trie 树里没找到下一个字，那么就可以结束查找而返回"中国"。但现在"中国"的后面正好是"人"字，那么能找到就继续找，因为"人"字没有结束标示，下一个字是"民"，这样就到达了树的最低层，这里的所有节点都是有结束标示的。这样就把"中国人民"分词成功，虽然它中间包含"中国"这个词，但是这个词比"中国人民"短，因此以长的词为准。

1.2.3　反向最大匹配

　　正向最大匹配只要能实现 Trie 树，剩下的部分实现起来比较容易，但错分的比例比较高。例如，"有意见分歧""市场中国有企业才能发展"，其正向最大匹配的结果是"有意、见、分歧"和"市场、中国、有、企业、才能、发展"，显然都切分错了。正确的结果应该是"有、意见、分歧"和"市场、中、国有企业、才、能、发展"。如果使用反向最大匹配，则都可以正确切分。

　　所谓反向最大匹配，就是把本来从左往右匹配改为从右往左匹配。也就是"中国人民"的匹配方向从"中""国""人""民"，改为"民""人""国""中"，同时为了保持字典树的结构匹配，树的顺序也改为把词的最后一个字作为第一级，把第一个字作为最后一级的叶子节点，其他使用方式全部相同。

　　为什么反向最大匹配比正向最大匹配更好用？这其实没有什么底层理论支撑，只是通过实验得出的结论。实验统计得出，正向最大匹配的错误率大概在 1/150，而反向最大匹配的错误率大概在 1/250，也就是说反向最大匹配并没有完全消除切分错误，只是降低了错误率。

1.2.4 最短路径

前面介绍的两种方法虽然可以达到一定的准确率，但也只是一种工程方法，并且未涉及机器学习算法，效果也不好。下面使用统计数据即用概率的方法来计算分词结果。

所谓最短路径分词，简单地说就是把所有分词的可能性都列出来，然后寻找概率最大的那个路径。因为概率本来是相乘的，计算不方便，一般会使用 log 函数把乘法改为加法，而小于 1 的数值取对数之后会变为负数，并且所有的概率都为负，而且使用的是加法，所以不需要一直带着负号，再在取 log 的基础上取负。这样-log 取值最小，也就是原值最大，因此叫最短路径，而不是最长路径，如图 1.2 所示。

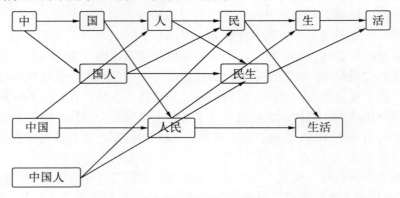

图 1.2 最短路径的词网

此处大概演示一下算法的流程。以"中国人民生活"为例，先使用词表匹配分词，把所有可能的词都分出来，这里就不是最大匹配，而是全匹配，如图 1.2 所示。"中国人民生活"可以分为"中""国""人""民""生""活""中国""国人""人民""民生""生活""中国人"等，然后可以以组成原来的句子为原则连接为一个词网。例如，"中"后面可以接"国人"，但不能接"中国"，因为这样组成的句子就成"中中国"了，同样不可以接"人民"，这样就少字了。最终连接好的词网如图 1.2 所示。

有了词网就可以寻找一个最优路径。那么以什么原则确定是否最优呢？也就是在词网节点之间的边上的权重使用什么值呢？一般使用的是二元词法（2-gram），这是一个统计概率。例如"中国"后面跟"人"的概率，可以通过 count("中国人")或 count("中国")语句来计算。count(x)语句的意思是语料库中词 x 的出现次数。当然有些非常少见的组合在语料库中可能没有涵盖，但不能认为其概率就是 0，还需要做平滑等操作。

有了图结构，也有了路径权重，那么求最短路径就有很多方法了，如数据结构关于图的 Dijkstra（迪杰斯特拉）算法。常用的是 Viterbi（维特比）算法，这个算法用来给 HMM（隐马尔可夫模型）算法的解码问题求解，在分词工具里分完词后还要进行基础版的命名实体识别 NER，否则遇到人名和公司名之类的词全部会被分为单字。很多工具都需要实现 HMM 算法，这样两处场景用一个算法不是更省力吗？

HMM 就是比马尔可夫模型多了一个隐藏变量的版本。正常的马尔可夫模型的逻辑是当前状态的概率基于前一个状态。例如，今天的天气依赖于昨天的天气，昨天是晴天，今天还是晴天的概率是 60%。常见的 n-gram 其实也是这个逻辑。

HMM 假设决定当前状态的是当前的隐藏状态，而当前的隐藏状态则依赖于前一个隐藏状态。例如，我们不关注天气而关注温度，那么假设温度完全是由天气决定的，那么今天的温度是多少度由今天的天气决定，而今天的天气则由前一天的天气决定，这样就形成了一个 HMM。

所谓的 Viterbi 算法，就是一个动态规划求最优解的方法。

如果读者尚未学习过 HMM，看不懂这里的解释也没关系，这不影响对后面内容的理解。可以把这个概念当作一个黑盒，只需要知道应该输入什么并了解输出结果表达的意思就可以了。

🔔 **注意**：关于 HMM 的内容，读者可以参考李航编写的《机器学习方法》一书中 HMM 的相关章节，再参考网络上的一些文章如《通俗理解 HMM》，更容易理解。这里因为主题是深度学习，所以就不展开介绍了。不只是这里，在后面的各类 NLP 任务中，凡是需要讲解传统算法的地方都进行了简化甚至忽略不讲，因为传统算法的书籍和文章很多，如果全部详细讲解会占用很多的篇幅，感兴趣的读者可以自行学习。

很多知识往往不是独立的，而是与其他知识相关联的，这时多数人喜欢把所有的知识点都弄明白，再来学习这个知识点，这也是人的天性，不过这样的学习效率不高，因为知识点的依赖有时候不像教科书那样是从前往后循序渐进排列的，这样容易导致一个知识点不懂就难以继续学习下去。如果有了黑盒思维，可以先把这个知识点封装起来，只关心其输入与输出，而不关心内部的实现，把外部的整体知识体系学明白，然后研究黑盒的内部，这样往往会起到事半功倍的效果。

分词的传统方法就介绍到这里，因为它不是我们的重点，所以讲得比较简略。后面将会介绍与深度学习相关的分词方法。

1.2.5　分词工具 jieba 的实现流程

Python 的扩展包 jieba 是比较有名的一个分词工具包，虽然它的指标不是最高的，但是其速度和指标相对折中，而且使用比较便捷。下面介绍 jieba 的实现流程，如图 1.3 所示，从而帮助读者理解分词的方法。

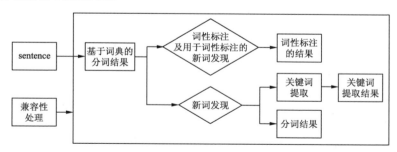

图 1.3　jieba 的实现流程

jieba 接收一个句子之后就开始基于词典进行分词，如果需要进行词性标注则标注，如果不需要标注则只返回分词结果。分词之后也是可选的，即要不要进行新词发现。所谓的新词发现是一个 NER，针对词典中没有的连续单字识别命名实体，而关键词提取是指 TF-IDF 和 textrank 信息。

　　jieba 分词的具体流程如图 1.4 所示，先输入一个句子——"早！今天天气真好啊"基于标点符号进行切分，切分为"早"和"今天天气真好啊"两部分。前一部分只有一个字，所以无须继续分下去，如果不是一个字，那么会继续执行分词流程。后一部分开始正常分词，基于已有的词典把后一部分所有的词都分出来，形成前面讲过的词网，也就是一个有向无环图。形成词网之后，边的权重就是词典里附带的词频，这样基于这个权重就可以计算出一个得分最高的路径，这个路径就是一个分词结果。这里分成了"今天天气""真""好""啊"。

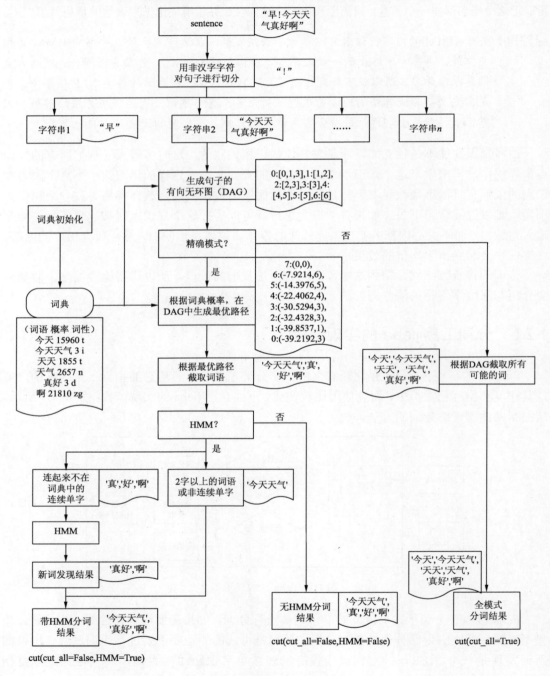

图 1.4　jieba 分词流程

　　结束了吗？没有。默认还要进行新词识别，也就是 NER，这里的 NER 并不是针对全句，因为在分词任务中 NER 的需求并不强烈，如果对全句都进行 NER，则会较大地影响分词速度。NER 基于 HMM 算法，在 jieba 包中有一个预训练好的新词发现 HMM 转移概率矩阵，基于这个矩阵同样可以给出一个最佳的概率路径，如图 1.5 所示。

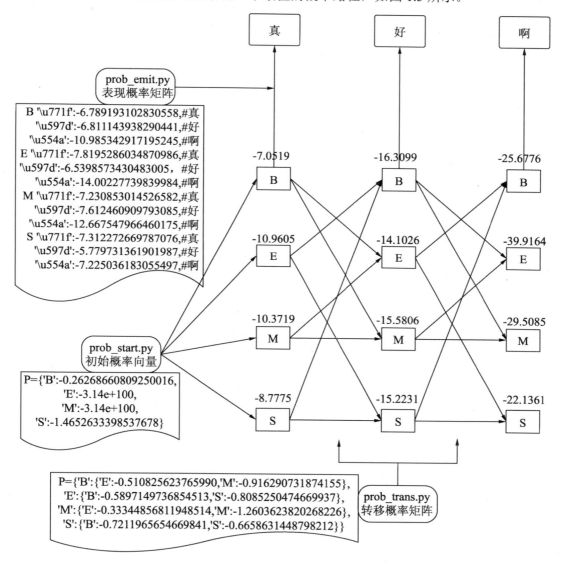

图 1.5　HMM 的路径求解演示

　　最终得出的结果是"真好""啊"。这样总的分词结果是"早/！/今天天气/真好/啊"，如图 1.4 所示。

　　词性标注 POS，就是给分好的词打上对应的名词、动词和形容词之类的词性。很多词的词性只有一种，还有一些词虽然有多种词性，但是频率高的那个词性占比很高，所以为简单起见，直接通过查词表取出频率最高的那个词性作为当前分词的词性也是一个方案。jieba 就使用了这个方案，对于没有开启 HMM 新词发现的词性标注，以及开启了 HMM 新词发现的词性标注为非连续单字的词，都直接使用查询词表的方案。只有开启了新词发现，并且连续出现了多个单字，才会先基于新词发现的逻辑选出所有可能的新词组合，再使用另一个预先训练好的词性 HMM 转移概率，基于这个概率同样求得一个最优路径，得到对应的新词和词性。

分词和词性标注中对连续单字的新词发现用的算法是 HMM，但因为使用的转移概率矩阵是不同的，所以会发现有时候分词的结果和词性标注的分词结果不同，如图 1.6 所示。

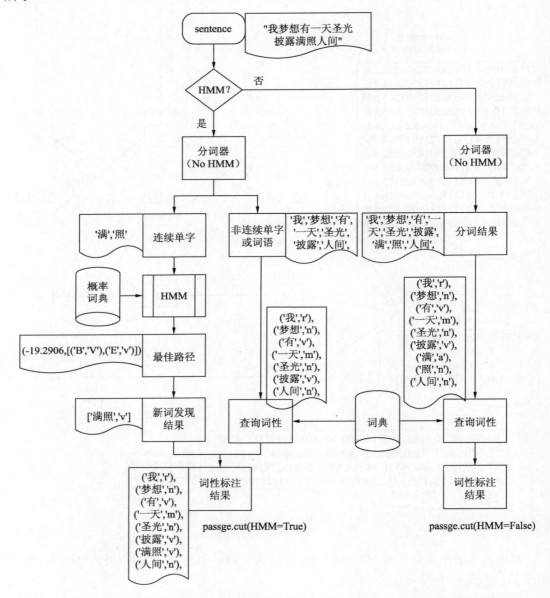

图 1.6 词性标注流程

最后，因为 jieba 的词典里附带了词频，可以统计 TF-IDF 和 textrank 信息，所以 jieba 也支持这个功能，如图 1.7 所示。

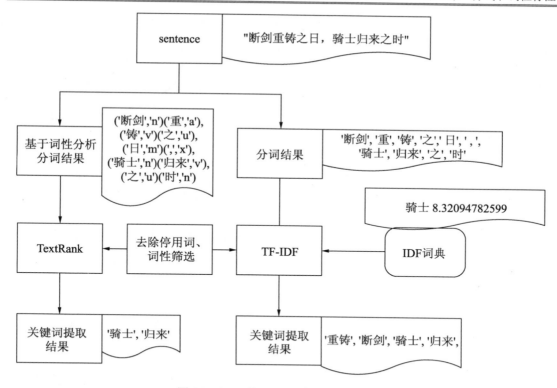

图 1.7　jieba 的 TF-IDF 和 textrank 信息

综上所述，jieba 整体的实现逻辑并不复杂，读者可以基于本节介绍的流程阅读源码，这样可以理解得更透澈。

1.3　深度学习在分词中的应用

深度学习在分词任务中的探索其实并不热门，原因有两个：一是在 BERT 提出之后，一部分任务可以直接基于字向量去解决，二是在分词任务上深度模型的指标相比工程方法没有大幅提升，但响应速度却大幅下降。不热门不代表没有价值，下面按时间顺序及相对热门的领域介绍分词任务里的深度模型。

1.3.1　Bi-LSTM 模型

Google 公司的 Ji Ma、Kuzman Ganchev 和 David Weiss 于 2018 年在论文 State-of-the-art Chinese Word Segmentation with Bi-LSTMs 中提出了一个用于分词的模型，该模型非常简单，就是一个稍微变形的 Bi-LSTM。

对于中文分词，不同的语料库标准不统一，例如"宝马公司"，有的语料库认为这是一个词，有的语料库会将其分为"宝马"+"公司"。有的语料库的训练集和测试集不统一，如上面的论文中就给出了一个错误分析——"抽象概念"，在训练集里这个词从来没有出现过，只存在"抽象"和"概念"两个独立的子词，而在测试集里就出现了"抽象概念"这个词。这种实例确实难以通过算法来克服。所以之后的一些尝试和发表的论文就开始进行跨语料的联合学习。

Bi-LSTM 可以算是深度学习在分词领域应用最早的模型了，虽然前面也有不少使用神经网络进行中文分词的模型，但是其指标都没有全方位地超越最好的传统算法，如 HMM、CRF 和最短路径等。

1. 模型结构

先看一下 Bi-LSTM 模型的结构，如图 1.8 所示。

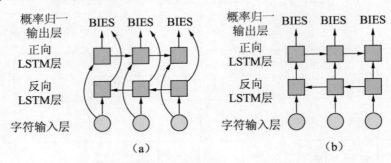

图 1.8　stacked Bi-LSTM 模型结构

Bi-LSTM 模型结构是标准的序列标注结构，就是将一句话输入后，每个字都会对应一个标签输出，对于分词的标签一般为 B、M、E、S。B 就是 Begin，是词的开始部分；M 就是 Middle，是词的中间部分；E 就是 End，是词的结束部分；S 就是 Single，是单字词，如"我""是"等。

每个字都有了对应的标签后，就可以根据标签来分词，S 就是单独的一个词，BE 就是一个双字词，BME 就是一个三字词，BMME 就一个是四字词，以此类推。

如图 1.8 所示，中间词标识使用的是 I，与 M 的意思是一样的。图 1.8（a）是正常的 Bi-LSTM，就是输入正向的 LSTM，同时也输入反向的 LSTM，然后把两边的输出合并，作为下一层的输入。而这里的模型使用的是变形的 Bi-LSTM，如图 1.8（b）所示为 Stack-LSTM，就是先输入反向的 LSTM，然后这个反向 LSTM 的输出不是等待与正向的输出合并，而是直接输入正向的 LSTM，然后以正向的 LSTM 的输出作为下一层的输入。这其实类似正常的双层 LSTM，只不过第一层是反向传播的。

序列标注模型最后经常会跟一层 CRF，作为寻找最佳序列的组合，这个逻辑其实与最短路径分词类似，就是找出概率最高的那条路线，而不是用贪婪算法，每步都直接取最大值。虽然取最大值的方法计算简单，但是其值往往都不是最优解。而这里的模型没有使用 CRF。

序列标注任务中的最后一层常用的有 3 种方法。

第一种就是使用贪心算法，其计算简单，但其值往往不是最优解。

第二种是使用 Beam Search，它也是一种贪心算法，不同的是每次不是取最大值，而是取几个值，如 5 个值，然后就用这 5 个值依次作为下一步的输入，分别计算出下一步的结果，再取两步中最优的 5 个结果，以此类推，到最后一步还是只保留 5 个最优值。这种方法的计算量会增加，而且不保证可以取到最优解，但最终的结果基本可以非常接近最优值。

第三种是使用 CRF。CRF 简单理解就是一个打分层外加一个动态规划求最优解的方法。求最优解就是前面简单提过的 Viterbi 算法。打分层在传统的 CRF 里其实是特征工程，也就是基于当前任务如分词，将计算法专家们总结的很多先验经验整合成为多个打分函数，然后基于当前的句子选择适合的打分函数，给每个字的每个标签打一个分数，然后基于这个分数找出整个序列总得分最高的那个序列组合。而现在的 CRF 一般都用神经网络的自动学习特征去拟合特征工程的特征函数，详细介绍的话可以占用一章的篇幅，但 CRF 不是我们的重点，因此这里可以简单将 CRF 理解为一个全连接层，对每个字都输出 4 个值，也就是 4 个标签 BMES 的得分。

如果想深入学习 CRF，可以参考李航的《机器学习方法》一书的 CRF 章节。该书是一本典型的教科书，里面有很多公式可以作为参考标准。同时，读者还可以参阅网上的一些文章，如《通俗易懂理解——条件随机场 CRF》，对于理解 CRF 也非常有帮助。

2．bi-gram输入

这里的输入使用 uni-gram 与 bi-gram 两个 Embedding 层的合并。这个想法是受 Hao Zhou、Zhenting Yu、Yue Zhang 等人发表的论文 Word-Context Character Embeddings for Chinese Word Segmentation 的启发，如图 1.9 所示。

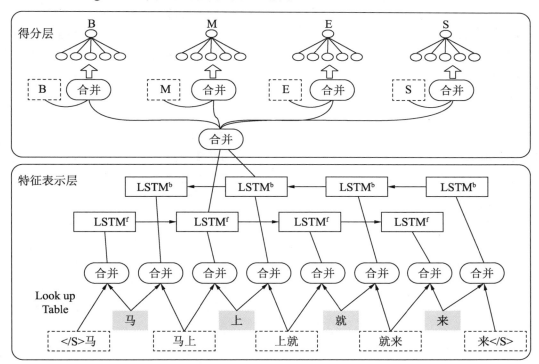

图 1.9　uni-gram 和 bi-gram 特征输入

这里，uni-gram 其实就是字向量，而 bi-gram 就是双字向量，这个双字可能是词也可能不是词，获取方式是使用 Word2vec 训练方式进行预训练，分别训练 uni-gram 向量和 bi-gram 向量。

当然，模型实验也尝试了不进行预训练而只是把 uni-gram 和 bi-gram 进行随机初始化的效果。

bi-gram 双字向量这个特征后面还会被很多模型使用，实验结果表明其效果还是不错的，对很多 NLP 任务都起到了提升作用。

各语料库的实验结果如图 1.10 所示。

	AS	CITYU	CTB6	CTB7	MSR	PKU	UD
Liu et al. (2016)	—	—	95.9	—	97.3	**96.8**	
Yang et al. (2017)	95.7	96.9	96.2	—	97.5	96.3	—
Zhou et al. (2017)	—	—	96.2	—	97.8	96.0	—
Cai et al. (2017)	—	95.6	—	—	97.1	95.8	—
Kurita et al. (2017)	—	—	—	96.2	—	—	—
Chen et al. (2017)	94.6	95.6	96.2	—	96.0	94.3	—
Qian and Liu (2017)	—	—	—	—	—	—	94.6
Wang and Xu (2017)	—	—	—	—	98.0	96.5	—
Ours (fix embedding)	**96.2**	**97.2**	**96.7**	**96.6**	97.4	96.1	**96.9**
Ours (update embedding)	96.0	96.8	96.3	96.0	**98.1**	96.1	96.0

图 1.10 各语料库的实验结果

这个实验结果在当时确实是最好的，除了 PKU 数据集，其他性能都超越了以往的模型。比较有意思的是，在对比预训练词向量的使用方式的结果中，预训练之后不进行微调的方法在大部分数据集上的效果反而更好，而根据分词任务进行微调的效果除了 MSR 数据集之外全部低于 fix 组。当然，原因也可能是模型微调过度而导致过拟合。按笔者的经验微调有一定的提升效果，但其值不能调得太大，一般需要提前结束作为正则来限制微调值。也有可能是数据集本身的问题，前面说过，训练集和测试集经常会出现一些不匹配的标注，因此需要更深层次地研究数据集。

3．其他优化手段

Bi-LSTM 模型虽然简单，但是为了达到当时 SOTA 的效果，使用了一些调优方法，如 RNN Dropout、超参数的网格搜索（见图 1.11）和优化器使用基于动量的平均 SGD 过程等。

参数	值
字符嵌入向量的长度	[64]
bi-gram 双字向量的长度	[16, 32, 64]
学习率	[0.04, 0.035, 0.03]
训练多少次衰减	[32K, 48K, 64K]
输入的 dropout 率	[0.15, 0.2, 0.25, 0.3, 0.4, 0.5, 0.6]
LSTM 内部流转的 dropout 率	[0.1, 0.2, 0.3, 0.4]

图 1.11 网格搜索的范围

值得一提的是网格搜索，这也是优化指标的一个手段。所谓优化，就是在高维空间里寻找一个最优解，也就是最大值或最小值，两者可以增加一个负号和互换，所以等价，后面统一使用最小值。如果是二维平面，那么最小值很容易找，就是一阶导数为 0，二阶导数大于 0。如果是高维，那么就是一阶梯度为 0，二阶梯度矩阵全部大于 0。但问题是：如果有 10 维，10 个方向全部大于 0 的概率高吗？假设大于 0 的概率为 50%，那么 0.5 的 10 次方（就是 10 个方向都大于 0 的概率）等于 1/1024，概率非常低。

因为超平面不是由数学公式推导出来的，不是凸平面，所以可能是任意形状的。这样的平面其实就是一阶梯度为 0，而二阶梯度各方向大于 0 和小于 0 都有的概率才是最高的。这样的点其实就是鞍点，连局部最小值都算不上。

所以理论上，在一个高维空间中寻找一个任意平面的最小值是非常困难的。即使使用了最先进的优化器，其值也非常容易停在一个鞍点上。解决这个问题的最佳方式就是使这个鞍点的二阶梯度小于 0 的维度少一些，这样就不容易被优化器的动量之类的因素扰动跳出这个区域。

怎样才能寻找到最优解呢？其实并没有一个最优的方法，可以使用上面提到的网格搜索来增加找到最优解的概率。其原理也很简单，就是从高维空间不同出发点去寻找。例如，现在我们都不知道珠穆朗玛峰是最高的，要寻找世界上最高的山峰，应该怎么找？我们可以从不同的地区向着当地最高的位置去寻找。

具体到模型，就是以不同的超参数组合优化模型。如图 1.11 所示，例如组 1 使用 bi-gram 双字向量的长度为 16，学习率为 0.03，输入的 dropout 率为 0.2，LSTM 内部流转的 dropout 率为 0.3，组 2 就使用其他参数，然后看两个组最终的指标结果，使用最优的那个指标，如图 1.12 所示。

不同模型搭配	经过网格搜索后的平均得分	不使用网格搜索的平均得分
This work	97.69	97.49
-Stacked	97.41	97.16
-Pretraining	96.90	96.81

图 1.12　网格搜索的结果

其中，第一列就是指标最优的那一组，第二列就是平均值。从经验上讲，虽然网格搜索会极大地增加训练时间，有几组参数就训练几次，但是指标提升的效果没有理论上预测的那么好，如图 1.13 所示。

System	AS	CITYU	CTB6	CTB7	MSR	PKU	UD	Average
This work	98.03	98.22	97.06	97.07	98.48	97.95	97.00	97.69
-LSTM dropout	+0.03	-0.33	-0.31	-0.24	+0.04	-0.29	-0.76	-0.35
-stacked bi-LSTM	-0.13	-0.20	-0.15	-0.14	-0.17	-0.17	-0.39	-0.27
-pretrain	-0.13	-0.23	-0.94	-0.74	-0.45	-0.27	-2.73	-0.78

图 1.13　消融实验对比

Ji Ma、Kuzman Ganchev 和 David Weiss 几人对几个关键模块进行了实验对比，发现预训练还是有较大影响的，至于 stacked Bi-LSTM 和 LSTM Dropout，其实将它们去掉后对模型的整体性能影响并不大，说明这两个设计是有正贡献的，如图 1.14 所示。

	AS	CITYU	CTB6	CTB7	MSR	PKU	UD
OOV %	4.2	7.5	5.6	5.0	2.7	3.6	12.4
Recall % (random embedding)	65.7	75.1	73.4	74.1	71.0	66.0	81.1
Recall % (pretrain embedding)	70.7	87.5	85.4	85.6	80.0	78.8	89.7

图 1.14　OOV 的召回率

Ji Ma 几人最后还做了一些错误的案例分析，其中值得一提的是 OOV（超出词典范围）问题，就是前面提过的在训练集里根本没出现过的词，但在测试集里出现了，结果如图 1.14 所示，其实效果笔者认为还可以，随机初始化的嵌入向量就能达到 65% 以上的召回率。为什么训练时没出现过的词也能识别出来呢？应该是一些常见的上下文组合信息造成的。例如，"我要去吃××。"，这个××一般都是一个词，即使训练集里没出现，也有概率能分出来。而使用预训练的嵌入向量后，整体 OOV 的召回率指标又提升了 10% 左右，这说明额外的预训练信息还是有价值的。

1.3.2 基于词向量的分词

上一节我们讲了使用预训练的字向量和 bi-gram 双字向量来分词，那么能不能使用词向量分词呢？

这个问题是不是听着很奇怪，如果知道词向量，那么肯定就分好词了，否则怎么知道词向量呢？还真可以，当然我们预先分好的词只是作为后面分词的参考，而不是最终结果。阿里巴巴的 Yuxiao Ye、Weikang Li 和 Yue Zhang 等人在 2018 年发表的一篇论文 Improving Cross-Domain Chinese Word Segmentation with WordEmbeddings 中就是这么做的，这里大概了解一下逻辑增加的一些思路即可。

首先，使用任意一种分词器把语料分成词，这里的分词有点像 jieba 的全部模式，就是把所有可能的词全部分出来。例如，在前面的最短路径里把"中国人民生活"和"中国、人民、生活、中国人、国人、民生"等都分出来，基于这样的假设，就是因为词向量是基于语言模型训练的，所以正确分词的一句话中的所有词的词向量距离是比较接近的。这一点很容易理解，因为如 Word2vec 之类的词向量训练时的损失函数就是让上下文词的输出与目标词接近，这样上下文距离目标词就肯定是接近的。

有了这个假设，就可以寻找一个全句词向量距离总值最小的一种分词路线。其实这个逻辑跟最短路径分词没有本质的区别，只是最短路径使用 bi-gram 作为图的边的权值，而这里是使用边上的两个词向量的距离作为权值。

当然，也可以不使用基本分词器把所有可能的词分出来，只是这样就需要进行一定程度的遍历，尝试所有字符可能组合的词，如果在预训练词向量词典里没有这个词，则跳过。这个逻辑跟前面差不多，只是不需要预先分词。

1.3.3 简易融合语料分词

因为汉语分词只能使用汉语语料，所以其存在的问题是语料库缺乏。现在多个分词语料库也存在一个问题，就是分词标准不统一，如表 1.1 所示。

表 1.1　分词语料库的标准

语料库	Li	Le	reaches	Benz	Inc
pku	李	乐	到达	奔驰	公司
msr	李乐		到达	奔驰公司	
as	李樂		到達	賓士	公司
cityu	李樂		到達	平治	公司

因此如何充分利用这些标准不统一的语料库成了一个较热门的问题。

直接的方法就是把标准统一化，例如，先把所有的繁体字转换为简体字，然后基于一个映射表把一些翻译的差异统一进行转换。例如，将表 1.1 中 Benz 对应的大陆版"奔驰"、台湾版"宾士"和香港版"平治"，统统转换为"奔驰"。接着把不同的标准统一起来，需要做很多的人工规则识别操作，最后使用一个合并的大语料进行训练。这种方法最大的问题就是需要大量的人工介入，因此可能会引入一些不易感知的新的不统一或错误。

有人在基于 Google 多语言翻译模型对不同语言语料的处理时，想到了直接联合语料进行训练，只是在不同语料的每句话前面增加一个相应语料的特有标识，如表 1.2 所示。

表 1.2　不同语料库的处理

Corpora	Li Le reaches Benz Inc
PKU	\<pku\> 李乐 到达 奔驰 公司 \</pku\>
MSR	\<msr\> 李乐 到达 奔驰公司 \</msr\>
AS	\<as\> 李樂 到達 賓士 公司 \</as\>
CityU	\<cityu\> 李樂 到達 平治 公司 \</cityu\>

其中，在 PKU 语料的每句话前后都增加一对特有标识\<pku\>\</pku\>。其他语料也一样。

对于序列标注问题，所有的损失都可以使用最大似然估计 MLE，其实 MLE 在底层是与交叉熵等价的。

$$L(\theta) = \sum_{m=1}^{M} \sum_{n=1}^{N} \log p(Y_n^m \mid X_n^m)$$

这里的 m 就是有 m 个句子，n 就是每个句子有 n 个字，Y 就是正确的标签序列。

本章后面不特别指出的情况下，损失函数是通用的。

融合分词的训练结果如图 1.15 所示。其中，使用的网络是普通的 Bi-LSTM+CRF。前面讲过，CRF 的最大作用就是 Viterbi 算法可以找到最优解，所以理论上在序列标注问题中，任意模型在添加上一层 CRF 层后指标都会提升一些，至于提升多少则不一定。有兴趣的读者可以对比一下前面介绍的 Bi-LSTM 分词的结果，虽然前面那个 Bi-LSTM 最后没有添加 CRF，但是指标依然比较高，也就是说这里的 Bi-LSTM 实际上只是一个没有任何调优的模型，没有 stacked，没有 bi-gram 向量等。继续看这里的实验结果，baseline 就是对语料分别进行训练的结果，+naive 就是语料联合训练但前后没有特殊标识。由此可见，如果对多语料不进行处理，反而令指标大幅下降，+multi 就是在不同语料库的句子前后加上了特殊标识。

Models	PKU	MSR	CityU	AS
Tseng et al. (2005)	95.0	96.4	-	-
Zhang and Clark (2007)	95.0	96.4	-	-
Zhao and Kit (2008)	95.4	**97.6**	96.1	**95.7**
Sun et al. (2009)	95.2	97.3	-	-
Sun et al. (2012)	95.4	97.4	-	-
Zhang et al. (2013)♣	96.1	97.4	-	-
Chen et al. (2015a)♠	94.5	95.4	-	-
Chen et al. (2015b)♠	94.8	95.6	-	-
Chen et al. (2017)	94.3	96.0	-	94.8
Cai et al. (2017)◇	95.8	97.1	95.6	95.3
baseline	95.2	97.3	95.1	94.9
+naive	90.5	92.1	91.3	94.3
+multi	**95.9**	97.4	**96.2**	95.4

图 1.15　融合分词的训练结果

本节的重点不是介绍模型有哪些创新，所以模型未达到最好并没有明显影响，关键是加入了特殊标识的联合语料训练确实让最终的指标上升了，虽然幅度不太大，但是有明显的提升，证明这样简单的融合方法是有效的，后面会介绍一些其他的融合方法。

1.3.4　分词的多标准集成学习

分词的多标准集成学习依然是对多个分词语料的联合训练，与1.3.3节的区别在于1.3.3节使用了共享全部权重的统一模型，且使用一个额外标识来区分每种语料，而本节模型的方案是为每个语料库设计一个专有的网络层。

其实现在分词因为语料数量的限制，许多论文都在研究如何充分利用现有的多个分词语料库，而就因为这些语料库的标准经常不同，所以如何协同这些不同的标准也就成了问题。

至于单纯的网络更新，到目前为止，几乎所有相关论文的指标都没有超过 SOTA，表现最好的是对 transformer 进行的一些改造，最终指标才能接近 SOTA 模型。因此现在看到的提升 SOTA 指标的论文基本上都是向联合语料这个技术方向努力的。这并非语料融合技术本身有多么重要，而是由于标签语料太稀少，不足以支撑深度网络的学习，只有把语料库合并起来才勉强够用。

还有一个方向是使用现有的语料库。例如，在进行一些领域分词时使用一些领域词典，再加上无标注的大量语料库来协同提升分词的质量。因为无标注的语料数量永远大于有标注的语料数量，所以这也是所有 NLP 任务的方向。这种训练方式被称为半监督学习。不过目前在分词领域看到的结果还不能令人满意，所以这里就不介绍了。

本节讲解的是蚂蚁金服的 W Huang、X Cheng 和 K Chen 等人发表的一篇论文 Toward Fast and Accurate Neural Chinese Word Segmentation with Multi-Criteria Learning 其分词模型如图 1.16 所示。

整体上，这个模型还是把分词作为一个序列标注问题来解决的，就是在网络中输入一串文字 $C_1 C_2 \cdots C_n$，然后每个字符输出一个取值为 $\{B,M,E,S\}$ 的标签 $y_1 y_2 \cdots y_n$。

第一层是嵌入层，就是把 one-hot 的高维字向量转换为相对低维的字向量，这里可以使用预训练的字向量，也可以从随机初始化开始训练。

第二层是一个 Transformer 模块，准确说是一个 BERT 模型，不过原来的 BERT 是 12 层，这里为了使速度和效果达到平衡，使用了原来 BERT 的最下面的几层，具体使用多少层其实是一个超参数，后面实验有测试。对于 Transformer，在后面的章节中会具体讲解。BERT 的网络结构就是 Transformer 的编码器（Encoder）部分。

这里的 BERT 保留了原来的权重，因为这些权重是基于大量语料训练的，拥有语言的很多先验知识，理论上对分词是有正向贡献的。

图 1.16 中虽然把嵌入层与 BERT 层（图中显示为 Transformer Blocks）分开了，但是理论上这个嵌入层是 BERT 内置的嵌入层，否则初始化为与 BERT 不同的 emb 向量后再经过 BERT 可能会出现与预测完全不符的结果。所以最初的两层其实可以简单理解为一个 BERT 动态词向量层。

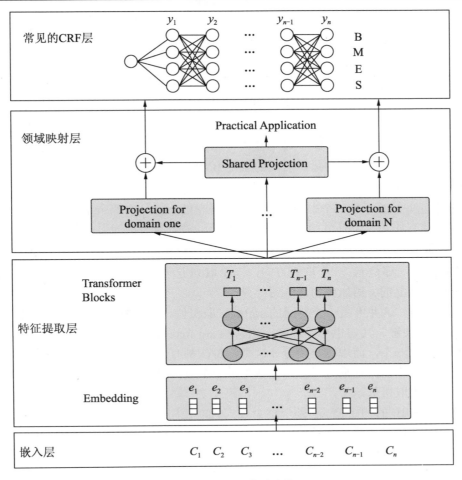

图 1.16 分词模型结构

经过 BERT 层之后，每个字符都会输出一个向量，这个向量再分别经过两个网络层，一个是与语料库相关的网络，另一个是所有语料库通用的共享网络。这两个网络结构比较简单，就是一个线性映射：

$$h_i^s = \mathrm{ReLU}(W_s h_i + b_s)$$
$$h_i^p = \mathrm{ReLU}(W_p h_i + b_p)$$

h_i^s 是共享层的输出，h_i^p 是专属层的输出。图 1.16 中的多个箭头其实对应的是不同的语料库输入，具体到某个语料库，那么其只会进入对应的专业网络层和共享网络层两个方向。

共享网络层用来提取所有语料（以及其对应的分词标准）通用的特征，而专有网络则用来在通用特征之外提取专属特征。

对两个网络层的输出做一个按位相加：

$$h_i' = h_i^s + h_i^p$$

最后一层就是常见的 CRF 层。论文里给出的推导是：

$$P(Y \mid X) = \frac{\prod_{i=2}^{n} \exp(s(X,i)_{y_i} + b_{y_{i-1}y_i})}{\sum_{y'} \prod_{i=2}^{n} \exp(s(X,i)_{y'} + b_{y_{i-1'}y_{i'}})}$$

$$Y^* = \arg\max P(Y \mid X)$$

对于分词来说，y 的取值为 $\{B,M,E,S\}$。$s(X,i)_{y_i}$ 是关于 X 对标签 y_i 的打分函数，最简单的 s 就是 $s=\text{sum}(WX)$，$W \in \mathbb{R}^{4 \times D}$，$X \in \mathbb{R}^{D \times n}$，$WX$ 的乘积还是个矩阵，再对 n 维求和，这样 s 的结果就是一个 4 维向量，对应的就是 BMES 各自的得分，而上面公式中 $s(X,i)$ 的下标 y_i 就是取这 4 维中的某一个值的意思。

而 s 后面的 b 并不是一个普通的偏置，看看它的下标，有两个 y，实际上这个 b 不只是一个偏置，它还是一个打分函数，不过因为它的参数只有前一时刻的 y_{i-1} 和当前时刻的 $y_{i'}$，所以最简单的 yy 打分函数可以直接使用一个参数矩阵，类似一个权重矩阵，$b \in \mathbb{R}^{4 \times 4}$。$b$ 的下标有两个，都是 y，一个取行方向，一个取列方向，最后得到一个 scalar 的标量值，这样就可以跟前面的 s 相加成为最终的得分。

这里要注意，这并不是一个普通的 softmax 取极值，exp 前面有一个连乘号 $\prod$，这个连乘就是 CRF 的关键。其实也不难理解，正常的 arg max+softmax 只分一次类，就是在 4 个值中取最大的那一个，而现在是要分 n 次类，每次都有 4 个值的可能性。这就是前面说的序列标注逻辑。这里的连乘号 $\prod$ 的意思就是求一个最优路径的最优解，而不是使用贪婪算法在每个节点上取极值。

这里只是 CRF 的初始公式，基于这个公式只能使用穷举法，也就是把每个字所在的位置的每种标签都计算一遍，然后找出最大的那一个。这样的计算量是非常大的，所以正常的 CRF 都会基于这个公式往下推导，最终推导出的就是 Viterbi 算法，以节省计算量。

如想要进一步理解 CRF，可以参考笔者前面的建议。因为序列标注经常会使用 CRF 作为最后一层，所以涉及序列标注的章节都有可能会涉及 CRF。

模型介绍完了，然而对于一个分词任务来说，性能其实也是非常重要的，在工业行业，分词经常是其他 NLP 任务的上游，尤其是对于一些在线处理的任务，如查询分析之类，用户本身对一个请求全程时间的耐受极限大概是 200ms，而一个分词就占 100ms 甚至几百毫秒是不能忍受的。这也是直到现在为止工业行业里的分词模型大多还是使用最短路径+HMM/CRF 实现的原因。

W Huang 等人发表的论文则正视了这个问题，他们对模型进行了一些加速，虽然最终的结果笔者认为依然不可能应用于请求量较大的线上环境，但是可以大致介绍一下。

第一，BERT 的 12 层自注意力对一些相对抽象的 NLP 任务会有较大帮助，而对于分词这个抽象层级其实非常低的任务，实际上就是不需要理解全局的语义，对远距离的依赖也不大，甚至词意都不需要理解。这种场景下 12 层的注意力有些过多了，如图 1.17 所示。

	精确率	召回率	F1值
Ours(12 layer)	97.2	97.0	97.1
Ours(6 layer)	97.0	97.0	97.0
Ours(3 layer)	96.7	96.9	96.8
Ours(1 layer)	95.6	96.1	95.9

图 1.17　BERT 层数的影响

我们可以看一下关于 BERT 不同层数对最终分词准确率的实验关系，层数的增加确实还是可以增加性能指标的，但与付出的代价并不成正比，大致是一个类似 log 曲线的衰减曲线。为了平衡速度与效果，这里选择了 3 层。

第二，为了提升推理速度，使用了降低存储精度的方法，就是用 float16 代替原来的 float32。这种方法属于量子化（Quantization）方法里最基础的一种。Quantization 最极端的是把图像识别模型全部进行二值化，也就是用 0/1 代替原来 float32 的权重值。当然推理精度也下降了不少，但速度确实提升了几十倍甚至上百倍。

第三，这里使用 XLA 的一种加速技术，这种技术属于硬件底层，这里略过，如图 1.18 所示。

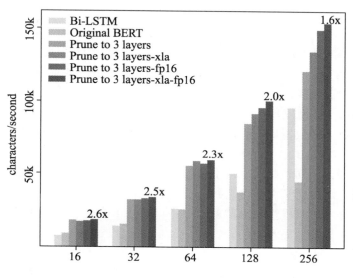

图 1.18　速度提升方法的效果

图 1.18 下面的数字表示 batch，即同时推理的样本数，这里就是分词的句子数。可见其实使用了这么多方法，相对 Bi-LSTM 而言速度也没有提升太多，最大的是 2.6 倍，LSTM 众所周知的问题之一就是速度慢。

这里有个有意思的地方，就是随着 batch 数量的增大，BERT 相对 LSTM 的速度也在慢慢变小，甚至 batch 为 256 时原装 BERT 的速度只相当于 LSTM 的一半。当然，原始的 BERT 是 12 层自注意力，直接与一层 LSTM 对比不太公平，但我们只看相对值，不看绝对值，就是 BERT 相比 LSTM 的速度变低了。

这个现象其实是符合预期的，笔者的理解是，Transformer 最开始抛弃 RNN 结构的原因是 RNN 是循环结构，无法充分并行化，从而导致速度慢。但这个并行是对推断某一条样本而言的，现实中经常是多个任务一起执行，这里的 batch 只要大于 1，就是多个推断任务一起执行。也就是说，虽然 RNN 在单条任务中无法充分使用 GPU，但是只要把 batch 调大，让任务数多一些，就可以充分使用 GPU 了。对于 BERT（Transformer）而言，因为在一个任务中就有大量并行，GPU 资源可能已经饱和，所以在执行多任务时就没有更多的 GPU 资源并行执行了，只能等前面的任务结束再开始。这样就看到了图 1.18 所示的结果，当 batch 少的时候，虽然 BERT 有 12 层大计算量的自注意力，但是速度依然跟 LSTM 差不多，随着 batch 增大，其开始慢慢显示出不支。至于能支持多少 batch 的并发，则跟 GPU

参数相关。实验结果如图 1.19 所示。

	PKU	MSR	AS	CITYU	CTB6	SXU	UD	CNC	WTB	ZX
Zhou et al. (2017)	96.0	97.8	-	-	96.2	-	-	-	-	-
Yang et al. (2017)	96.3	97.5	95.7	96.9	96.2	-	-	-	-	-
Chen et al. (2017)	94.3	96.0	94.6	95.6	96.2	96.0	-	-	-	-
Xu and Sun (2017)	96.1	96.3	-	-	95.8	-	-	-	-	-
Yang et al. (2018)	95.9	97.7	-	-	96.3	-	-	-	-	-
Ma et al. (2018)	96.1	97.4	96.2	97.2	96.7	-	96.9	-	-	-
Gong et al. (2018)	96.2	97.8	95.2	96.2	97.3	97.2	-	-	-	-
He (2019)	96.0	97.2	95.4	96.1	96.7	96.4	94.4	97.0	90.4	95.7
Ours (3 layer)	**96.6**	**97.9**	**96.6**	**97.6**	**97.6**	**97.3**	**97.3**	**97.2**	**93.1**	**97.0**
Ours (3 layer+FP16)	96.5	**97.9**	96.4	97.5	97.5	**97.3**	**97.3**	97.1	92.7	**97.0**

图 1.19 实验结果

这个结果比较难得，在 10 个数据集上全部都达到了最优，一般这种多数据集的模型创新，能在多数数据集上达到最好就可以发表论文了。图 1.19 中也标出了达到这个效果的是用了 3 层的 BERT 自注意层。而降低精度使用 float16 之后，其实各项指标下降得并不多，虽然推断速度没提升多少，但存储模型参数的空间却肯定下降了一半。对于某些对容易有限制的场景也是有一些意义的。

由此可见，融合多数据集一起训练的方法是有效的。直观的理解其实是增加训练的语料，但 1 倍语料显然不如 10 倍语料的训练效果好。但笔者认为，融合训练的效果提升不仅是因为语料的增加。分词领域的语料不仅标准不同，而且使用的环境也不同，因此语法习惯也不完全相同，这样使交叉学习起到了互补的作用。更多的语料其实也隐含增加样本多样性的意思，但样本的多样性与语料多少不是一个强相关关系，而分词的多个语料的多样性与语料数的相关性显然更强。

对于分词领域，占比较多的错误前面也分析过，就是 OOV 问题（即在训练集里并未出现过的词，在测试集里出现了）。这里对单语料库训练和融合语料库训练的 OOV 召回率进行了对比，如图 1.20 所示。

	PKU	MSR	AS	CITYU	CTB6	SXU	UD	CNC	WTB	ZX
OOV	3.6	2.7	4.2	7.5	5.6	4.6	12.4	0.7	14.5	5.4
Recall (single-criteria learning)	74.6	78.0	**78.1**	83.6	61.6	79.4	73.4	**64.0**	73.3	79.1
Recall (multi-criteria learning)	**80.1**	**84.0**	76.9	**89.7**	**88.8**	**86.0**	**92.9**	62.7	**83.7**	**86.9**

图 1.20 OOV 召回实验

实验证明，多个语料库之间确实存在互补性。

至此，我们已经学习了关于多个不同标准的分词语料库的融合方法，到这里就结束了吗？还没有。我们已经使用过特殊标签及共享部分网络两种方法，还有什么探索方向呢？其实还有针对不同语料库的私有网络值得研究。

1.3.5 分词的多标准融合学习 1

1.3.4 节提到的论文创新点比较少，就是在每个语料库使用同样的共享层基础上增加了一个专用层，来建模不同语料的不同之处。接下来我们要介绍的这个模型是多语料库多标准融合学习的最后一种尝试，如图 1.21 所示。

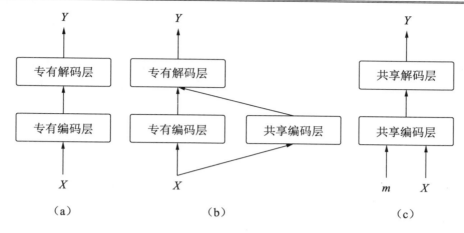

图 1.21　分词模型的三种结构

单语料分词模型可以简单地视为一个专有编码层（Private Encoder）和一个专有的解码层，如图 1.21（a）所示。而对于多语料融合学习则可以分为两种，一种就是前面说过的共享层加上专有层，如图 1.21（b）所示，另一种就是全共享，共享的编码层（Shared Encoder）和共享的解码层，如图 1.21（c）所示。

其实前面章节介绍的简易融合学习版本也是一种全共享方案，用以区分不同语料的方法是在每个句子前后加上独有的标识，而模型使用的则是常见的 Bi-LSTM+CRF。很巧合，本节介绍的模型也使用了这个方案，如图 1.22 所示。

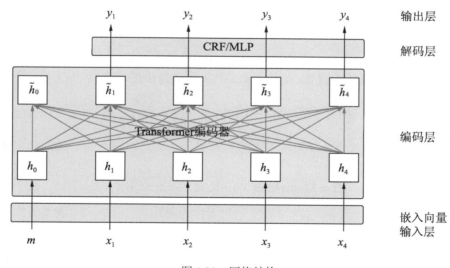

图 1.22　网络结构

本节模型与前面介绍的模型的区别就是底层模型由 LSTM 换成 Transformer 的编码器，其实就是 BERT 的结构，然后附加一些手工特征，从而最终让指标达到近似于 SOTA 的水准。

1. 嵌入层

给定一个句子 $X = x_1, \cdots, x_T$，先把每个字符映射到一个向量上，这个字向量可以是预先训练好的，如 Word2vec 或 BERT 里的 Embedding 层，也可以从随机初始化开始训练。除此之外，还加上了 3 个手工特征。

（1）语料库标识 m，加在每个句子的开头，如图 1.21 所示。例如，对于 PKU 语料库来说，就在开头加一个 m，如果总共有 10 个语料库，字符词典的长度为 k，那么字符的 one-hot 向量维度就是 $k+10$。与 1.3.3 节的简易融合不同的是，这里没有在末尾也加上同样的标识，这个末尾的同功能标识确实感觉有些冗余。

（2）bi-gram 信息，其在前面介绍过，不少分词模型也尝试过加入 bi-gram 信息，并且证明了确实对最终结果有正贡献。具体来说就是使用 Word2vec 单独训练一遍双字向量，注意这里不是分词，只是两个连续的字。最后拼接起来作为这里用于分词的字向量的补充：

$$e'_t = e_{x_t} \oplus e_{x_{t-1}x_t}$$

（3）位置编码，跟 Transformer 的位置基本一样。

$$\mathrm{PE}_{t,2i} = \sin(t / 10000^{2i/d})$$
$$\mathrm{PE}_{t,2i+1} = \cos(t / 10000^{2i/d})$$

i 对应于字向量的第 i 维，d 就是字向量的维度，t 就是时间步。最终序列 X 的嵌入向量就可以表达如下：

$$X = e_m + \mathrm{PE}_0; e'_1 + \mathrm{PE}_1; \cdots; e'_T + \mathrm{PE}_T$$

2．编码层

这里的编码层其实就是一个 Transformer 的编码器部分，也就是多层多头自注意力。其公式如下：

$$Q_i, K_i, V_i = XW_i^Q, XW_i^K, XW_i^V$$

公式中的 W 是可训练的权重，i 是指第 i 个头的参数计算。

$$\mathrm{head}_i = \mathrm{Attn}(Q_i, K_i, V_i,) = \mathrm{softmax}\left(\frac{Q_i K_i^\mathrm{T}}{\sqrt{(d_k)}}\right) V_i$$

这是一个头的自注意力，可通过多种随机初始化，训练出多个头，最后把多头自注意力的结果拼接到一起：

$$H = \mathrm{MultiHead}(X) = \mathrm{head}_1; \cdots; \mathrm{head}_k W^O$$
$$Z = \mathrm{LN}(\mathrm{resnet}(X, H))$$

LN 是 layer-norm 的缩写，就是归一化。resnet 就是一层残差网络，其实跟 LSTM 里面的一个门的逻辑类似，就是计算一个门控阀门，然后控制两路输入哪一部分占比更多：

$$H' = \mathrm{LN}(\mathrm{resnet}(Z, \mathrm{MLP}(Z)))$$

H' 就是第一个完整的自注意力层的输出，作为下一个自注意力层的输入。

3．解码层

解码层就是常见的 CRF。实验结果如图 1.23 所示。

Single-Criterion Learning										
Models		MSRA	AS	PKU	CTB	CKIP	CITYU	NCC	SXU	Avg.
Bi-LSTMs[12]	P	95.7	93.64	93.67	95.19	92.44	94	91.86	95.11	93.95
	R	95.99	94.77	92.93	95.42	93.69	94.15	92.47	95.23	94.33
	F	95.84	94.2	93.3	95.3	93.06	94.07	92.17	95.17	94.14
	OOV	66.28	70.07	66.09	76.47	72.12	65.79	59.11	71.27	68.4
Stacked Bi-LSTM[12]	P	95.69	93.89	94.1	95.2	92.4	94.13	91.81	94.99	94.03
	R	95.81	94.54	92.66	95.4	93.39	93.99	92.62	95.37	94.22
	F	95.75	94.22	93.37	95.3	92.89	94.06	92.21	95.18	94.12
	OOV	65.55	71.5	67.92	75.44	70.5	66.35	57.39	69.69	68.04
Switch-LSTMs [13]	P	96.07	93.83	95.92	**97.13**	92.02	93.69	91.81	95.02	94.44
	R	96.86	95.21	95.56	**97.05**	93.76	93.73	92.43	96.13	95.09
	F	96.46	94.51	95.74	**97.09**	92.88	93.71	92.12	95.57	94.76
	OOV	69.9	**77.8**	72.7	81.8	71.6	59.8	55.5	67.3	69.55
Transformer	P	**98.14**	**96.61**	**96.06**	96.26	**95.97**	**96.44**	**95.56**	**97.08**	**96.52**
	R	**98**	95.51	**96.73**	96.57	**95.35**	**96.2**	**96.59**	**97.09**	**96.51**
	F	**98.07**	**96.26**	**96.39**	96.43	**95.66**	**96.32**	**95.57**	**97.08**	**96.47**
	OOV	**73.75**	73.05	**72.82**	**82.82**	**79.05**	**83.72**	**71.81**	**77.95**	**76.87**

Multi-Criteria Learning										
Models		MSRA	AS	PKU	CTB	CKIP	CITYU	NCC	SXU	Avg.
MTL [12]	P	95.95	94.17	94.86	96.02	93.82	95.39	92.46	96.07	94.84
	R	96.14	95.11	93.78	96.33	94.7	95.7	93.19	96.01	95.12
	F	96.04	94.64	94.32	96.18	94.26	95.55	92.83	96.04	94.98
	OOV	71.6	73.5	72.67	82.48	77.59	81.4	63.31	77.1	74.96
Switch-LSTMs [13]	P	97.69	94.42	**96.24**	**97.09**	94.53	95.85	94.07	96.88	95.85
	R	97.87	96.03	96.05	**97.43**	95.45	96.59	94.17	97.62	96.4
	F	97.78	95.22	96.15	**97.26**	94.99	96.22	94.12	97.25	96.12
	OOV	64.2	77.33	69.88	83.89	77.69	73.58	69.76	78.69	74.38
Transformer	P	**98.03**	**96.84**	95.88	96.79	**96.92**	**97.03**	**95.85**	**97.52**	**96.86**
	R	**98.06**	**96.05**	**96.95**	97.18	**96.11**	**96.78**	**96.24**	**97.69**	**96.88**
	F	**98.05**	**96.44**	**96.41**	96.99	**96.51**	**96.91**	**96.04**	**97.61**	**96.87**
	OOV	**78.92**	76.39	**78.91**	**87**	**82.89**	**86.91**	**79.3**	**85.08**	**81.92**

图 1.23　实验结果对比

虽然这里的对比模型都不是最好的模型，单纯看本模型使用的 Transformer，将 1.3.4 节的单数据集训练结果与多标注融合训练结果对比可以看到，除了 OOV 指标提升幅度较大之外，准确率、召回率和 F1 指标的提升幅度非常小。与 1.3.4 节介绍的拥有专享网络层的结果对比来看，此处的结果略高一点，而 OOV 指标却比 1.3.4 节降低了不少。

可以得出结论，对于分词的多标准融合训练，使用共享网络+专有网络的效果更好一些。如果在 1.3.4 节的模型中也加入 bi-gram 的特征，结果会反超现在的模型，如图 1.24 所示。

这里进行了模块去除的消融实验，也证明了上面得出的结论。把 bi-gram 去掉之后，整体指标下降了一些，比 1.3.4 节模型的最终指标数据降低了。同时，这个实验也表明，对于 Transformer 这种模型来说，使用 CRF 带来的指标提升效果可以忽略不计，而且 CRF

的训练和推断速度都比 MLP 慢很多，因此在很多场景下完全可以不使用 CRF。

Models	MSRA	AS	PKU	CTB	CKIP	CITYU	NCC	SXU	Avg.
Full Model	98.05	96.44	96.41	96.99	96.51	96.91	96.04	97.61	96.87
w/o CRF	98.02	96.42	96.41	96.9	96.59	96.87	95.96	97.5	96.83
w/o bigram	97.41	96	96.25	96.71	96	96.31	94.62	96.84	96.27
w/o pretrained emb.	97.51	96.06	96.02	96.47	96.22	95.99	94.82	96.76	96.23

图 1.24　模块消融实验

1.3.6　分词的多标准融合学习 2

为什么还是学习多标准融合？因为其效果比较好，查看最近中文分词领域的论文可知，单数据集的训练结果与多数据集的结果普遍相差 1%～2%。这其中的原因我们前面已经分析过，如果现在有一个非常巨量的单一标准中文分词语料库，最终的结果是否还是比多标准数据集差，笔者不敢肯定，但至少现在没有这样的巨量数据集，所以充分利用已有的数据集就是现今关键的一个探索方向。

Zhen Ke、Liang Shi 和 Erli Meng 等人发表的论文 Unified Multi-Criteria Chinese Word Segmentation with BERT 中的模型是由复旦大学与小米公司联合研究的。前面讲述了各种区分不同标准数据集的方法，如增加专有网络层，在句子的前后增加独有标识等。这里做了一个创新尝试，就是在输入独有标识的同时在输出端也增加一个任务，用来预测这个句子属于哪个数据集，其实就是预测这个独有的标识。

其实这并非什么创新，某种信息 K 如果想让其对某个机器学习任务 T 有贡献，本来就有两种方法。一种就是把 K 作为输入信息 X 的一部分输入网络，然后利用这些输入信息进行训练，如果输入的信息 K 与任务推断 T 有相关性，模型就必然可以学习到一些逻辑。另一种就是反着操作，即在输入的时候不附带这个信息 K，而是在输出的时候需要通过这些原有的信息 X 额外预测出这个 K。因为在训练阶段 K 是已知的，相当于另外一种输入的信息，所以模型也能学习到相关逻辑。

不过上述论文中的相关方法，笔者有一些不同的意见，一个信息既被用于输入，又被用于预测输出，这样模型完全可以基于输入的信息不通过任何运算直接输出。例如，要识别图像里面的对象是狗还是猫，如果在有监督训练的同时把对应的猫和狗的标签也作为 X 输入网络，那么网络完全可以不去学习图像本身的特征，直接可以基于输入的猫和狗信息得出高准确率的结果，只是这样的网络模型是学不到任何东西的。

具体结果怎么样，先看模型的整体结构，如图 1.25 所示。

这个模型也是使用了全共享式的结构，也就是不同的数据集都使用同样的模型网络。为了区分不同的数据集，输入的时候在句子前面必须加上唯一标识，这与前面介绍的几个模型的做法是相同的。

这里的第一层没有直接使用 Embedding，而是经过了一个 BERT。可以理解为把 BERT 作为预训练的词向量使用了，因为 BERT 是动态的词向量，所以只能通过模型计算，而不能直接取出结果向量：

$$H = \text{Bert}(X) \in R^{(T+1) \times d_h}$$

这里的 T 就是句子的长度，+1 就是加上数据集标识，d_h 就是输出的字向量维度。

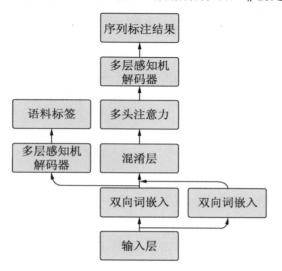

图 1.25　模型整体结构

然后同样保持中文多标准分词的传统，输入了 bi-gram 的特征，但不同的是，这里并没有直接与字向量进行拼接，而是经过了一层混淆层的融合：

$$\boldsymbol{E} = \text{BigramEmbed(B)} \in R^{T \times d_e}$$

这里的 $\boldsymbol{E}$ 就是 bi-gram 的双字向量。

融合公式如下：

$$h_t' = \tanh(W_h h_t + b_h)$$
$$e_t' = \tanh(W_e e_t + b_e)$$
$$g_t = \sigma(W_{fh} h_t + W_{fe} e_t + b_f)$$
$$f_t = g_t \odot h_t' + (1 - g_t) \odot e_t'$$
$$h_t', e_t', g_t, f_t \in R^{d_h}$$

公式的前两行很简单，就是一个线性映射加一个 tanh 变换。后面的式子是一个类门控，类似 GRU 基于这个门控决定字向量和双字向量哪路的输入占比更高，然后相加进行融合输出。

从本质上看这种方法类似残差网络，或者可以理解为 LSTM 的门控输出。这样做的目的是只保留更有用的信息，把没用的信息过滤掉，避免浪费计算量。

后面接上多头自注意力层、残差网络和归一层，其实还是 Transformer 的编码器部分的一个完整多头自注意力层：

$$O = \text{LayerNorm}(\text{MultiHead}(F) + F)$$
$$F \in \mathbb{R}^{T \times d_h}, O \in \mathbb{R}^{T \times d_h}$$

这里没明确标出来残差网络，中间的加号就是残差的意思。

解码分为两部分，一部分就是分词常用的序列标注解码组件，这里用的是 MLP，也就是一层全连接，直接用贪婪算法求每一步的极值或用 Beam Search 求序列最大值：

$$P(y_t \mid X, c) = \mathrm{softmax}(W_o o_t + b_o)_{y_i}; W_o \in \mathbb{R}^{4 \times d_h}$$

最后的下标表示选择输出向量中标签 y_t 对应的那个位置的值。

$$P(Y \mid X, c) = \sum_{t=1}^{T} P(y_t \mid X, c)$$

解码的另一部分就是前面说过的预测数据集的标识。

$$P(c \mid X, c) = \mathrm{softmax}(W_c h_0 + b_c)_c; W \in \mathbb{R}^{C \times d_h}$$

这里的 h_0 是第一层 BERT 输出的第一个单元，C 是数据集的数量。
损失函数是：

$$L = -\sum_{i=1}^{N} \log P(Y_i \mid X_i, c_i) + \log P(c_i \mid X_i, c_i)$$

N 是训练集的句子数量。

下面再来看看实验结果对比，如图 1.26 所示。

Method	MSRA	AS	PKU	CTB	CKIP	CITYU	NCC	SXU	Avg.
Bi-LSTM	95.84	94.20	93.30	95.30	93.06	94.07	92.17	95.17	94.14
Adversarial	96.04	94.64	94.32	96.18	94.26	95.55	92.83	96.04	94.98
Multi-Task BERT	97.9	96.6	96.6	-	-	**97.6**	-	97.3	-
Unified Bi-LSTM	97.35	95.47	95.78	95.84	95.73	95.60	94.34	96.49	95.73
Switch-LSTMs	97.78	95.22	96.15	97.26	94.99	96.22	94.12	97.25	96.12
Transformer	98.05	96.44	96.41	96.99	96.51	96.91	96.04	97.61	96.87
Unified BERT	98.45	**96.90**	96.89	**97.20**	96.83	97.07	96.48	**97.81**	**97.204**
- Bigram	98.38	96.88	96.87	97.14	96.72	97.05	96.33	97.74	97.139
- CLS	**98.48**	96.86	**96.92**	97.13	**96.84**	97.07	**96.55**	97.72	97.196
- CLS - Bigram	98.41	96.83	96.83	97.13	96.76	97.05	96.33	97.67	97.126

图 1.26 实验结果对比

这个结果同时进行了模块的消融实验。先看全模块的数据，基本上达到了 SOTA 水准，比前面两个模型的指标稍高一些。模型结构其实并没有太大的改变，笔者认为其主要贡献应该是使用预训练的 BERT 作为字向量信息。而所谓的数据集预测任务，图 1.26 中的-CLS 部分也可以见到，其实并没有什么效果，甚至整体指标去掉 CLS 模型与加上 CLS 模型在各个数据集上的指标对比结果几乎相同。这个结果其实我们在前面已经预料到了，把信息同时作为输入和目标，网络是很容易记住这个规则的，难以从中真正学习到有用的特征。

再看一下 OOV 实验的对比，如图 1.27 所示。这里主要对比的是 SOTA 模型 Multi-Task BERT，该模型我们并没介绍过，但大致的方法与本节所讲的模型类似，其也是因为增加了 BERT 作为字向量而在效果上得到了一些提升。

Method	MSRA	AS	PKU	CTB	CKIP	CITYU	NCC	SXU	Avg.
Bi-LSTM	66.28	70.07	66.09	76.47	72.12	65.79	59.11	71.27	68.40
Adversarial	71.60	73.50	72.67	82.48	77.59	81.40	63.31	77.10	74.96
Switch-LSTMs	64.20	77.33	69.88	83.89	77.69	73.58	69.76	78.69	74.38
Transformer	78.92	76.39	78.91	87.00	82.89	86.91	79.30	85.08	81.92
Multi-Task BERT	**84.0**	76.9	**80.1**	-	-	**89.7**	-	86.0	-
Unified BERT	83.35	**79.26**	79.71	**87.77**	**84.36**	87.27	**81.03**	86.05	**83.60**

图 1.27 OOV 实验结果对比

介绍到这里，分词模型基本就告一段落了。如果分词模型不用 BERT 作为字向量的来源，而是使用百度的 ERNIE 或 XLNET 之类的优化型 BERT，那么或许可以再提升一些指标，但提升的贡献来自上游的预训练模型而不是分词模型本身，所以也不会有什么创新。

1.4　为什么要学习已经过时的模型

不知道读者是否发现一个现象，无论从网上查询资料，还是看论文，又或是看机器学习方面的书籍，经常会看到一些已经过时的模型、算法的介绍。在这些介绍之后才开始进入正题。笔者也会依据这个传统，每讲一个主题，都会尽量从历史上挖掘，把曾经的做法也拿出来讲一讲。

为什么要这么做？为什么不直接讲最新的模型、算法？以前已经被淘汰的技术再学习不是浪费时间吗？

其实是这样的，任何一种技术都不可能是凭空产生的，大多都有其产生的路径，如先有火才能炼青铜，有煤产生高温才能炼铁，有了铁才能造机床，有了机床才能进一步精密加工零件等。

对这方面有兴趣的读者可以参阅布莱恩·阿瑟的著作《技术的本质》。

算法和模型也同样如此。神经网络的每一种模型，其实都是很多先验的集合，大先验套小先验，有些小先验还要套一些更小的先验，如特征工程。

而这些先验并非凭空产生的，一些是基于对人处理视觉、语言的方式的建模，这属于新先验。而更多的是基于已经被建模而且被证明有效的先验，如 RNN、CNN 和 LSTM 等。

CNN 也是什么先验？其实就是假设图片内的事物有平移和距离不变性，就比如一张人脸，从左边看是人脸，从右边看也是，变小了是，变大了也是。CNN 内所谓的卷积核就是逐行、逐列地扫描，这样不论目标物体在图片的哪个位置，都可以用同样的特征函数处理并获得同样的输出。

如果没有 CNN 的卷积核，也就是没有平移距离不变的这个先验，像全连接神经网络 DNN 那样，同样的一个物品（如 abc 的人脸），需要重复在每个位置都出现多次才能充分训练网络模型，否则，如果训练样本的图片中 abc 的人脸没有在左下角出现过，在模型推断时左下角出现了 abc 的人脸，那么模型是不可能输出正确结果的。这就是 CNN 出现之后 CV 领域就呈现出了爆发式的发展趋势，而 DNN 时代的神经网络则一直默默无闻的原因。

RNN 是什么先验？RNN 比 CNN 稍微复杂一些，但总体上就是假设当前时间点的数据的概率依赖前面所有时间点的信息。例如"我要去"后面可能跟"吃饭""睡觉"等人可以做的动词，而不可能跟"爆炸""电脑"等人不可能做的动词或名词。RNN 同样有着类似 CNN 的平移不变性，也就是"×××我要去"跟"我要去"后面接的词大概率是类似的，除非×××里包含非常重要的词。

通过观察发现，语言等序列时间经常长度不一，不像图片总有 1024×768、800×600 之类的大小限制。所以使用循环迭代式的单元网络，这样可以适应各种长度的数据。虽然 RNN 本身是不要求数据长度一致的，但是为了训练方便，也就是可以以 batch 为单位进行批量训练，模型不得不统一样本长度，长的截断，短的补 0 向量。之后推断时如果也使用批量，那么长度同样需要限定。如果只是一条一条地推断，那么是可以不限制长度的。如果 RNN

之后增加了注意力机制，因为注意力的权重范围往往是固定的，那么 RNN 模型的长度一般也就随之固定了，从而导致 RNN 失去了处理动态长度数据的能力。

之后凡是基于 RNN 的模型，都是建立在 RNN 先验基础上的。每一篇新的论文，每一种新的模型，其实都是基于前面某些人的工作，基于某种模型或某几个模型的先验，然后在他们的基础上进行先验删除、增加或修改。

最终展现出来的模型往往是一个历史先验的集合，再加上该模型作者的一些创新，这些创新其实还是先验，或是基于对人脑处理事物的观察而建模的新的先验，或是基于以往某些先验的删除或修改。这样，所有的模型和论文最终组成了一个巨大的先验树。每一个新的论文模型都是基于前面某个或某些分支延伸出来的。因此，如果只讲最新的论文进展，那么你获得的知识就是片面的。论文所依赖的历史先验并非重点，此处不详细讲解，有兴趣的读者可以按前面所讲的方法查阅相关资料，真正理解论文的创新点及其思想。

即使有了囫囵吞枣式的理解，但如果没有抓住先验树的链路，就不可能掌握创作者的思考方式，也不可能真正理解这些创新是怎么来的，更不可能基于前面的创新路径而做出自己的创新。

相反，如果从历史模型的演变中学习到了其中的脉络，把每个先验体现在模型中就是一个个模块也就都弄清楚了，那么任何一个新的模型在你眼中都是有迹可循的，理解起来也会非常轻松，并且对于其未来可能发生的变化，或是自己动手实验需要从哪方面着手才可以进一步获得提高等都会有帮助。

此外，那些历史上已经做出的尝试，即使很多是失败的或已被淘汰了，也都是经验。在自己尝试解决问题的时候可以避免再去探索那些已经被探索过的、被证明无效的方向，节约很多时间。

笔者一直认为，教人知识不是目的，因为知识是死的，是固定的。如何使用知识，如何思考和创新才是最关键的。

1.5　BERT 之后的中文分词还有必要用吗

中文与英文体系不同，英文天然就有空格可以作为词与词之间的分割，只不过有些词组被空格分开可能会没有意义，但其占比并不高，而且即使被分开，现在越来越深的模型如 LSTM 和 Transfomer 也学习不到这些固定搭配的含义。中文多字词的比例则高得多，而且大量固定组合拆开之后单词序列与原词意相差甚远，如成语、网络词语等。因此中文 NLP 任务需要先分词再进行相应的处理。

因此分词的好坏就严重影响了后续的任务，如果前面分词错误，如基于分词的 NER（命名实体识别），识别的正确率就会严重受影响。

而分词最好的水准依然达不到完美的效果，更别说大量工程任务对分词的性能要求较高，如果建 BERT 之类的重模型，后续的任务可能根本就没时间完成了。这样就更加限制了分词的准确率。

近年来预训练词向量的流行，也让中文分词出现了新的"尴尬"。

一个就是 OOV，其会出现训练词表之外的词。

因为是预训练，使用稠密的低维度向量代替原来高维度的 one-hot 向量，那么词的向量必然是预先指定的。既然要预先指定，词表长度也必然是预先指定的，如 1 万个词或 10 万个词，这与训练算力及 GPU 显存直接相关，如果设得太大，超过显存容量，那么根本训练不过来，即使算力无限，也要设定一个上限。

具体词表设为哪些词，一般都是基于预料进行词频统计，然后基于词频排序，最后取排序最高频的词。但无论词表设定得多大，都可能会在进行预测时遇到词表之外的词，也就是 OOV 问题。现在有很多解决此类问题的方法，如对于英文，可以使用字符向量拼接出词向量，还可以使用指针网络（Pointer Network）直接输入的词而不是词表的词（Pointer Generator Network 的原理也类似）。这些方法只能起缓解作用，并不能完美解决 OOV 问题。OOV 问题对于英文来说是个天然的问题，而对于中文则不一定，因为中文如果不分词，直接使用字向量，那么常用和不常用的汉字只有 1 万个左右。这也是为什么大名鼎鼎的 BERT 中文版只使用了字向量。

此外，即使没有 OOV 问题，词频过低的词，使用大规模预料进行预训练也会因为训练不充分而带来后续问题。

Zipf's 定律在中文词频里也适用，其实就是类似"2-8"定律，或者说指数分布，高频词的频率可能非常高，如'是''的''我'，而所有词中高频的词可能只有 20%，剩下的几十万个词只能被划分到"2-8"定律的 8 那边。

以语料库 Chinese Treebank dataset（CTB）为例，用 jieba 分词，语料库总共有 60 万个词，去重后有 5 万个词，其中，2.4 万个词只出现过一次，3.8 万个词的出现次数在 4 次以下。

增加语料，增加最多的依然是那些高频词，即属于 8 那边的词，真正属于长尾的那些词是非常少的。

而中文如果不分词，字的总数就低很多了，即使字频也有"2-8"定律，但因为总字数降低，字频比词频高很多，频率过低而导致的训练不充分问题就会缓解很多。正因为如此，自 BERT 证明字向量同样可以带来很好的 NLP 任务性能后，引出了本节的问题——BERT 之后，中文分词还有意义吗？

X Li、Y Meng、Q Han 等人发表的论文 Is Word Segmentation Necessary for Deep Learning of Chinese Representations?针对此问题做了小范围的实验对比。

之所以说是小范围，是因为他们只使用了几个不大的数据集、几种简单的模型和四种 NLP 任务（语言模型、翻译、文本分类和语义匹配）。下面来看一下具体的情形。

1. 语言模型

语料为 CTB6（Chinese Tree-Bank 6.0），jieba 分词，训练方式为标准的语言模型，前面的词预测后面一个词，网络为 LSTM，如图 1.28 所示。

在图 1.28 中，model 表示字、词的不同组合情况，dimension 表示字词的向量维度，PPL 表示最终的困惑度得分，word 表示分词后以词为单位输入 LSTM，char 表示以字为单位输入 LSTM。

有趣的是，不管对比分词与否，都加入了混合模型（hybrid）的对比。不过这个混合模型是以词

model	dimension	PPL
word	512	199.9
char	512	193.0
word	2048	182.1
char	2048	170.9
hybrid (word+char)	1024+1024	175.7
hybrid (word+char)	2048+1024	177.1
hybrid (word+char)	2048+2048	176.2
hybrid (char only)	2048	171.6

图 1.28　语言模型对比

为基础的，就是每个词向量后面跟上词内的字符向量（英文）和字向量（中文）。

评价指标是 PPL 困惑度，就是通过前面的上下文预测后面的字的确信度，例如，你看到"开天辟"，就能预测后面一个字是'地'，那么 PPL 就是 1。如果完全不确定后面是哪个字，也就是词表里每个字都有可能，那么这个值就会很大（注意，这里只是 PPL 的理解方式之一）。

可以看到，字模型比词模型的效果好很多，在增加了词的混合模型后效果反而下降了。将分词工具更换为 Stanford CWS package 或 LTP package，效果也类似。

机器翻译的训练语料是基于 LDC 扩展的 125 万对中英文句子。中文翻译为英文的结果如图 1.29 所示。

TestSet	Mixed RNN	Bi-Tree-LSTM	PKI	Seq2Seq +Attn (word)	Seq2Seq +Attn (char)	Seq2Seq (word) +Attn+BOW	Seq2Seq (char) +Attn+BOW
MT-02	36.57	36.10	39.77	35.67	36.82 (+1.15)	37.70	40.14 (+0.37)
MT-03	34.90	35.64	33.64	35.30	36.27 (+0.97)	38.91	40.29 (+1.38)
MT-04	38.60	36.63	36.48	37.23	37.93 (+0.70)	40.02	40.45 (+0.43)
MT-05	35.50	34.35	33.08	33.54	34.69 (+1.15)	36.82	36.96 (+0.14)
MT-06	35.60	30.57	32.90	35.04	35.22 (+0.18)	35.93	36.79 (+0.86)
MT-08	–	–	24.63	26.89	27.27 (+0.38)	27.61	28.23 (+0.62)
Average	–	–	32.51	33.94	34.77 (+0.83)	36.51	37.14 (+0.63)

图 1.29　中文翻译为英文的结果

Mixed Rnn、Bi-Tree-LSTM 和 PKI 的数据是从原论文里直接复制的，并没有重新进行实验。

评估指标使用的是 BLUE，其表示预测的翻译语句与目标语句的相同词的比率。相同词的数量越多则占比越高，分值也就越高。

英文翻译为中文的结果如图 1.30 所示。

TestSet	Seq2Seq +Attn (word)	Seq2Seq +Attn (char)	Seq2Seq +Attn+BOW	Seq2Seq (char) +Attn+BOW
MT-02	42.57	44.09 (+1.52)	43.42	46.78 (+3.36)
MT-03	40.88	44.57 (+3.69)	43.92	47.44 (+3.52)
MT-04	40.98	44.73 (+3.75)	43.35	47.29 (+3.94)
MT-05	40.87	42.50 (+1.63)	42.63	44.73 (+2.10)
MT-06	39.33	42.88 (+3.55)	43.31	46.66 (+3.35)
MT-08	33.52	35.36 (+1.84)	35.65	38.12 (+2.47)
Average	39.69	42.36 (+2.67)	42.04	45.17 (+3.13)

图 1.30　英文翻译为中文的结果

这里有个有趣的现象，就是虽然在中文翻译为英文和英文翻译为中文中，字模型都比词模型效果好，但英文翻译为中文的字模型的效果提升达 2.67，而中文翻译为英文的模型效果只提升了 0.83。两者相差还是比较大的。

两者的差别只存在于中文，英文只有词，没有字。

中文翻译为英文的字词影响的是编码阶段，而英文翻译为中文的字词影响的是解码阶段。

推测原因是数据稀疏和 OOV 问题在编码阶段只影响潜在语义的表达，除非一些核心实体词出现 OOV，否则对整体语义的影响不大。而数据稀疏和 OOV 问题在解码阶段不仅影响后续预测的语义表达，而且直接影响核心词的预测，所以英文翻译为中文的影响更大。

2．语义相似度

这里使用了两个语料库：BQ 和 LCQMC。BQ 包含 12 万对中文句子，如图 1.31 所示。

Dataset	description	char valid	word valid	char test	word test
LCQMC	238.7K/8.8K/12.5K	84.70	83.48	**84.43** (+1.34)	83.09
BQ	100K/10K/10K	82.59	79.63	**82.19** (+2.90)	79.29

图 1.31　语义相似度结果

文本分类的测试集和验证集结果如图 1.32 所示。

Dataset	description	char valid	word valid	char test	word test
ChinaNews	1260K/140K/112K	91.81	91.82	91.80	**91.85** (+0.05)
dianping	1800K/200K/500K	78.80	78.47	**78.76** (+0.36)	78.40
Ifeng	720K/80K/50K	86.04	84.89	**85.95** (+1.09)	84.86
jd_binary	3600K/400K/360K	92.07	91.82	**92.05** (+0.16)	91.89
jd_full	2700K/300K/250K	54.29	53.60	**54.18** (+0.81)	53.37

图 1.32　文本分类的测试集和验证集结果

其中，ChinaNews 包含 7 个类别，Ifeng 包含 5 个类别，jd_binary 是京东评论的正反情绪分类，jd_full 是京东评论的评分 1～5 的分类，dianping 是评论的评分。

词频与词表的准确关系如图 1.33 所示。

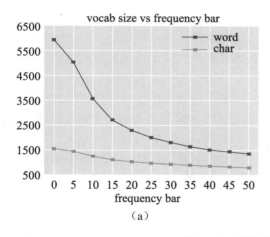
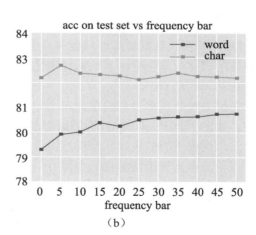

图 1.33　词频与词表的准确关系

图 1.33（a）展示了词频阈值与词表大小的关系，图 1.33（b）展示了提高词频阈值与准确率的关系，图 1.34 为去掉 OOV 样本后的结果。

实验结果充分表明，在中文 NLP 任务中，字模型已经全方位超过了词模型。我们分析一下原因。

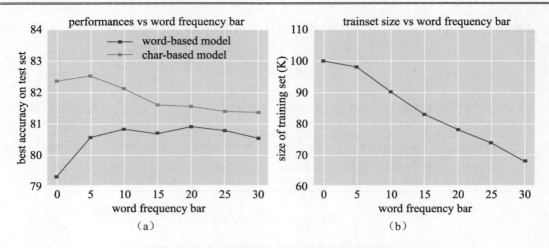

图 1.34　在训练集中去掉 OOV 样本后的结果

1．数据稀疏

关于数据稀疏，前面已经分析过其逻辑，这里通过实验进行佐证。对于字库而言，如果提升字频阈值，则字库大小会降低，不过相对词库而言则平滑得多。随着词频阈值的提升，词库大小降低很快，表明词库的长尾效应比字库更严重。

而图 1.33（b）则证明，在提升了词频阈值也就是降低数据稀疏性之后，词模型的效果会缓慢提升，而字模型基本没有太大变化。

由此说明分词的长尾特性导致大量的词向量训练不充分，从而影响了分词模型的最终表现。

2．OOV

OOV 其实是数据稀疏性问题的延续。因为长尾词的稀疏性，所以设定了一个词表大小，词表内的末尾词就会受困于数据稀疏性，而词表外被划掉的词以及语料库里没出现而现实中存在的词则是 OOV。

通过去掉数据集里那些在词表之外的 OOV 词，可以让字模型与词模型的对比更公平一些，如图 1.14 所示。提升词频阈值从而降低词表大小，随之去掉包含 OOV 的样本。实验显示，词模型的效果同样会快速提升。

至于随着词频阈值的进一步提升，导致字词模型效果降低问题，显然是去掉的数据集样本太多，从而造成整体训练不充分。

3．过拟合

过拟合其实跟数据稀疏的逻辑是一样的。因为数据稀疏，所以训练样本不足，导致局部参数过拟合。就像你用 2 个样本去训练一个全连接神经网络分类器一样，无论怎么加正则必然会过拟合。

X Li、Y Meng、Q Han 等人在论文中提的问题很好，因为自从有了 BERT 及 BERT 的改进模型之后，很多开发 NLP 的人都会问这个问题：以后还有必要花心思去研究分词吗？

虽然他们提出的问题很好，但是实验和论证就有些随意了，原因如下：

1）数据不够充分

现在自 BERT 开始，任何一个 NLP 任务都不可能用几百兆甚至几十兆的数据进行训练，除非基于 BERT 之类的预训练模型进行精调。

2）未使用预训练的字词向量

因为实验要保持字模型与词模型的统一，不可能字模型使用一种 pre-train 字向量，而词模型又使用另外一种词向量，所以必然是基于全新的字词向量进行训练。而现阶段的字词表达预训练动辄是几十或几百 TB 甚至上千 TB 的数据量。如果只使用小于 1GB 的数据量训练则是不可能训练充分的。但全新训练也可以先使用更大的语料库进行字词向量的预训练，之后根据具体任务进行微调，而不是直接根据任务进行训练。这样就可以在一定程度上避免在具体任务中词模型的数据稀疏问题。

3）字词混合模型的设计过于随意

Yue Zhang 和 Jie Yang 发表的 Chinese NER using Lattice LSTM 论文提出了一个叫 Lattice LSTM 的模型（见图 1.35），用于混合字词信息。虽然其任务是进行命名实体识别（NER）的，但是该模型也能充分说明问题。

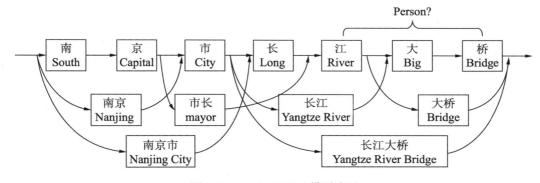

图 1.35　Lattice LSTM 模型演示

Lattice LSTM 在中文 NER 任务中算是一个经典模型，关于该模型的介绍将放在第 3 章中。这里只是用来说明字词混合也属于一种模型先验的设计，不能随意拼接一下就代表最终的结果。Lattice LSTM 在 OntoNotes 数据集上的结果如图 1.36 所示。

Input	Models	P	R	F1
Gold seg	Yang et al. (2016)	65.59	71.84	68.57
	Yang et al. (2016)*†	72.98	**80.15**	**76.40**
	Che et al. (2013)*	77.71	72.51	75.02
	Wang et al. (2013)*	76.43	72.32	74.32
	Word baseline	76.66	63.60	69.52
	+char+bichar LSTM	**78.62**	73.13	75.77
Auto seg	Word baseline	72.84	59.72	65.63
	+char+bichar LSTM	73.36	70.12	71.70
No seg	Char baseline	68.79	60.35	64.30
	+bichar+softword	74.36	69.43	71.81
	Lattice	**76.35**	**71.56**	**73.88**

图 1.36　Lattice LSTM 在 OntoNotes 数据集上的结果

Lattice LSTM 在 MSRA 数据集上的结果如图 1.37 所示。

Models	P	R	F1
Chen et al. (2006a)	91.22	81.71	86.20
Zhang et al. (2006)*	92.20	90.18	91.18
Zhou et al. (2013)	91.86	88.75	90.28
Lu et al. (2016)	–	–	87.94
Dong et al. (2016)	91.28	90.62	90.95
Word baseline	90.57	83.06	86.65
+char+bichar LSTM	91.05	89.53	90.28
Char baseline	90.74	86.96	88.81
+bichar+softword	92.97	90.80	91.87
Lattice	**93.57**	**92.79**	**93.18**

图 1.37　Lattice LSTM 在 MSRA 数据集上的结果

通过 Lattice LSTM 的实验结果（见图 1.36 和图 1.37）可以看出，如果模型先验设计合理，那么字词混合是可以提升模型整体效果的。同时，通过图 1.37 也证明，字模型在 NER 任务上确实比词模型的效果好。

综上所述，分词后的词模型确实会由于数据的稀疏导致过拟合和 OOV。虽然不分词的字模型的字频分布也是一个指数分布，也遵循"2-8"定律，但是由于总字数远远少于词数，所以出现的问题会小得多。

总字数和词数的差距可以通过增大训练语料来缓解。如果标签语料因为成本过高而无法大量增加，那么可以使用无标签的语料进行无监督预训练，从而提升整体效果。

即使使用大规模语料进行预训练，最终词模型的效果也只是接近字模型，很少会超过，即使超过，也都是非常微小的差距。但这并不意味着分词失去了价值。

1）分词

分词本身其实还是一个非常强且非常有价值的先验，一个语言结构本身的先验。

这跟句法分析也是类似的，近年因为深度学习的热门，以往热门的句法分析也面临与分词同样的疑问，就是句法分析还有意义吗？

同样的，如果网络设计不够合理，那么句法分析跟分词一样，不如直接使用字模型，让模型去学习其中潜在的词句结构，最终的效果反而更好。但这个逻辑与 RNN 和 CNN 全方位优于 DNN 的逻辑是相通的。RNN 和 CNN 的模型设计本质上就是对问题的先验的良好模型化。

为什么 DNN 效果会不好呢？DNN 可以说是万能模型，只要层数足够多，每层的单元数足够大，无论任何一种多么复杂的函数，都可以拟合好。

问题在于越是万能的、拟合能力越强的模型，就越容易过拟合。这就是为什么既使用强力模型，又要设计各种正则去限制模型边界的原因。而拟合能力越强的模型就越需要更多的训练样本，虽然现在是大数据时代，但是想要把一个通用的万能模型训练充分，也是非常困难的。因此模型设计不是能力越强越好，而是让模型去匹配真实的数据分布，这个匹配真实的数据分布的动作就是先验，也就是一种假设。例如直线上的一串样本，如果要一个 DNN 去拟合，那么肯定不会拟合为一条直线。而数据分布是直线，拟合的却不是直线，那么泛化效果必然很差。相反，如果做一个先验（假设），这是一条直线，用一个非常简单的模型 $wx+b$（线性回归）去拟合这一串样本，那么泛化效果必然是很好的。这就是先验的价值。RNN 与 CNN 都是针对 NLP 和图像的一个非常强也非常有效的先验。

至此，读者可能就明白了为什么笔者认为分词依然非常有价值。

Lattice LSTM 的提出也充分证明了笔者的观点，如果模型设计得好，也就是先验定得好，那么分词的词信息可以帮助字模型进一步提升模型的整体效果。而且笔者认为可能这并不是字词模型配合的最佳效果，因为 Lattice LSTM 的字词混合方式依然只是类似超参数的人为设定，没有在潜在的高维空间中搜索。

2）计算性能

字模型的节点平均比词模型多一倍，这样网络计算量自然是词模型的一倍以上。计算性能在实验室里经常是被半忽略的，但在真实工程中却是关键的限制要素。

如果是大公司，拥有比较充分的训练语料，在字词模型的效果比较接近的情况下，那么选择词模型减少计算量就是自然的选择。

3）模型之外的作用

很多场景都不需要做嵌入、走模型，这时还是分词效率更高。例如，搜索场景的相关性召回，无论是知识图谱搜索，还是 elastic search 的相似语义搜索，如果不分词，那么索引表就会大大增加，搜索的效率也会提升。

1.6　如何做词性标注

一般，词性标注都是结合分词进行的，很少单独做这项任务。对于工程场景，例如前面介绍过的 jieba 分词，一般有 3 种方法去标注词性。

第一种是比较粗暴的方法，就是每个词在进行词典统计词频的时候同时统计词性的频率，然后分词结束后直接查询这个词频率最高的那个词性，将其作为当前词的词性。这种方法最大的问题就是对于那些多词性的词非常不友好，基本上对于多词性的词，频率不是最高的那个词性就永远不会被标注到。这样的错误概率是比较高的，唯一的好处就是速度快，而且多词性词其实占比并不高，所以正确率也能接受。

第二种是使用 n-gram，就是基于前面词的词性来限定当前词的词性，如 2-gram 和 3-gram，就是基于前面一个词还是前面两个词的词性限定当前词的词性。

第三种就是 HMM 或 CRF，类似于命名实体识别，针对词性也可以建立一个转移概率，基于前面一个词来选择当前词的词性，更准确地说就是基于全句整体的情况选择概率最大的那个链条组合作为每个词的词性。对于 HMM，隐藏状态就是要标注的词性，词就是观测，词性到词就是发射概率，词性到词性的转移就是转移概率。词性到词的发射概率可以通过贝叶斯概率由词的每个词性的概率转换而来。

可以发现，词性标注其实也是一个序列标注任务，所以对于深度学习方法来说，前面用于分词的模型基本上都可以用来标注词性。比较常见的是结合分词模型作为另外一个目标输出，这里就不展开了。

1.7　大模型时代的分词和词性标注

随着自然语言处理（NLP）技术的不断进步，尤其是近年来大模型（如 BERT、GPT 等）的崛起，中文分词和词性标注这项基础任务也迎来了新的机遇和挑战。本节探讨大模型在分词和词性标注中的应用，并通过具体例子来展示其强大的功能。

大模型的出现使完成 NLP 任务有了显著的突破。以 GPT-3 和 ChatGPT 为代表的大模型基于 Transformer 架构，通过在大规模语料库上的预训练，学到了丰富的上下文信息和语言结构。这使得它们在处理多种语言任务时表现优异，并显著提升了分词和词性标注的准确性。下面通过一个具体的示例来说明 ChatGPT 在中文分词和词性标注中的应用。

假设有一个句子需要分词和词性标注。

可以向 ChatGPT 输入句子：我喜欢吃苹果。

然后发送一个提示语，如：请帮我分词上面的句子并标注词性。ChatGPT 会根据其预训练的知识和上下文信息，准确地分词并标注每个词的词性。

ChatGPT 分词和词性标注结果：

❑ 我（代词）

❑ 喜欢（动词）

❑ 吃（动词）

❑ 苹果（名词）

通过大规模预训练，ChatGPT 已经学到了大量的语言知识，使得它在处理分词和词性标注任务时能够自动纠正由于歧义带来的分词错误。例如，对于句子"他是中国人民银行的职员"，ChatGPT 能够正确分词为"他/是/中国/人民/银行/的/职员"，并准确标注每个词的词性：

❑ 他（代词）

❑ 是（动词）

❑ 中国（名词）

❑ 人民（名词）

❑ 银行（名词）

❑ 的（助词）

❑ 职员（名词）

大模型在分词和词性标注中的优势主要体现在以下几个方面：

首先，大模型拥有强大的上下文感知能力。它们能够捕捉长距离的依赖关系和上下文信息，从而显著提升分词和词性标注的准确性。这在处理复杂句子和歧义词时尤为重要，使得模型能够更好地理解和解析文本。

其次，大模型通过预训练与微调的方式，使得在具体任务上只需要少量的标注数据即可达到很好的效果。这种方法通过在大规模未标注语料上进行预训练，学到了丰富的语言知识，在进行微调时可以快速适应特定任务。这对于资源有限的任务（如特定领域的分词和词性标注）尤为重要，使得模型能更高效地应用于不同的场景。

此外，大模型提供了一体化的解决方案，可以同时处理多个 NLP 任务，而不需要为每个任务单独设计特定的模型架构。这种一体化的解决方案简化了系统的设计和维护工作，也提升了系统的整体性能，使得 NLP 系统更加高效和可靠。

随着大模型的不断发展和优化，中文分词和词性标注任务有望迎来更多的创新和进步。大模型不仅提供了更强大的工具，也为我们带来了新的思考方式和研究方向。在这个快速发展的领域，对最新技术持续关注和学习，将帮助我们更好地理解和应用这些先进的工具，推动 NLP 技术在各个领域的广泛应用。

通过本章的学习，读者不仅能够掌握传统和深度学习方法的核心概念，而且可以对大模型在分词和词性标注中的应用有一个初步的认识，为后续章节的深入学习打下坚实的基础，同时为实际应用中利用大模型解决分词和词性标注问题提供了新的思路。

1.8　小　　结

本章首先讲解了分词的传统方法，虽然是传统方法但是性能优秀，所以现阶段的线上 NLP 相关服务只要涉及分词，基本上使用的还是传统算法，涉及简单的 NER，也是使用 HMM 解决，都是基于同样的目的——响应速度。除非有一些较为复杂的 NER 需求，才会在传统分词基础上再接一个 NER 模型。然后较为详细地介绍了中文分词在深度学习中的发展情况。主流研究领域基本上都是在多标准、多数据集的融合学习上，因为任何一个单数据集的数据量都不能提供足够的训练样本。同时，不同的数据集基于不同的中文使用地区其习惯有所不同，如中国香港和中国台湾地区的中文使用习惯不同，它们和新加坡的中文使用习惯也不同，这样会形成一些互相补充的好处。至少最终的实验效果可以证明多数据集融合学习比单数据集的效果好，同时也证明 bi-gram 这个双字特征对分词也是较为有效的，预训练字向量也是有价值的，使用 BERT 此类动态字向量明显好于 Word2vec 之类的静态字向量。最后通过实例简单介绍了 ChatGPT 在分词和词性标注中的应用。下一章将介绍文本分类任务。

第 2 章 文 本 分 类

文本分类可以说是 NLP 里最传统的一个任务了，而且几乎所有的 NLP 任务最终都可以被视为文本分类的一种变化。例如，前面讲分词时的序列标注，就是对每个 item 进行一次分类。虽然翻译和文本摘要属于文本生成，但是在每次输出时要针对候选词表进行一次分类。即使是阅读理解的抽取式，也是把原文的长度作为候选表进行分类，而生成式阅读理解就跟翻译和摘要区别不大了。

本章讲解的文本分类是偏狭义的，即判断文本类别是二分类或多分类，当然也有可能是多级类别，例如商品，一级类别就是时装、数码等，二级类别就是女装、男装、手机和计算机等。

本章先介绍一些词向量的基础知识，然后介绍一些经典的文本分类模型。

2.1　文本分类的应用

即使是狭义的文本分类，其实应用场景也是非常多的。

1. 信息提取和信息过滤

为什么将信息提取（Information Retrieval，IR）和信息过滤（Information Filtering，IF）这两个概念放到一起说呢？因为即使将这两个概念分开介绍，读者也会困惑于二者的区别。

所谓信息提取，最典型的应用就是搜索。根据查询条件，在大量文档中寻找相关的文档或者网页，然后根据相关性排序将结果显示给用户。

这跟文本分类有什么关系呢？这个相关性的量化其实就是一种文本分类方法，使用过 Elasticsearch 的读者都知道其内部的相关性打分方法 BM25（不了解的读者可以搜索 BM25 方法的解释，后面在介绍 QA 时也会讲解），其实就是基于 TF-IDF 的一个扩展。这个扩展就可以理解为相关性；只是没有归一化，就像 softmax 的分子一样，如果使用所有文档的分值之和进行归一化，就会转换为一个 0~1 的概率值，从而成为多分类问题。如果基于每个文档使用 sigmoid 进行归一化，那么就成为一个二分类问题。但这个场景只是使用分值作为排序依据，完全没有必要进行最后一步归一化，所以为了节约计算资源就去掉了。在深度学习模型的推断时，如果是排序需求的场景，经常会看到在训练阶段必须进行的最后的 softmax 归一操作是可以去掉的，同样是为了简化计算量。

这个场景其实跟正统的文本分类还是有区别的，正统的分类输入的是一串非结构化的流式文本，然后进行分类。而这里因为计算的是相关性，所以其实有两个输入，一是用户的搜索条件，二是文档的文本。

那么信息过滤 IF 是干什么的呢？其实逻辑差不多，只是使用场景不同，信息提取有明确的目标，想要找相关内容。有时候不知道明确的目标，只知道一个目标范围，而且想要长期关注最新的信息，那么信息提取可能就不太适用了，需要反向操作，去掉那些不感兴趣的内容，留下更多的内容再次浏览和过滤。这就是它们的区别。

2. 情感分析

所谓情感分析其实就是典型的文本分类，只是限定了文本分类的目标为"正面""负面""中性"情绪，而且由于问题场景比较典型，还有对应的子问题，所以被单独划分出来。

情感分析分为 3 种子问题。

- □ 文档级情感分析：分析一篇文档是正面、负面的还是中性的。
- □ 句子级情感分析：分析一个句子的情绪是正面的还是负面的。
- □ 对象级情感分析：一个句子里可能会对多种对象进行正面或负面的评价。例如，"这个手机外观还是很漂亮的，只是电池待机不行，玩游戏时还发烫"。这句话里就包含三个实体对象，即"手机外观、电池、玩游戏状态"，对应三个情绪词"漂亮、不行、发烫"。这句话相对规整，从逗号分割的三个部分分别描述一个对象，但实际上经常会有多个子句描述一个对象和一个子句描述多个对象的情况。所以对象级情感分析已经不完全属于文本分类问题了，因为这种方法需要识别出里面的实体以及附带的情感词。

3. 文本摘要和阅读理解

在抽取式的文本摘要和阅读理解场景里，最终要选择文本里哪个词为最终输出的一部分其实是一个分类问题。当然，对于文本摘要，有时需要选择的可能不是某个词而是某句话，但原理都是相似的。

这几个应用不能算是场景，真实的场景应该是业务中遇到的实际问题，如需要分析用户评论的态度，就属于对象级的情感分析。如果需要将抓取的文章划分到不同的类别中，就属于典型的文本分类。

相对而言，在公司的 NLP 任务中，文本分类是经常遇到的一种场景。

2.2　文本分类的词向量方法

文本分类的方法很多，传统方法有朴素贝叶斯、LDA 和 SVM 等，可以说基本上所有用于分类任务的模型算法都可以用于文本分类，差别只是特征工程不同而已，介绍这些算法的书其实非常多，如李航的《机器学习方法》和周志华的《机器学习》等，有兴趣的读者可以阅读一下。我们的主题与深度学习相关，所以跳过了对传统方法的介绍。

工业行业解决业务问题经常受限于性能原因，因此不得不继续使用传统方法，所以传统方法并未过时，并且依然有很大的作用。具体到文本分类任务，其实词向量相关的方法表现已经比传统方法好，如 fastText 的性能表现就非常好。

下面先介绍词向量的训练，然后基于词向量进行文本分类。

2.2.1　Word2vec 模型

在介绍 Doc2vec 和 fastText 之前先介绍 Word2vec，因为这两种技术与 Word2vec 有非常密切的关系。

第一种 Word2vec 模型是 CBOW，为什么叫这个名字？把前面的 C 去掉，就是 BOW（Bag Of Words，词袋模型），这里加上的 C 就是 Continuous，CBOW 表示连续的词袋模型。

词袋模型就是把一篇文章或一句话的所有词拿出来，直接作为 NLP 任务的特征。例如，TF-IDF、LDA 和 SVM 等模型在文本分类场景下使用的特征都是词袋，也就是没有先后顺序关系的词特征。当然也可以使用特征工程的方法划分先后顺序，如前面讲的在分词里加入 bi-gram 双字信息，其实就是一种包含两个字的先后顺序的信息；后面介绍的 fastText 在分类时附加的 n-gram 信息也是这个原理。不过即使这样也只能加入少量的局部顺序信息，所以我们依然认为它们是词袋模型。

连续的词袋模型其实就是词向量，以前，词特征要么使用 one-hot 形式表示，要么直接使用词本身，如 LDA 和全文检索等，都是直接基于词的。这样的词是离散的，各个词之间无论语义关系远近，但在特征表征上其距离都是相同的。例如，one-hot 就是一个高维向量，只有一个值是 1，其他值都是 0，那么两个 one-hot 向量无论是哪两个词，其距离都是相等的。

使用词向量表征词意，打破了前面的离散状态，语义相近的词在向量空间里的距离就相近，而语义没什么相关性的词在向量空间的距离就比较远。这就是 CBOW，如图 2.1 所示。

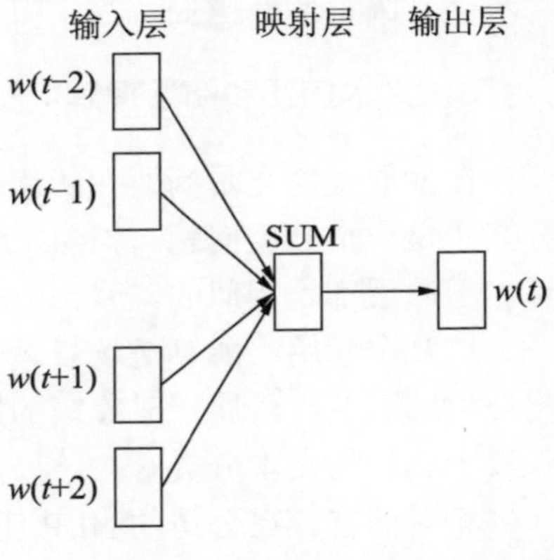

CBOW 模型可以说没有隐藏层，每个词进行嵌入（Embedding）之后就直接求平均，然后计算结果。

训练方法就是用每个词的前后各 c 个词作为输入，训练的目标就是这个词本身。具体 c 的值是可以设置的，属于超参数。

数学公式就是：

图 2.1　CBOW 模型

$$h = \frac{1}{2c} \sum_{i=1}^{2c} x_i$$

$$p(y_i \mid \text{context}(y_i)) = \text{softmax}(h) = \frac{\exp w_j h}{\sum_i^V \exp w_i h}$$

CBOW 为了优化 softmax，减少计算量，把最后一层改为了层级结构，也就是树型的 softmax。但这只是改变了计算量，对最终的效果影响不大，后面介绍 fastText 时再讲。

损失函数就是交叉熵。虽然训练是有监督训练，但是全部的样本都是基于语料自动化构建的，所以也称为无监督或自监督学习。这样最终训练出来的词向量就会包含一些词的特性，至于包含多少词本身的语义则不好判断。虽然不一定真的包含词的语义，但是这些词的位置特征对处理其他 NLP 任务有很大的帮助。例如，NMT 翻译问题，即使是位置信息，也能通过前面出现的上下文而推测出当前位置哪些词出现的概率更大。

Skip-gram 模型的逻辑与 CBOW 比较相似，二者都可以认为是没有隐藏层的超浅层网络。二者的区别是训练方式，Skip-gram 是以某一个词作为输入，预测的是这个词的上下文，同样是前后 c 个词。这个 c 的值也是超参数，如图 2.2 所示。

CBOW 的 projection 是求平均，这里的 projection 其实什么操作都没有，直接使用输入作为输出。

Skip-gram 同样也面临 softmax 计算量过大的问题，但它没有使用 CBOW 的层级方案，而是使用了负采样，就是通过采样估计出 softmax 值，而不是计算准确值。

简单理解一下，从前面计算 softmax 的公式中可以看出，当词表数量比较大时，分母是求和运算，就是要把所有的词的贡献分都求一遍，这样的计算量非常大。

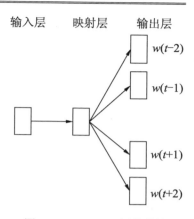

图 2.2　Skip-gram 网络结构

层级 softmax 的逻辑大体可以理解为基于树形结构，直接计算某个范围的概率贡献，而不是一个一个地计算后再相加，然后将这个范围概率逐层相乘，就能得出最终的概率贡献。例如，一个箱子里有 a、b、c、d、e、f、g、h 共 8 个小球，问随机选一次，选到 b 的概率是多少？如果直接计算节点的概率，8 个球中一个球的概率就是 1/8。如果按层级式计算，先选中 a、b、c、d 的概率是 1/2，然后在 a、b、c、d 中选中 a、b 的概率是 1/2，接着在 a、b 中选中 b 的概率是 1/2，最终选中 b 的概率就是 $\dfrac{1}{8} = \dfrac{1}{2} \times \dfrac{1}{2} \times \dfrac{1}{2}$。

至于对负采样的理解，可以认为，如果能计算代表一半概率贡献值的那部分值，然后将其乘以 2，就可以得到最终值，如果能计算代表 1/10 甚至 1/100 的那部分值，则最终只需要将其乘一个值即可。

下面给出 softmax 的负采样逻辑性推导，这部分内容需要具备微积分和概率期望值的相关知识。

$$P(x) = \mathrm{softmax}(x) = \frac{\exp(-f(x))}{\sum\limits_{x' \in X} \exp(-f(x'))}$$

这一步统一 softmax 的公式应该没什么问题，关于 $f(x)$，其实很多场景就是当前权重与输入 h 相乘，这里的 h 就是 x。不过这里 $f(x)$ 不展开，所以认为是任一函数（网络层）。

两边求对数，取对数有很多好处，如把连乘转化为连加，把指数转为正常函数等。交叉熵公式也是包含对数的。

$\log P(x)$ 的 softmax 的导数可以分为两部分，右边对分母求导，得出：

$$\log P(x) = -f(x) - \log \sum_{x' \in X} \exp(-f(x'))$$

然后两边求导数。为什么求导？因为要求梯度来反向传播。

$$\nabla(-\log P(x)) = \nabla f(x) - \frac{\sum\limits_{x' \in X} [\exp(-f(x')) \nabla f(x')]}{\sum\limits_{x' \in X} \exp(-f(x'))}$$

这里最后一项的每个分子与分母配对，其实都是一个 $P(x')$ 化简为：

$$\nabla(-\log P(x)) = \nabla f(x) - \sum_{x' \in X} P(x') \nabla f(x')$$

因为 $P(x')$ 是一个概率分布，最后这一项就相当于基于 $P(x')$ 分布的期望等于 $E_p \nabla f(x)$。

就因为不想计算 P，准确说是 P 的分母，才进行采样。用 P 的近似分布 Q 代替 P：

$$E_p \nabla f(x) = E_Q \frac{P(x)}{Q(x)} \nabla f(x)$$

但这里还是需要计算 P 的分母，并没有减少计算量。继续观察，其实分母也是几项之和，可以认为是一个均匀分布概率的期望：

$$Z = \sum_x \exp(f(x)) = M \sum_x \frac{1}{M} \exp(f(x))$$

也可以用 Q 函数分布去代替这里的均匀分布，形成基于 $Q(x)$ 的期望：

$$Z' = \frac{M}{N} \sum_{x \in Q} \frac{1}{MQ(x)} \exp(f(x))$$

这里的 N 是哪里来的？就是基于 Q 分布想要采样的数量，我们这样做就是为了降低计算数量，所以求和项的数量一定要比原来的项数 M 少。此外，这个数量是可选的，最终必然要平衡权重，让采样不同数量的目标值偏向均衡，所以就得除以这个项数 N。

$$E_P \nabla f(x) = \frac{1}{N} \sum_{x \in Q} \frac{\exp(f(x))}{Q(x)Z'}$$

这里与 Z' 一样，采样需要增加一个 $1/N$ 的平衡项，这样与分母 Z' 的 N 就可以约掉：

$$E_P \nabla f(x) = \frac{\sum_{x \in Q} \nabla f(x) \exp(f(x)) / Q(x)}{\sum_{x \in Q} \exp(f(x)) / Q(x)}$$

最后就得出一个可以基于 Q 分布采样计算出来的期望值，这样就可以基于 Q 函数采样来近似计算 softmax 了。极限情况下 N 为 1 也是可以工作的。

以上就是 softmax 负采样的逻辑推导。

有了对 Word2vec 的理解，下面就可以学习 fastText 和 Doc2vec 了。

这里先提个问题：有了 Word2vec，能否可以用于文本分类呢？

答案肯定是可以的，具体如何使用呢？其实有了词向量就相当于把一篇文本全部转化为向量集，应用分类就变得比较简单了。例如，最简单的方法就是把所有词向量相加，然后进行线性变换，最终输出一个值后接 sigmoid 就成为一个二分类概率。fastText 的实现也是类似的。

2.2.2　fastText 模型

fastText 是 Facebook 于 2016 年开源的一个词向量计算和文本分类模型工具，在学术上并没有太大创新。但是它的优点也非常明显，在文本分类任务中，fastText 往往能取得和深度网络相媲美的精度，但在训练时间上比深度网络快许多数量级。在标准的多核 CPU 上，fastText 能够在 10 分钟之内训练 10 亿词级别语料库的词向量，能够在 1 分钟之内分类超过 30 万个类别的 50 多万个句子。

看着是不是跟 XGBoost 很像？fastText 模型其实没有太大的创新，主要工作是克服了一些工程问题和实际困难，且有较好的效果。

至于 fastText 的内容实现和原理，很多人都会混淆，其实它不是一个模型而是两个。n-gram 特征也是两种用法：一是 Word2vec 的优化，使用所谓 n-gram 信息也就是 subword 来解决低频词和 OOV 词对词向量的影响；二是文本分类，这里使用了一些技巧来加速模型的训练和推断。

用 fastText 来训练词向量其实就是指第一个模型，当然这里 Skip-gram 和 CBOW 是可选的。

1．n-gram特征

这里的 n-gram 其实是基于字符而言的，与我们前面讲分词的时候使用的 bi-gram 特征不太一样。

例如，如果 n 取 3，apple 单词就被拆为下面这样 5 个 subword：

<ap, app ppl, ple, le>

每个 subword 对应一个向量。

subword 向量如何参与到模型里进行训练呢？

先看不包含 n-gram 信息的词向量是如何训练的，我们以 Skip-gram 为例：

$$p(w_c \mid w_t) = \frac{\exp(s(w_c, w_t))}{\sum_{j=1}^{W} \exp(s(w_t, j))}$$

w_t 就是用来预测目标上下文词的词向量；w_c 就是前后几个词的词向量之和。

$$s(w_c, w_t) = u_t^\mathrm{T} v_c$$

s 就是打分函数，也就是两个向量的内积。

这里引入 subword 向量并不是全部词都用 subword 向量来代替，也不是像常见模型那样将正常的词向量与 subword 向量进行拼接，而是 w_t 部分使用 subword 向量，w_c 部分使用词向量。

$$s(w, c) = \sum_{g \in G_w} z_g^\mathrm{T} v_c$$

z_g 就是 subword 向量，一共有 G_w 个，对于 apple 来说就是 5 个。

简单说就是输入词的 subword 向量之和，预测输入词前后几个词的词向量。对于 CBOW 模型，就是上下文前后几个词的 subword 向量之和，预测目标词的词向量。注意，这里输入的上下文没有加入词向量，全部都是 subword 向量。

这样就可以把词向量与 subword 向量一起训练出来。

对于中文，fastText 使用的依然是分词的词向量，不是字向量，所以 n-gram 就是字的组合。不过与英文不同，英文只有 26 个字母，组合种类也很少，所以基于正常的语料训练，基本上都能覆盖大部分的组合情况。而中文因为汉字太多，即使是 2-gram 的组合，一般语料也不一定能完全覆盖，所以中文 OOV 方面就别期望太高了。当然也可以直接使用字向量而跳过 n-gram 特征，但效果要重新评估。

fastText 的词向量也只做了 n-gram 优化。而分类模型使用的 n-gram 特征与这个 n-gram 是不同的，下面会讲。

下面我们再来介绍 fastText 分类模型。

fastText 分类模型跟 CBOW 是一样的，都是在输入层把词向量输入网络，然后通过加

权平均得出 h，然后基于 h 求目标结果。区别是 CBOW 输入的是目标词的前后几个词，fastText 输入的是文本全量的词。CBOW 的输出是预测中间那个词的概率，而 fastText 的输出是预测文本是哪个类别。

再就是 fastText 增加了 n-gram 信息，这里的 n-gram 信息有点像分词使用的 bi-gram 信息。例如，"he is a car engineer"，如果要附带 bi-gram 信息，那么就是 "he/he is/is/is a/a/a car..."，如果要附带 tri-gram 信息，那么就是 "he/he is/he is a/is/..."。

这里的 n-gram 信息对中文就有效了，跟分词的 bi-gram 一样，也是双字向量，对于词也行，就是双词向量。但这样 Embedding 的空间就会非常大，即使是英文，双词的组合也是爆炸式地增大。fastText 使用了一个小技巧，使用 Hash 进行向量的索引，就是有些组合词的向量可能是共用一个 Embedding，这样会不会产生词意冲突？显然有一些影响，但是，如果 Hash 的桶设置得合理，那么对最终结果的影响可以降到很小。

其实对特征空间进行 Hash 存储不是 fastText 独有的技巧，在很多场景中，如果特征空间过于庞大，而特征的覆盖度又不均衡，如 fastText 的组合词频率不同，那么可以使用 Hash 操作来压缩空间，这其实相当于把低频向量合并了，让其训练成几个低频向量的平均值，这样既有一定的语义保存，又节省了大量的空间。

不过基于 Hash 的先验就是高频特征比例不高，所以随机 Hash 大概率是低频特征碰撞，如果感觉不保险则可以手动统计一下各个特征的频率，然后只让低频特征进行 Hash 操作，这样会进一步降低对模型指标的影响。

2. 分层softmax

其实 CBOW 进行语言模型训练的时候还是分类模型，因为预测的是某个位置是哪个词，词就是词表里几万或几十万个类别之一。

我们知道，进行分类预测一般最后一层都会使用 softmax：

$$\text{softmax} = p(w_t \mid h_t) = \frac{\exp(-f(w_t, h_t))}{\sum_{w'} \exp(-f(w', h_t))} = \frac{\exp(-w_t^{\mathrm{T}} h_t)}{\sum_{c=1}^{C} \exp(-w_c^{\mathrm{T}} h_t)}$$

这样模拟出一个不同类别的概率分布，但现在类别有几万或几十万个，那么在计算这个 softmax 时会非常消耗时间，那么怎么解决呢？

现在主流的方法有两种，其一就是分层 softmax，其二就是随机负采样 softmax。

这里使用的是分层 softmax，其结构如图 2.3 所示。

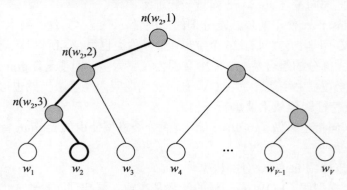

图 2.3　分层 softmax 结构

分层 softmax 的逻辑与树查找一样，如果是正常的 softmax 计算，就像遍历一样从头算到尾，而层次计算就像二分查找，只计算路径上的节点，直接取对数，计算量减少了很多。

$$p(y_i) = \text{softmax}(y_i) = \prod_{l=1}^{L(y_j)-1} \sigma(\text{LC}(n(y_j, l)) \cdot \theta_{n(y_j, l)} X)$$

$L(y_j)$ 表示节点对应的层级；σ 是 sigmoid 函数；$n(y_j, l)$ 表示第 1 级的路径节点；$\text{LC}(n(y_j, l))$ 表示下一级节点是否为当前节点的左节点，如果是则为 1，如果不是则为 -1；$\theta_{n(y_j, l)}$ 表示第 1 级节点的参数。

上面的公式看着很复杂，其实拆开仔细看看可分为三部分，第一部分是判断子树为左节点还是右节点，如果是左就为 1，如果是右就为 -1，第二部分是正常的权重与输入相乘，第三部分是 sigmoid。

如图 2.3 所示的加粗路径，　$P(w_2) = \sigma(\theta_{n(w_2, l)} X) \cdot \sigma(\theta_{n(w_2, 2)} X) \cdot \sigma(\theta_{n(w_2, 3)} X)$

在训练阶段，就用这个分层计算的 softmax 代替原来的 softmax 即可。而在推断的时候依然是基于这个分层结构进行计算，每次都选择 sigmoid 值最大的那个分支，直到概率最大的那个叶子节点。

或许有人会有疑问，这个树形结构是如何生成的？

其实树形结构可以是任意生成的，例如 CBOW 训练时 softmax 的树结构是基于词频构建的，而 fastText 则是基于定义的类别的频率构建的，其实与词频的原理是一样的。虽然树可以任意生成，但是，如果没有逻辑性，那么最终的效果肯定会比较差。

在这里 CBOW 和 fastText 都是基于节点出现频率生成的 Huffman 树，CBOW 是词频，fastText 是类别频率。虽然这种树的生成法在性能上有先验逻辑存在，也就是频率越高的节点层数越少，计算量越少，从而降低总的计算量，但是最终效果在逻辑上却没有什么贡献，计算量少并不能保证最终预测的节点是最精确的，所以笔者认为可以通过调整树形结构来提升最新效果。例如，可以基于词意进行聚类，然后将其作为树的结合点一级级地合并为一棵树，这样在计算父节点的左右概率时就有了一定的可解释性，如左子树节点全部都是活的生物，而右子树节点全部都是物品，这样理论上预测的效率应该会有一定的提升。

另外，fastText 如果在文本分类任务中没有使用预先训练好的词向量，那么在训练分类的过程中会训练出新的词向量。至于 n-gram 多词向量，全部都是在分类任务时训练的。如果分类任务的类别比较少，也没有层级（如一级、二级类别）等增加任务难度，那么这个词向量被训练后可能包含的信息太少，不足以作为预训练特征迁移到其他任务里。

相反，如果分类的类别较多，或者有层级分类任务，又或者有多目标分类任务等，最终词向量包含的信息也许又可以作为一种词向量用于迁移学习。例如，在 CV 领域，基于 imageNet 数据集训练出来的网络，就可以直接作为高阶特征迁移到其他 CV 任务中。

NLP 至今还没有类似 CV 领域基于分类预训练出来的词向量的另一个原因是，分类的类别需要客观，猫就是猫，狗就是狗，不能你认为是猫，我认为是狗，否则样本标签的客观一致性就达不到要求，训练的结果肯定不具有客观通用性。这个问题在图像领域相对容易，但在 NLP 领域就不那么容易了，例如，你认为这是一篇养生类文章，我认为是医学类的，甚至有人认为是低俗类的，这同样也导致了 NLP 任务经常与业务绑定较深，也就是没有共识，只能基于不同的业务定一个业务标准。

2.2.3　Doc2vec 模型

Doc2vec 是 2014 年由 Tomas Mikolow 和 Quoc Le 在论文 Distributed Representation of Sentences and Documents 中提出的概念，Tomas Mikolow 是 Word2vec 的作者之一。

1. Doc2vec文本分类

分布记忆的段落向量（Distributed Memory Model of Paragraph Vectors，PV-DM）的模型结构基本上与 Word2vec 的 CBOW 模式相同，如图 2.4 所示。

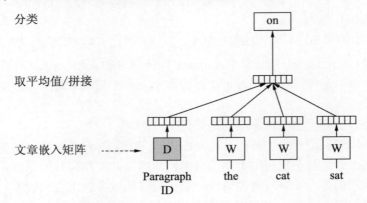

图 2.4　Doc2vec 的 PV-DM 模式

读者有没有发现 Doc2vec 的 PV-DM 模式与 CBOW 几乎是相同的，训练方法其实也是相同的，都是无监督模式，唯一的区别就是在前面多了一个 Paragraph ID 向量（其实就是 doc ID），Doc2vec 的核心就是它。该向量及另外三个语境向量的拼接或者平均结果被用于预测第四个词，其实可以跟 CBOW 完全相同，用某个词的前后几个上下文词预测当前词，效果都差不多。这样 Paragraph ID 向量训练结束后表示上下文缺失的信息同时也充当了关于该段落话题的一份记忆，相当于这个向量包含全文所有词的信息，所以被用作表征文档的向量。

在模型中，上下文长度是固定的，如图 2.4 中的 3 个词。段落向量是被所有由同一段落生成的训练样本共享的，而不是所有段落都实现共享。而词向量矩阵 W 是跨段落分享的，就是每个段落或文章都有一个独有的段落向量，其他的词向量与 CBOW 一样，是全局一致的。

分布词袋版本的段落向量（Distributed Bag of Words version of Paragraph Vector，PV-DBOW）与 Word2vec 的 Skip-gram 类似，如图 2.5 所示。它直接使用段落向量去预测一个窗口内的几个词，通过每篇文章或段落的向量，预测整篇文章所有窗口的词。段落向量与每个窗口内的几个词作为一个训练样本。

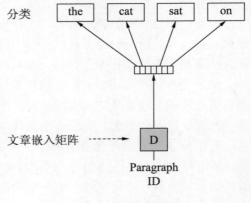

图 2.5　PV-DBOW 模式

这种训练方式是直接让所有的词向量进行一个加权求和从而得到段落向量。但段落向量在训练的过程中会保留一些对全文来说更重要的信息，类似于注意力，而加权平均容易被大量的无意义词降低信息量。有人认为段落向量也会包含顺序信息，但基于训练的方式看，难以佐证这种观点。基于 PV-DM 训练方式用前面的词预测后面的词，或用前后的词预测中间的词，这个训练过程或许会附带一些顺序信息，但 PV-DBOW 则完全不会。

下面看一下 Doc2vec 训练出来的段落向量的效果。

图 2.6 为 Doc2vec 应用于情感分析场景时与其他技术的数据对比。数据集为斯坦福情感分析树库（Stanford Sentiment Treebank Dataset），论文是 2014 年发表的，当时并没有更深层的模型，如 BERT 等，但 Doc2vec 继承了 Word2vec 和 fastText 的优点，就是训练容易，运行效率也非常高，如果将其与 BERT 对比，其实并不公平。

如图 2.6 所示，朴素贝叶斯和 SVM 使用 bi-gram 信息的朴素贝叶斯、词向量平均和 RNN 等，无论是粗粒度级别二分类的情感分析，还是精细级别五分类的指标，都比 Doc2vec 弱。另外，虽然 PV-DBOW 的训练好像是把词向量加权平均而得到的段落向量，但是效果却比对全部词向量直接求和取平均好得多，读者可以慢慢体会其中的区别。

Model	Error rate (Positive/ Negative)	Error rate (Fine-grained)
Naïve Bayes (Socher et al., 2013b)	18.2 %	59.0%
SVMs (Socher et al., 2013b)	20.6%	59.3%
Bigram Naïve Bayes (Socher et al., 2013b)	16.9%	58.1%
Word Vector Averaging (Socher et al., 2013b)	19.9%	67.3%
Recursive Neural Network (Socher et al., 2013b)	17.6%	56.8%
Matrix Vector-RNN (Socher et al., 2013b)	17.1%	55.6%
Recursive Neural Tensor Network (Socher et al., 2013b)	14.6%	54.3%
Paragraph Vector	**12.2%**	**51.3%**

图 2.6　情感分析技术对比

2．Doc2vec的其他应用

Doc2vec 除了进行文本分类之外还有其他应用吗？其实还是有不少应用的，如文本相似度、文本打标签等。打标签也是一个文本分类任务，如果用 Doc2vec 打标签就不同。怎么不同呢？

就是在训练段落向量的同时把当前段落的标签也加入输入序列中配合窗口中的前三个词，用于预测后一个词。但当前段落的这个标签是从哪里来的呢？还是要打标签，也就是虽然训练方式感觉像是无监督训练，但是内部的标签信息已经预先打好标签，其实还是有监督训练。这样最终每个标签，例如一共预先定义了 20 种标签，那么每个标签就训练成一个向量。当要打标签时就用段落向量与标签向量做距离计算，距离最近的那几个就是当前段落的标签。

这个方法源自某公司内部的实践，结果证明用 Doc2vec 比直接用 Word2vec 等高性能模型做文本分类任务时打标签的准确率高一些。

打标签这种任务经常都是大批量的执行，例如今日头条每天的新闻量可能在几十万，即使是其他二、三线新闻 App 的新闻量也都能达到几万的量，这样如果选择 BERT 之类的重模型或许指标会提升，但容易导致线上任务队列的积压，如果积压时间太久那可能就是事故了。

所以笔者也反复强调，学习机器学习的各种模型技术，不要单看最终的评估效果指标，还要看包括计算量消耗、推断速度和手工特征依赖度等其他标准。

当然，有些大公司的算法工程师可能只需要负责提升指标，无论他使用了多大、多"笨重"的模型，都有工程团队的人负责去压缩和优化模型。但问题是，一个完整的 BERT 即使再优化，在相同配置的计算节点上其推断速度也不可能比 fastText 快。当然，模型优化和压缩也是非常重要的手段，可以显著增加重模型的适用范围，某些线上场景可能对推断性能没有那么高的要求，模型压缩则能实现既提升指标又不降低计算效率的目标。

介绍了两个快速、高效的模型，下面就要介绍加重模型了。

2.2.4　softmax 加速

这一节算是对前文 CBOW 和 Skip-gram 的 softmax 技术的一个展开讲解，涉及一些公式的推导。

softmax 为什么需要加速？

下面是 softmax 的公式，对应于 LM 的输出层为：

$$p(y\,|\,h)=\frac{\exp(-w_y h)}{\sum_{i=1}^{N}\exp(-w_i h)}$$

这里的 h 是最终用于计算 softmax 的向量，所有的 w 都是词向量。softmax 在推断时可以不计算分母，因为只有分子不同，分母都一样，直接比较分子即可。而在训练时因为交叉熵计算的是概率分布，所以分母不能省。在推断时如果没有特殊设计，则需要把所有词的分子都计算一遍，这样也就顺便得出了分母。所以当 N 很大时，softmax 的计算量无法忽视。而 N 代表词表的大小，如果是 1 万个词，那么每个时间步的输出都需要 1 万次的计算量。由此提出了两种减少 softmax 计算量的方法。

1. 层级softmax（Hierarchical softmax）

基于层级的 softmax，就是使用一个层级结构进行最后的预测。可以简单地设想一下，把网络的最后一层 softmax 层变成一棵平衡二叉树，二叉树的每个非叶节点用于给预测向量分类，最后到叶节点就可以确定下一个词了。

Morin 和 Bengio 在 2005 年提出了一个方案，即把输出层改造为层级二叉树，其中，词汇表中所有的词被视为它的叶子节点，然后基于 WordNet 的词义相似性进行叶子合并，形成父节点，这样一级级地进行合并，最终到达根节点。

换种说法就是基于 WordNet 里的词义相似性对词表进行从下到上的层次聚类，并生成一个二叉树。

所有的词都在叶子节点上，非叶子节点上没有词，只有词义的聚类表示，即词义向量。在实际计算 softmax 时，并非每个节点都计算，而是像二分查找一样从上到下一级一级选择性地进行计算，如图 2.7 所示。

例如第一级，计算两个节点，一个是"生物"子树，一个是"物品"子树。假设"生物"子树的概率为 0.6，物品子树的概率为 0.4；那么第二级则计算"生物"节点的两个子节点——"动物"和"植物"，假设"动物"的概率为 0.7，"植物"的概率为 0.3；那么第三级则计算"动物"子树的两个子节点——"人类"和"非人类"。如此一级级地算下去，最

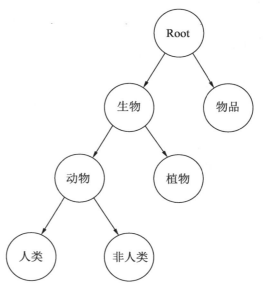

图 2.7　层级 softmax 示意图

终每个单词所在的叶子节点的 softmax 概率可以描述为：

$$P(v) = P(b_1(v \in 生物))P(b_2(v \in 动物) \mid b_1(v \in 生物))P(b_3(v \in 人类) \mid (b_1(v \in 生物), b_2(v \in 动物))$$

$b_1(v \in K)$ 的意思就是在第一层中，单词 v 是属于子节点 K 的，即 v 在 K 节点之下的某个叶子节点上。这里是二叉树，只有两个节点，可以把 b 化简为 $b_1(v)=0$，视为 v 属于第一个子节点或左子节点，$b_1(v)=1$ 视为 v 属于第二个子节点或右子节点。

这样每个单词即每个叶子节点都可以用一个 0/1 串表示其从根节点到叶节点的路径，如上面的"人类"就是 010。

标准的公式为：

$$P(v \mid w_{t-1}, \cdots, w_{t-n+1}) = \prod_{j=1}^{m} P(b_j(v) \mid b_1(v), \cdots, b_{j-1}(v), w_{t-1}, \cdots, w_{t-n+1})$$

$w_{t-1}, \cdots, w_{t-n+1}$ 是 v 依赖的上下文，即前面 $n-1$ 个词，所有 LM 都需要，在这里不是重点，暂时忽略。

可以通过以下公式计算每个节点的概率：

$$P(b_j(v)) = \text{sigmoid}(b + Wh + UN_{\text{node}})$$

其中，W、U 是训练权重，b 是偏置，h 依然是 softmax 层的输入，N_{node} 则是当前节点的节点向量，可以通过子节点的向量加权求和得出，也可以直接通过训练得出。如果概率大于 0.5 则认为在右节点，如果小于 0.5 则认为在左节点。

在训练时，因为有标签，知道哪个词的概率最高，就可以基于这个标签把对应的路径概率最大化。在推断时，就基于最大概率的路径计算下去，找到总概率最高的那个词即最终输出。

🔍**注意**：上面例子中的"物品""生物""动物""植物"都是中间节点，是由语义生成的，并非最终的单词，单词都在叶子节点上，如例子中的"人类"与"非人类"。

普通的 softmax 可以视为遍历，也就是每个节点都需要计算一次，这样如果有 1 万个节点，那么遍历的成本就比较高。如果使用二分查找或者二叉树查找，那么只需要计算 $\log_2 10000 \approx 13.3$ 次即可。如果这里的 softmax 也被设计为二叉树，那么次数是一样的，如果是非常平衡的二叉树，那么基本上只需要计算 14 次就可以出结果了，速度提升非常快。然而，这个方法还是有缺陷，就是基于层级 softmax 计算出来的语言概率的 PPL 比正常的 softmax 差很多，即使引入了专家知识 WordNet，也还是要差一些。

这是因为 WordNet 并非基于数据自动生成的，而是基于外部知识硬性生成的。这样每层选择概率最大的一边计算，最终并不一定会找到总概率最高的那个节点。举个极端点的例子，上面计算"生物"和"物品"时，一边是 0.6，一边是 0.4，于是选择 0.6 这一边继续计算，如果 0.6 的下一层概率最大的是 0.5，而 0.4 的一边概率最大的是 0.9，那么 0.4×0.9=0.36 就大于 0.6×0.5=0.3 了，这样就出现了选择错误的情况。Mnih 和 Hinton 希望模型能从语料中通过自动学习而构建出一棵树，并能达到比人工构建的树更好的效果。他们在 2008 年使用一种启发式的方法来构建这棵树。先随机构建一棵二叉树，基于这棵树进行训练，然后基于训练出的词向量修改这棵树，根据分类结果不断调整和迭代。最后得到的是一棵稳定的平衡二叉树。

Le 等人在 2013 年引入了一种新的基于类的 NNLM，它有一个结构化的输出层，称为结构化输出层 NNLM。给定单词 wi 的历史 h，条件概率可表示为：

$$P(w_t \mid h) = P(c_1(w_t) \mid h) \prod_{d=2}^{D} P(c_d(w_t) \mid h, c_1, \cdots, c_{d-1})$$

与前面的二叉树 softmax 其实没有本质不同，其实上面的条件概率公式也没有显示出哪里不同，只是不再是二叉树，也不再平衡。

主要的不同还是在层级树的构造上，这里的做法是：先进行一次预训练，设定一个非常小的词向量空间。例如，目标设定的词向量为 200 维，而预训练阶段再把维度设定为 20 维，甚至更低。预训练时的 softmax 使用正常的全量计算，不过这里因为维度低，权重维度也相应降低，最终的计算量其实是不大的。

然后基于这个 20 维的词向量进行聚类，跟前面一样一层层地往上聚类直到合并到一个或几个根节点上。这里其实不再是一棵树，而是一片森林，即多棵树，每个中间节点可能有几个子节点，也可能没有子节点，如果没有子节点，那么其就是叶子节点，对应的是词向量本身。

构建好层级也就是树后，再进行正常的训练。

虽然这个方法有一个预训练的过程，让训练的整体耗时没有以指数级下降，但是依然比全量 softmax 快很多。而且因为层级构建更加直观，直接以预训练的最终词向量进行聚类，最终的效果也相对较好，困惑度 PPL 指标下降得较少。

无论上面哪种层级 softmax 最终都要构建一个固定的层级树或者平衡二叉树，或者非二叉树。这种分类属于硬分类，最终导致 NNLMs 的性能变差，也就是 PPL 指标数值上升。

因此，有必要研究一种基于软分类的方法。我们希望在降低 NNLM 训练成本的同时

PPL 能够保持不变，甚至降低。

2. 基于采样的评估

当使用 NNLMs 计算下一个单词的条件概率时，输出层使用 softmax 函数，其中规范化分母的计算成本非常高。因此，一种方法是随机或启发式地选择输出的一小部分，从中估计概率。

Bengio 和 Senecal 在 2003 年提出了一种重要的抽样方法和自适应重要抽样算法，以加速 NNLMs 的训练。

softmax 的公式为：

$$p(w_t \mid h_t) = \frac{\exp(-f(w_t, h_t))}{\sum_{w'} \exp(-f(w', h_t))}$$

这里因为 h_t 不影响后面的公式推导，所以可以忽略，公式改为：

$$p(w) = \frac{\exp(-f(w))}{\sum_{w} \exp(-f(w'))}$$

计算 softmax 的目的是什么呢？计算 loss 后可以求导计算梯度。loss 一般指交叉熵，最终是对 $\log P(w)$ 求导。

$\log P(w)$ 的 softmax：

$$-\log P(w) = f(w) + \log \sum_{w'} \exp(-f(w'))$$

求导：

$$\nabla(-\log P(w)) = \nabla f(w) + \frac{\sum_{w'} \exp(-f(w'))\nabla(-f(w'))}{\sum_{w'} \exp(-f(w'))}$$

上面的公式可以分为左右两部分，等式右边可以合并，其中间其实还是一个 softmax，只不过参数变为了 w'：

$$\nabla(-\log P(w)) = \nabla f(w) - \sum_{w'} P(w')\nabla f(w')$$

等式左边比较简单，需要优化的关键部分在右边，下面我们只关注右边。

后半部分基于期望定义，可被视为基于 $P(w)$ 分布的期望：$E_{P(w)} \nabla f(w)$。

求一个分布的期望，显然不用把所有元素都计算一遍。就像求身高均值，只要抽一部分人即可，这个抽一部分人的动作就是采样。

如果要采样，就要基于 $P(w)$ 进行分布采样。这意味着必须计算 $P(w)$，但我们并不想计算 $P(w)$，准确说是 $P(w)$ 的分母，因此才要采样。

有没有其他办法呢？可以用另外一个分布 Q 去近似代替 P：

$$E_P \nabla f(w) = \sum_{w} P(w)\nabla f(w)$$

$$= \sum_{w} Q(w)\frac{P(w)}{Q(w)}\nabla f(w)$$

$$= E_Q \frac{P(w)}{Q(w)} \nabla f(w)$$

这样就不用基于 $P(w)$ 分布采样了，改为 $Q(w)$ 分布，这个 $Q(w)$ 分布理论上是随意取的，但其实是越接近 $P(w)$ 效果越好，我们可以使用 uni-gram，即词频分布。

但这里采样不需要基于 $P(w)$，式子里还是需要计算 $P(w)$。我们来看看分母有没有什么特征可以用其他方法代替而不用直接计算。

观察一下，$P(w)$ 的分母可以认为是一个均匀分布概率的期望：

$$Z = \sum_w \exp(f(w)) = M \sum_w \frac{1}{M} \exp(f(w))$$

其实任何一个所有元素求和的操作，都可以被视为一个均匀分布的期望。如此，也可以用 Q 函数去代替原来的均匀分布：

$$Z' = M \sum_{w \in Q} \frac{\exp(f(w))}{MQ(w)}$$

$$Z' = \sum_{w \in Q} \frac{\exp(f(w))}{Q(w)}$$

$$P(w) = \exp(-f(w)) / Z'$$

代回上面的右边部分：

$$E_P \nabla f(w) = \sum_{w \in Q} \frac{\exp(-f(w))}{Z'Q(w)} \nabla f(w)$$

$$= \sum_{x \in Q} \frac{\exp - f(w) / Q(w)}{\sum_{x \in Q} \exp - f(w) / Q(w)} \nabla f(w)$$

这样就可以完全基于 Q 函数采样近似计算 softmax 了。极限情况下 N 为 1，即只采一个样本计算也是可以工作的。

上面的数学推导，怎么理解呢？就是损失函数的对数的导数的右边部分是个期望，也就是均值，不需要全量计算，只需要抽一部分计算即可，与计算平均身高一样。但每次采样不能直接作为一个贡献项，还需要计算一下权重，也就是基于原分布与新分布里的概率值的不同调整一下权重再计算，这个权重就是上面公式里最后行中间的那一部分。

实验结果表明，采用重要抽样的方法，在不显著提高 PPL 的前提下，使 NNLMs 的训练速度提高了 10 倍。

Bengio 和 Senecal 在 2008 年又提出了一种使用自适应 n-gram 模型代替简单 uni-gram 模型的自适应重要性抽样方法，就是基于 uni-gram 的 Q 函数的缺陷，用了一个权重可学习的 Q 函数去采样。此外，他们还提出了其他改进，如并行训练小模型来作为重要采样的 Q 函数、多重重要性抽样和似然加权方案、两阶段抽样等。

对于训练 NNLMs 的采样方法，还有其他不同的方法，包括噪声比较估计、局部敏感哈希（LSH）技术和 BlackOut 等。

2.3　文本分类的深度学习方法

2.2 节介绍了词向量在文本分类中的应用，词向量可以说是所有 NLP 神经网络模型或深度学习模型的第一步，所以即基础又重要。后面的模型全部是基于词向量进行的。当然，词向量可以预训练，也可以完全基于任务进行全新训练，不过大量的实践表明，多数任务使用预训练的词向量进行迁移学习的效果会好一些。

下面先介绍 RNN 模型里最重要的一个概念 LSTM（Long Short Term，长短期记忆网络）。

2.3.1　LSTM 简介

本节主要介绍基于 RNN 的文本分类。

人脑只有在处理图像信息时是并行的，除此之外，大部分信息的处理都是串行的，如语言的听和说。现实世界中的序列事件也很多，如天气和价格波动等。

常见的模型如 SVM、DNN 和朴素贝叶斯在处理序列样本时都是直接将内部特征拆散处理的，如果想要建模其中的先后顺序则需要手动加入一些位置信息特征，如通过 Transformer 加入的位置编码，还有 n-gram 信息。但这些不够直接，有没有类似马尔可夫链的专门处理序列事件的模型呢？它就是 RNN 模型，原始 RNN 的公式：

$$h_t = \tanh(W_{x_t} + Uh_{t-1} + b)$$

x_t 是当前时间点的输入，h_{t-1} 是上一个时间点的输出，如图 2.8 所示。

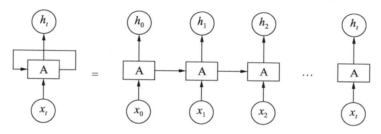

图 2.8　展开 RNN 结构

这种依次执行，把上一步的结果作为下一步的输入，继续执行的逻辑与很多现实事件相符，与人脑的运行逻辑是类似的。

但原始的 RNN 内部单元的拟合能力不强，整体效果比较差，因为远期的依赖很容易在迭代中消散，也就是很难记住远期的依赖关系。看公式也能看出来原因，每一步都固定乘以一个权重，这样很难学习到一些特定的关系。例如，I grew up in France... I speak fluent French，一个语言模型基于前面所有的单词序列去预测最后一个词 French。如果由人去预测，很容易判断是法语。因为前一句的意思是在法国长大，如果结果是可以流利地说中文，即使这个可能性较大，则这句话在前后句子衔接上也比较差。让模型去预测也一样，如果不基于前一句所说的"法国"，如使用 n-gram 方法，那么可以流利地说任何一种语言都是可能的。RNN 的缺点就在这里，前一句中的"法国"这个词距离现在要预测的词已经非常远了，即使前面学习到了一些信息保留在权重里，但经过多次的循环是很难持续保留的。这就是长期依赖的问题，其实在 NLP 任务中，长期依赖问题是一个持续的难点，即使后面的 LSTM 甚至 Transformer 也只是局部解决了"不是很长"的长期依赖问题。至于这里的原始 RNN（见图 2.9），可以说效果与 n-gram 差不多，除非是固定长度的一些依赖组合，否则基本上是学不到的。

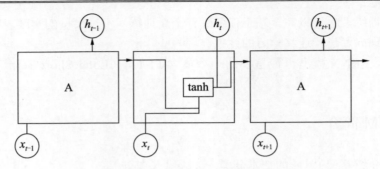

图 2.9　原始 RNN 的内部结构

此外还有梯度消失和梯度爆炸的严重问题。虽然梯度爆炸可以粗暴地通过梯度截断来解决，但是梯度消失就不容易解决了。

所谓梯度消失和梯度爆炸，就是权重在迭代过程中反复自己乘自己，这样如果起始值是小于 1，则 N 次方之后就是一个非常小的值，如果起始值是一个大于 1 的数值，那么 N 次方之后必然是一个非常大的值。所以就提出了 LSTM 来解决上面的问题，其内部结构如图 2.10 所示。

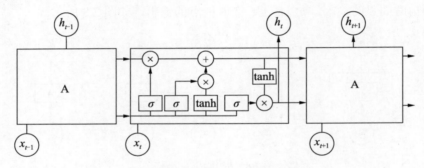

图 2.10　LSTM 的内部结构

原始 RNN 无法拟合较远的依赖关系的原因就是上一步的输出必定要受到当前输入的干扰，无法流转到后面真正依赖这些信息的输入时刻。如果要解决这个问题，思路之一是开一个高速通道，让这些信息可以跳过当前的输入不参与当前节点的计算而直接流转下去。LSTM 结构图的图标解释如图 2.11 所示。

| 神经网络层 | 按位操作 | 向量流转 | 向量排接 | 复制向量 |

图 2.11　LSTM 结构图的图标解释

其中，按位操作的圆圈里如果是加号（+），则是按位相加，如果是乘号（×），则是按位相乘。

现在 LSTM 的思路就包含这个逻辑，它里面有两条通道，下面那条通道虽然有一些变化，但总体思路还是延续原始 RNN 的，就是上一步的输出与当前一步的输入相结合，从而产生下一步的输出。而上面那条就是让上一步的输出可以直接流转到下一步的通道。至于如何确定上一步的信息要不要流转到下一步，肯定是需要判断的。否则，每一步的信息都往下走，导致所有的信息混在一起，相当于没往下走，如图 2.12 和图 2.13 所示。

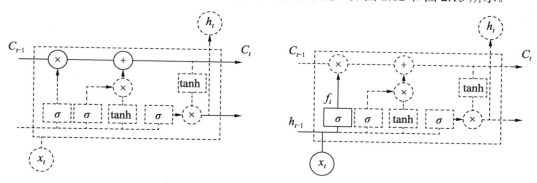

图 2.12　LSTM 上路通道　　　　　　　　　图 2.13　LSTM 的遗忘门

判断的依据就是上一步（下路）信息与当前信息连接后激活一下，相当于计算出一个比率（%），让上一步（上路）信息根据这个比率来确定往下流转的信息量。如果这个比率为 0，那么就相当于完全清除上一步的信息。如果这个比率为 100%，那么就相当于完全保留。这个比率在 LSTM 里就叫遗忘门（Forget Gate）。

$$f_t=\sigma(W_f\,h_{t-1};\,x_t+b_f)$$

x_t 就是当前步的输入，h_{t-1} 是上一步的状态输出，W_f 和 b_f 是遗忘门的权重，通过训练得到。

不要因为这里把这个权重形象地称为遗忘门，就认为门的状态只有 0 和 1 两种，即不是开着就是关闭。其实看公式就能很容易理解，sigmoid 函数依然是一个激活函数，只是取值范围为 0～1，很多场景将之认为是一个概率，所以更多的情况不是 0 和 1，而是一个 0 和 1 之间的小数。

现在有了保留上一步信息的方法，但当前一步的信息也有可能需要往后传递，那么如何保留这些信息呢？在本次时间步输出时也需要上一步信息和当前步的信息，它们如何合并呢？

首先当前步的信息需要一步处理。为什么呢？因为 h 跟 x 拼接会让向量维度变大，为了保持后续操作的兼容性，必须将其降为与 h 相同的维度。这一步处理最简单的就是使用线性方法：

$$C'_t=W_c\,h_{t-1};\,x_t+b_c$$

W_c、b_c 同样是训练得出的权重。

但这里又增加了一个激活函数 $\tanh(C)$：

$$C'_t=\tanh(W_c\,h_{t-1};\,x_t+b_c)$$

这一步的信息需要全部保留并输入向下流转的通道中吗？不一定。如果全部都保留，单元应该也能起作用，但这样会经常影响向后传递的信息，从而影响整体效果。所以这里有必要也设置一个控制阀门，以决定这一步信息保留的比率。这就是输入门，如图 2.14 所示。

$$i_t=\sigma(W_i\,h_{t-1};\,x_t+bi)$$
$$C_t=f_t\cdot C_{t-1}+i_t\cdot C'_t$$

C_t 就是上一步与当前步需要传递下去的信息的融合，也就是两项相加，如图 2.15 所示。

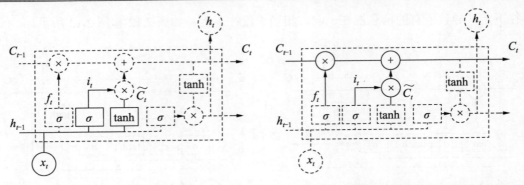

图 2.14 LSTM 的输入门　　　　图 2.15 LSTM 的当前步与上一步的信息融合

上面需要流转下去的信息就是有价值的信
息，就可以用作当前步的输出了。不过这个信息
里面包含很多后面可能会依赖的信息，对当前步
的输出并没有多少价值，可以做一些删减操作，
所以 LSTM 这里做了一个激活之后又让一个输
出门控制了输出信息的比例，如图 2.16 所示。

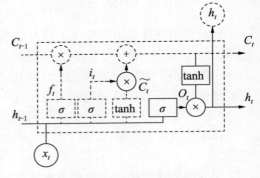

图 2.16 LSTM 的输出门和输出

其实在数值层面上，这个输出门的控制也是
有必要的，因为上面的 C_t 是由两项之和得出的，
如果不进行控制，则会出现某类信息反复叠加从
而最终产生较大偏置的问题。

$$o_t=\sigma(W_o\,h_{t-1}; x_t+b_o)$$
$$h_t = o_t \cdot \tanh(C_t)$$

上面就是基于解决原始 RNN 的问题而重新推导出的 LSTM 结构的思路，理解和掌握
这些思路是最关键的，否则知识永远都串不起来，无法融会贯通地去应用和修改。

公式再整理如下：

$$f_t=\sigma(W_f\,h_{t-1}; x_t+b_f)$$
$$C_t' = \tanh(W_c\,h_{t-1}; x_t + b_c)$$
$$i_t=\sigma(W_i\,h_{t-1}; x_t+bi)$$
$$C_t = f_t \cdot C_{t-1} + i_t \cdot C_t'$$
$$o_t=\sigma(W_o\,h_{t-1}; x_t+b_o)$$
$$h_t = o_t \cdot \tanh(C_t)$$

如果明白了上面的思路分析，要实现拟合长期依赖目标也不是只有 LSTM 一种。例如，
GRU 就是把遗忘门和输入门给合并了，用 1 减去遗忘门的值来代替输入门。

$$f_t=\sigma(W_f\,h_{t-1}; x_t+b_f)$$
$$C_t' = \tanh(W_c\,h_{t-1}; x_t + b_c)$$
$$C_t = f_t \cdot C_{t-1} + (1- f_t) \cdot C_t'$$
$$o_t=\sigma(W_o\,h_{t-1}; x_t+b_o)$$
$$h_t = o_t \cdot \tanh(C_t)$$

上式的逻辑是往下流转和当前步需要输出的信息总线宽度是固定的，如果上一步的信

息含量比较多，且对后面的计算有更大的帮助，那么遗忘的信息就很少，保留的信息就较多，而当前步保留的信息也就只能很少。反之，如果对后面的步骤没有太大帮助，那么遗忘的信息就可以多一些，如果上一步的信息量大，当前步骤的信息量也大，且都对后面的步骤有帮助，那么就只能各自都减少差不多的信息比例然后合并。

这里因为输入门与遗忘门的和等于 1，不会出现前面说的某类信息反复累加最终导致偏置过大的问题，所以笔者认为最后一个输出门也可以去掉，以进一步减少计算量。

GRU 在实践中的大部分场景与 LSTM 的效果近似，但计算量却少一些，训练速度快一些，所以比较受欢迎。

基于 LSTM 或 GRU 的文本分类实现很简单，把文本分词后，以词为单位，顺序地输入 RNN 单元中，然后取最后一个单元的输出或者全部时间步的输出拼接到一起，最后进行 softmax 分类计算。

如果使用 Bi-LSTM 双向方案，也就是文本正向输入一次，再反向输入一次，然后把每个词的正向和反向输出拼接到一起，最后取第一个词的输出作为最终的分类计算也是可以的。虽然人类处理问题都是单向的，但思考的时候还是可以正向、反向来回处理的，而实践也证明，在多数场景中，双向 RNN 都比单向 RNN 的效果好。

因为 LSTM 天然包含词序信息，所以不需要附带其他的特征工程手段就可以比较容易地超过前面那些词袋模型。前面无论是 Word2vec、fastText 还是 Doc2vec，都忽略了词的先后顺序，所以都属于词袋模型。不过 fastText 和 Doc2vec 里面包含一些局部的词序信息，所以如果分类任务是对长期依赖需求不大的场景，如仅仅通过特殊词汇的出现就能判断文章类别"火炮-军事"和"婴儿-母婴"等，那么 LSTM 在指标上也不一定能超过 fastText等。同时，RNN 天然的顺序执行特性导致其无法并行执行，推断效率上也是处于劣势的，所以模型的选择一定要根据场景而定，不能一概而论。

那么 RNN 和 LSTM 如何进行分类呢？经过 RNN 处理之后的词向量输出其实还是一个向量，依然可以将词向量全部加起来进行线性变换和激活。不过因为 RNN 最后一个词理论上包含前面所有词的信息，所以只使用最后一个词的输出来代替全部文本的含义进行分类也是可以的。

2.3.2　Tree-LSTM 简介

LSTM 只能处理序列数据，虽然 RNN 的设计初衷就是处理序列数据，但是对于自然语言的任务来说，语言本身其实是有结构的，并且以序列流的形式保存和使用，后面讲句法分析时就可以看到语言的树状结构。所谓语言的结构，最好理解的就是"主、谓、宾"结构，一句话里包含的形容词、副词和语气词等，其实都是用来修饰主体词的，对主体的语义没有太大影响。

虽然 LSTM 的名称为长短时记忆网络，但是其真正能识别的长期依赖还是不够远、不够长。非常容易被中间没有意义或意义不大的形容词、副词等把关键信息给洗掉，导致最终的效果不及预期。

说到这里我们不能因为要介绍 Tree-LSTM 而否定 LSTM。后面在介绍句法分析时会讲，在深度学习时代使用句法分析得出的树形结构还有没有意义，对比 LSTM 与 Tree-LSTM 在一些 NLP 任务中的效果，在多数 NLP 任务中 LSTM 的效果要好于 Tree-LSTM，其原因就是 Tree-LSTM 更擅长拟合更远的核心信息，但多数 NLP 任务对此没有需求，也就是多数都是简单的任务，只需要通过局部短期的依赖关系就能预测出较好的效果。这也是 fastText 仅仅附带一个 bi-gram 双词向量信息就可以达到较好效果的原因。

我们接着介绍 Tree-LSTM，句子本身的结构信息是一个树型，要想利用这个信息，网络结构自然也需要是树型的。其实，这里的网络结构本质上与 LSTM 一样，只有一个单元，只是数据的流向是树型的，从下往上逐级基于关系合并，最终达到根节点，这跟 LSTM 展开之后数据流向是线型的逻辑一样，如图 2.17 所示。

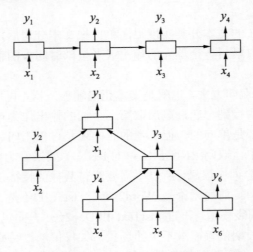

图 2.17　LSTM 与 Tree-LSTM 的展开示意图

如图 2.17 所示的 Tree-LSTM 的展开图，有 6 个输入，$x_1 \sim x_6$，每个输入都是一个字向量或词向量。结构可以是任意的，只要符合先验逻辑即可，常见的句子结构就是按照句法或语义进行分析的结构。至于如何通过句法分析得到这个结构，后面的章节会讲。

有了结构，具体的数据是如何正向传播的呢？我们看一下 Tree-LSTM 的公式。

$$h'_j = \sum_{k \in C(j)} h_k$$

$C(j)$ 表示 j 节点的所有子节点，h 表示子节点的输出，跟 LSTM 一样，前面一个单元有两个输出会输入当前单元 c 和 h。

这里就是对所有子节点的输出直接求和，把所有子节点合起视为一个节点。

$$i_j = \sigma(W^i x_j + U^i h'_j + b^i)$$
$$o_j = \sigma(W^f x_j + U^f h'_k + b^f)$$

输入门和输出门都与 LSTM 的计算方式一样。

$$f_{jk} = \sigma(W^f x_j + U^f h_k + b^f)$$

因为有多个子节点，所以有多个 c 输入，这样遗忘门就需要有多个，每个 c_k 对应一个遗忘门。当然也可以跟 h 一样直接求和且使用一个统一的遗忘门，但每个子节点流转过来的信息必然是非等权重的。

$$u_j = \tanh(W^u x_j + U^u h'_j + b^u)$$
$$c_j = i_j \cdot u_j + \sum_{k \in C(j)} f_{jk} \cdot c_k$$

$$h_j = o_j \cdot \tanh(c_j)$$

后面的数据输出依然跟 LSTM 一样，只有 c 的计算是用多个遗忘门乘对应的 c_k 输入，其实相当于加权求和。

如同 LSTM 有很多变体一样，Tree-LSTM 也可能有很多变体。Tree-LSTM 的论文里直接给出了两种，上面描述的被称为 Dependency Tree-LSTM。它的子节点数量可以是任意的，也就是树的结构比较随意，从而导致子节点输入的 h 数量不固定，只能直接求和，不能加权。

下面通过 Tree-LSTM 的另一个变体 Constituency Tree-LSTMs 解决上面的问题，其方法是固定子节点的数量，如二叉树、三叉树，所以也叫 N 叉 Tree-LSTM。这样就可以基于子节点的位置进行加权计算。

假设是 N 叉树，则有：

$$i_j = \sigma(W^i x_j + \sum_{l=1}^{N} U_l^i h_{jl} + b^i)$$

$$o_j = \sigma(W^o x_j + \sum_{l=1}^{N} U_l^o h_{jl} + b^o)$$

$$u_j = \tanh(W^u x_j + \sum_{l=1}^{N} U_l^u h_{jl} + b^u)$$

输入门与输出门以及当前节点信息的计算与 LSTM 基本相同，唯一的区别是把多个 h 输入进行加权求和。

$$f_{jl} = \sigma(W^f x_j + U_l^f h_{jl} + b^f)$$

遗忘门的计算跟 LSTM 基本相同，因为要各自计算，所以多个节点间互不干扰。

$$c_j = i_j \cdot u_j + \sum_{l=1}^{N} f_{jl} \cdot c_{jl}$$

$$h_j = o_j \cdot \tanh(c_j)$$

剩下的跟 Dependency Tree-LSTMs 一样。

对于分类问题，模型最终的输出为：

$$\hat{p}_\theta(y \mid \{x\}_j) = \text{softmax}(W^s h_j + b^s)$$

$$\hat{y}_j = \arg\max_y \widehat{p_\theta}(y \mid \{x\}_j)$$

损失函数就是交叉熵：

$$J(\theta) = -\frac{1}{m} \sum_{k=1}^{m} \log \widehat{p_\theta}(y^k \mid \{x\}^k) + \frac{\lambda}{2} \|\theta\|_2^2$$

后面是个 L2 正则项。

跟标准的 LSTM 一样，Tree-LSTM 除了分类也可以用于其他任务，如文本或语义的相似度。

常见的文本相似度模型有双塔型和单塔型，所谓双塔，就是两个同样的模型分别处理句子对中的一个，然后基于最后输出的一个向量进行运算得到一个分值，这个运算主要有两种，一是点积，也叫 cos 距离，二是和差值平方和，也叫 L2 距离。

单塔模型不是如双塔模型那样两个相同的模型分别用于处理两个句子，单塔模型是一个模型直接输入两个句子，从开始就进行交叉融合，最终输出一个得分。实践表明，在语义相似度评估任务中，单塔模型的效果一般都好于双塔模型，但单塔模型的工程部署能力比双塔模型差很多，所以工程中并不常见。

Tree-LSTM 与传统的 LSTM 一样，也可以基于双塔模型分别针对两个句子输出一个向量，然后基于 cos 或 $L2$ 距离进行打分。

不过 Tree-LSTM 的论文里使用的是两者的结合：

$$h_* = h_L \odot h_R$$

$$h_- = |h_L - h_R|$$

$$h_S = \sigma(W^* h_* + W^- h_- + b^h)$$

其实对于评估一个句子对的相似度，到这一步就可以了。而在 Tree-LSTM 的论文里想进一步输出一个 $1 \sim K$ 的整数值作为相似度的评分。因为语料给出的标签就是 $1 \sim K$ 的整数分值，如果硬要转为 $0 \sim 1$ 的概率值，则不太自然。

$$\widehat{p_\theta} = \text{softmax}(W^p h_s + b^p)$$

损失函数使用 KL 散度，其本质跟交叉熵是等同的。

$$J(\theta) = \frac{1}{m} \sum_{k=1}^{m} \text{KL}(p^k \| \widehat{p_\theta^k}) + \frac{\lambda}{2} \| \theta \|_2^2$$

下面我们来看看实验结果，第一个实验还是基于斯坦福情感分析树库的情感分析任务，有两个级别的任务，正向、负向的二分类和精细级别的五分类（5 种情绪），如图 2.18 所示。

Method	Fine-grained	Binary
RAE (Socher et al., 2013)	43.2	82.4
MV-RNN (Socher et al., 2013)	44.4	82.9
RNTN (Socher et al., 2013)	45.7	85.4
DCNN (Blunsom et al., 2014)	48.5	86.8
Paragraph-Vec (Le and Mikolov, 2014)	48.7	87.8
CNN-non-static (Kim, 2014)	48.0	87.2
CNN-multichannel (Kim, 2014)	47.4	**88.1**
DRNN (Irsoy and Cardie, 2014)	49.8	86.6
LSTM	46.4 (1.1)	84.9 (0.6)
Bidirectional LSTM	49.1 (1.0)	87.5 (0.5)
2-layer LSTM	46.0 (1.3)	86.3 (0.6)
2-layer Bidirectional LSTM	48.5 (1.0)	87.2 (1.0)
Dependency Tree-LSTM	48.4 (0.4)	85.7 (0.4)
Constituency Tree-LSTM		
– randomly initialized vectors	43.9 (0.6)	82.0 (0.5)
– Glove vectors, fixed	49.7 (0.4)	87.5 (0.8)
– Glove vectors, tuned	**51.0** (0.5)	88.0 (0.3)

图 2.18　Tree-LSTM 的情感分析实验结果

两种 Tree-LSTM 的树型结构都来自句法分析出来的树型。

结果如图 2.18 所示，词向量随机初始化效果是最差的，这个比较符合我们的主观先验。此外，使用 Glove 词向量并固定不进行微调的词向量效果提升了一些但不如经过微调的效果，这也符合主观先验。

这里有趣的是即使使用了 Glove 加微调，在二分类任务上的指标也没超过多通道 CNN（就是多种 kernel 并行特征提取）。说明了什么？

说明对于二分类这种相对比较简单的任务，比较远的长期依赖其实起到的作用并不大，完全依赖局部信息就能获得较好的结果。后面我们在句法分析章节中会再次提到这个结论。

各类 RNN 变体模型还有很多，这里就不逐一讲解了，后面将会介绍把 CNN 用于文本分类的一些模型。

2.3.3　DCNN 模型

虽然 CNN 是基于图像的平移不变性先验设计的模型，最开始是用于处理图像的，但是序列式的语言数据也拥有平移不变性的特征。例如，一个词或几个词的组合，绝大多数场景中其语义不会因为放到段落的前面或者后面而发生很大的改变，那些因为位置变化而发生语义变化的场景，即使使用复杂的网络模型，以现在的技术也不一定可以准确地识别出来。所以我们暂时忽略它们。

基于这样的观察，短期的依赖可以使用浅层的卷积核去识别，而长期依赖可以使用深层的网络层去识别，这样 CNN 同样可以应用于自然语言处理中，实践效果也证明确实可以达到相对令人满意的效果。同时，CNN 具有 RNN 没有的并发优势，从而可以利用 GPU 资源高效地计算。

下面介绍首次应用于 NLP 任务文本分类的模型 DCNN（Dynamic-CNN）。

DCNN 里面用到了许多现在不常见的方案，之所以不常见，是因为效果不大。但笔者反复强调，学习机器学习尤其是深度学习，一定要有先验验证的概念，就是每一个小的方案是一种先验，先要经过自己的大脑判断其是否有效，如果有效则应该应用到模型中，然后根据模型的实验结果尤其是消融实验，基于数据检验这个方案到底有没有效，是正向还是负向，正多少，负多少，然后分析其原因。

刚开始我们可能没有那么多的先验思路，这时候就需要多学习别人的模型，但不能只学那些被证明有效的几个模型，否则根本无法区分效果优秀的模型里的 N 个先验组合里哪些是真的有效，哪些并没有价值。例如 BERT，不能因为它一下刷新了 N 项 NLP 任务的 SOTA 指标，就认为所有的创新都是有正贡献的，后面无数个基于 BERT 优化而来的模型都已经证明，虽然 BERT 构造出了一个全新的设计框架，但是里面的许多细节方案并不是最优的。例如 NSP 任务，这个任务从理论上看应该是有价值的，但 BERT 的样本选择不好，负样本选择的是其他文章的句子，两篇文章中的句子差别比较大，所以识别任务比较简单。这样其实学习到的不是句子的语义顺序，而是文章的类别和风格，所以学不到更多有价值的东西。此外，ERNIE 主要是修改了 BERT 的 mask 机制，对于一些人名和特定组合之类的实体词，其可以在看到上一个词时就能推测出下一个词，根本不需要上下文辅助，这样的模型依然学不到太多东西。

如果不能克服只学习最先进的模型这样的想法，则很难发现现有模型的问题，并有针对性地对其进行创新和优化，只能判断已有的模型设计是否适应当前的业务。

DCNN 的结构如图 2.19 所示。第一层依然是跟所有的 NLP 深度模型一样的词嵌入，每个词对应一个词向量，一句话就组成了一个词向量数组即一个矩阵，$s \in \mathbb{R}^{d \times s}$。其中，$d$ 是词向量的维度，s 是句子的长度。

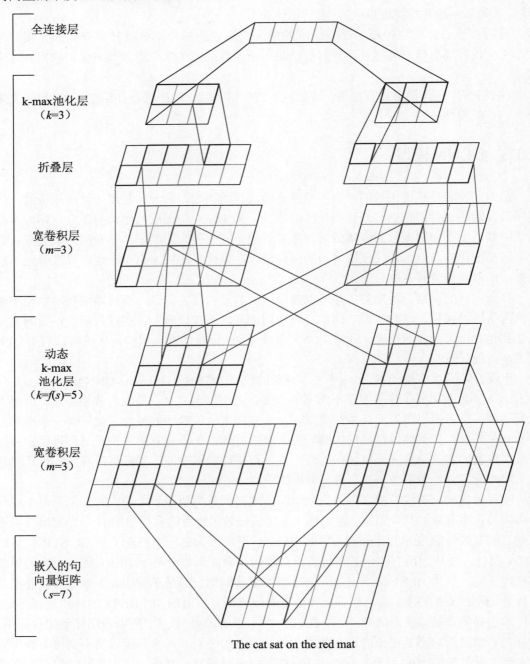

图 2.19 DCNN 的结构

1. 宽卷积

第二层是卷积层（Wide Convolution），但它与常见的卷积层不同，它被称为宽卷积，如图 2.20 所示。

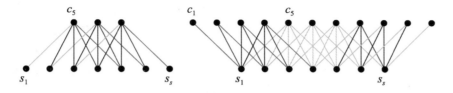

图 2.20　正常的卷积与宽卷积示意

如图 2.20 所示，这是一个宽度为 5 的 kernel 做正常卷积（左）和宽卷积（右）的区别。正常的卷积层是宽度为 5 的 kernel 需要 5 个输入才开始计算，然后输出一个结果，如果步长为 1，那么最终的输出长度就是 s-5+1，图 2.20 中是 7 个输入，对应输出数量就是 3。

宽卷积是无论多大的宽度，最边上的结果只要有一个输入就可以开始计算，然后基于步长移动，2 个输入也计算一次，3 个输入也计算一次，直到达到核宽度上限，输出的数量跟正常卷积一样都是一个，如图 2.20 中的 c_1 就是只有一个输入 s_1 而计算出的，边上的 c_2（图 2.20 中未标出）就是 s_1 和 s_2 两个，直到 c_5 才有了完全 5 个输入。这样全部的卷积操作后的输出长度就是 s+5-1，图 2.20 中的 7 个输入就对应 11 个输出。

注意，这跟保持宽度不变的 padding 操作是不一样的，padding 是因为正常的卷积导致每次计算都会让长度变少，不利于增加深度，从而在边上补充 0 向量以保持队形不变。而宽卷积则是实实在在计算出来的，而且并未保持宽度不变，而是增加了长度。

这个反直觉的操作有什么价值呢？

这样的先验是基于卷积操作本身的特性做出的改进，可以观察一下，在进行正常的卷积操作时，对于两头的信息其实是不友好的。例如，图 2.20 中输入的 $s_1, \cdots, s_7$，s_1 只在进行第一次卷积操作时参与了计算，而位于中间的 s_3、s_4、s_5 则参与了三次卷积计算，这样它们的信息是最被重视的。而宽卷积则加强了两边不被重视的信息的处理。

但笔者还是认为这样做的价值是有限的，观察实现方式就可以看出，虽然对两边信息做了加强，但是因为没有其他数据参与共同计算，这加强的输出其实更多的只是把两边的信息保留下来而已，两侧最边上的输出完全是基于句首跟句尾词直接映射而成的。

这样把首尾两边的信息重复映射多次的意义必然还是有限的，同时给下一层的计算增加了负担。而且对于 NLP 任务来说，如果处理的是日常闲聊语料，先验上讲，除了一些句首可能会包含主语、疑问起始（"为什么""哪里""什么时候"等）是比较关键的信息之外，不少的句子首尾经常不会包含关键的信息，句首经常是一些连接词，如"然而""注意""如果""但是"等，句尾经常是语气词，如"了""呢""的"等，这样就进一步降低了操作的价值。

如是前面所说的需要保持队形的卷积需求，则可以调整一下这个宽卷积，令其不增加长度，保持与输入一致的长度，这样或许会比 padding 零向量带来更多的信息。

2．动态topK最大池化

宽卷积之后就是一个池化层操作，不过这个不是一个常见的池化操作，而是一个叫动态 topK 的最大池化操作。

正常的 Max-Pooling 就是指定一个池化核宽度，有时会跟上一层的卷积核宽度相同。然后在宽度内每一维找到值最大的组成向量作为输出。如果步长为 1，那么就把这个窗口往前移动 1 位，然后继续上面的操作。正常的 Max-Pooling 并非全局比较，容易漏掉一些并非最大但也排在前列的值。例如，有一列数："9,8,9,6,5,4"，如果宽度是 3，步长是 1，那么就会把第二个值 8 漏掉，因为 8 的前后都有一个更大的值 9，导致 8 跟任何一个值相比都是小的，但 8 却比后面的"6,5,4"大，这是局部比较自然存在的问题，调整宽度和步长是无法解决的。这样会导致漏掉那些信息量不是最大但比最后的那些要高的信息。

topK 池化就是针对上面的问题提出的，就是不管 kernel 宽度和步长了，直接进行全局排序取最大的前 K 个。这样就不存在前面提到的问题了。

而这里所谓的动态 topK，其实目的也很简单，就是随着网络由浅到深，往往句子的长度也在慢慢减少（即使使用了宽卷积），这样这个 K 值就必须随着长度减小而减小，否则出现 K 比长度还大的情况就不合适了。这里给出的动态调整方法就是基于当前所在的层数和整个模型的层数预先计算好的一个值，也就是基于一些超参数而自动计算出来的超参数，公式如下：

$$k_l = \max(k_{\text{top}}, \frac{L-l}{L}s)$$

其中：l 是当前所在层的层数；L 是模型的全部层数；s 是当前层输入的长度；k_{top} 就是一个预先设置好的超参数，基于公式的最后一项可以看出，随着当前层的提升，k 值会越来越小，为了防止 k 值过小，从而给出一个最小值就是 k_{top}。

之后就是一个常见的非线性变换。

3．折叠

这里又出现一个非常见操作，称为折叠（Folding），就是把相邻的两个向量直接相加。

注意，这里的相加不是基于词的维度，而是词的同一维度的向量值。最后的折叠操作纵向的就是词维度，虽然经过了卷积处理，但是依然可以认为每一列就是一个词意向量，而这里折叠的却是行不是列，即对词意向量内同一维度的相邻值进行相加。

这一步的先验假设是什么？价值又是什么？

其实这样的操作通过正常的卷积层或全连接层也是可以达到的，直接相加其实相当于全连接层的权重全部为 1，作用其实就是降维，从而让信息更凝聚。相对全连接，直接相加的意义是减少了训练参数，但代价是造成了一定的信息损失。

4．特征映射

特征映射是什么操作？其实这个操作也很常见，后面讲到的 Transformer 的多头注意力，其原理跟特征映射类似，就是同一个操作同时训练多套权重参数，然后从不同的角度中挖掘信息的价值。可能有的读者感觉这是多余的，在多次求解中取最优的那个参数不就可以了，为什么要保留多套参数呢？虽然是多套同样的参数，但是与多次训练不一样，因为这是一起训练的。相当于把原来的高维参数空间的维度提高了一倍或几倍，增大了模型的容量，但因为这个参数不像增加全连接神经元一样取值那么随意，相当于增加模型容量的同时增加了正则项。原来只有一套权重时，可能保留的就是在原始解空间里最优点的值，这个最优点并非真正的最优点，而是初始化点周围梯度下降能达到的那个最优点。而剩下的次优甚至梯度下降没达到的但可能存在的更优点就放弃了，现在多套参数只要初始化得足够分散，必然能获取到更多的信息。

如果读者还不理解，可以参考前面讲的 topK 池化，如果只有一套权重，那么这个取值就有可能像正常的池化那样丢弃很多非最优值的信息，如果有多套权重则有可能保留。

很多的实践也表明，这个多套权重的操作多数情况下还是有正向贡献的，当然代价是计算量增加了。

多套权重的计算在开始时是并行的，互不干涉，直到最后一层，直接使用全连接把所有的上一层输出合并到一起乘以一个权重输出。

使用了这么多不常见的操作组合起来的模型最终效果如何呢？如图 2.21 所示，DCNN 模型提出的比较早，当时作为对比的模型多数还是传统机器学习的模型，如朴素贝叶斯（NB）和支持向量机（SVM）等，针对这个模型没有进行消融实验，也没有直接展示出各个操作的单独贡献。

Classifier	Fine-grained (%)	Binary (%)
NB	41.0	81.8
BiNB	41.9	83.1
SVM	40.7	79.4
RecNTN	45.7	85.4
Max-TDNN	37.4	77.1
NBoW	42.4	80.5
DCNN	**48.5**	**86.8**

图 2.21　实验结果

2.3.4　TextCNN 模型

TextCNN 模型比 DCNN 模型简单太多。

TextCNN 其实就是一个最原始的 CNN 应用到了 NLP 任务上，但为了增加信息量使用了一些小技巧，如图 2.22 所示。

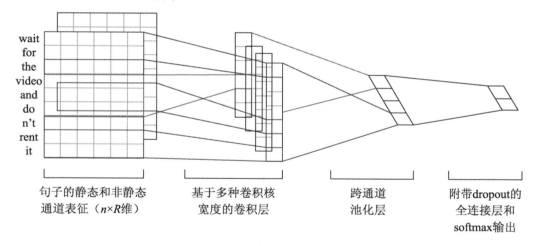

| 句子的静态和非静态
通道表征（$n×R$维） | 基于多种卷积核
宽度的卷积层 | 跨通道
池化层 | 附带dropout的
全连接层和
softmax输出 |

图 2.22　TextCNN 的结构

首先就是词向量的使用，这里是每个词都有两个词向量，都是通过 Word2vec 预训练好的，一个在分类训练中是固定的，不允许修改，另一个可以修改，就是随着分类的训练进行精调。这种做法从经验上讲，如果面对的是多种 NLP 任务，为了防止前面的精调把原有的信息覆盖，那么是有价值的；再如一些长期使用新数据进行训练的任务，也是为了防止反复精调而导致原有的信息偏离，从而损失原有的通过大语料无监督训练出来的词向量，如果在后期反复训练中精调而丢失了原有的信息，那么最终可能会越来越接近随机初始化的效果，而不同于使用预训练词向量的效果。

但在当前单一任务并且没有反复多次训练的场景，多输入一套固定的词向量可能不会有太大的贡献。

然后就是卷积层，与正常的一维卷积完全一样，只是这里同时使用了两个 kernel 宽度的卷积操作。每句话的每个输入进行两次卷积操作，就是先经过一个宽度为 2 的卷积操作，再经过一个宽度为 3 的卷积操作。这同样是为了尽可能从多个角度去挖掘目标的信息，其实与前面那种多套同样的权重参数的逻辑类似。

之后再经过一个正常的 Max-Pooling，然后把两个词向量的输入和两种卷积核宽度操作的输出合并直接进入一个全连接层，最后输出类别概率。

TextCNN 的平面展开结构如图 2.23 所示，互相参看可以更容易理解一些。

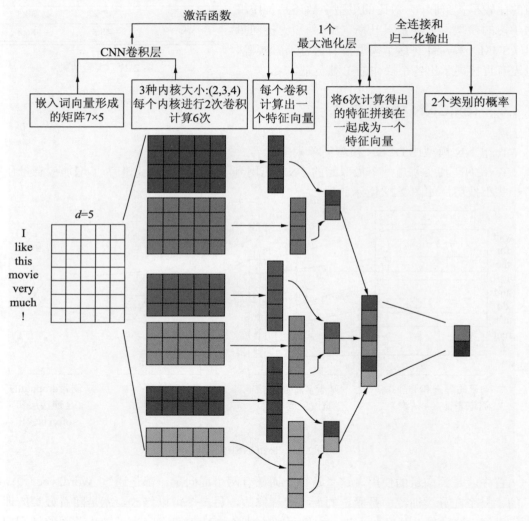

图 2.23　TextCNN 的平面展开结构

全过程就这么简单，我们来看一下效果，如图 2.24 所示。其中，MR 与 SST-1 等都是不同的数据集。

CNN-rand 是词向量随机初始化，CNN-static 是使用 Word2vec 词向量并固定不进行精调，CNN-non-static 是词向量进行精调，这三种其实只输入了一套词向量，并没有多通道。

Model	MR	SST-1	SST-2	Subj	TREC	CR	MPQA
CNN-rand	76.1	45.0	82.7	89.6	91.2	79.8	83.4
CNN-static	81.0	45.5	86.8	93.0	92.8	84.7	**89.6**
CNN-non-static	**81.5**	48.0	87.2	93.4	93.6	84.3	89.5
CNN-multichannel	81.1	47.4	**88.1**	93.2	92.2	**85.0**	89.4
RAE (Socher et al., 2011)	77.7	43.2	82.4	—	—	—	86.4
MV-RNN (Socher et al., 2012)	79.0	44.4	82.9	—	—	—	—
RNTN (Socher et al., 2013)	—	45.7	85.4	—	—	—	—
DCNN (Kalchbrenner et al., 2014)	—	48.5	86.8	—	93.0	—	—
Paragraph-Vec (Le and Mikolov, 2014)	—	**48.7**	87.8	—	—	—	—
CCAE (Hermann and Blunsom, 2013)	77.8	—	—	—	—	—	87.2
Sent-Parser (Dong et al., 2014)	79.5	—	—	—	—	—	86.3
NBSVM (Wang and Manning, 2012)	79.4	—	—	93.2	—	81.8	86.3
MNB (Wang and Manning, 2012)	79.0	—	—	**93.6**	—	80.0	86.3
G-Dropout (Wang and Manning, 2013)	79.0	—	—	93.4	—	82.1	86.1
F-Dropout (Wang and Manning, 2013)	79.1	—	—	**93.6**	—	81.9	86.3
Tree-CRF (Nakagawa et al., 2010)	77.3	—	—	—	—	81.4	86.1
CRF-PR (Yang and Cardie, 2014)	—	—	—	—	—	82.7	—
SVM$_S$ (Silva et al., 2011)	—	—	—	—	**95.0**	—	—

图 2.24　多通道 CNN 的效果

CNN-multichannel 是前面描述的模型，包括一套 static 词向量和一套精调的词向量。

可以对比一下这个模型与上一节介绍的 DCNN。DCNN 里的词向量是随机初始化完全基于分类任务训练的。可见，如果都是随机初始化，则 DCNN 的效果比当前模型好。TextCNN 在使用了预训练词向量之后即使不精调效果，基本上也与 DCNN 接近，精调之后基本就与 DCNN 持平了。多通道之后 7 个数据集中有 5 个数据集的效果反而下降了，另外两个不仅上升了还达到了全部模型的最优，但 2/7 的提升不能说明什么。

与我们最开始的先验推测非常一致，这里的多通道其实对整体的指标贡献并不大。

2.3.5　胶囊网络应用于文本分类

Wei Zhao、Jianbo Ye、Zeyang Lei 等人在论文 Investigating Capsule Networks with Dynamic Routing for Text Classification 中提出将胶囊网络应用于文本分类。

胶囊网络（Capsule Networks）是深度学习始祖级人物 Hinton 提出来的。最开始应用于图像识别，我们知道，语言数据与图像有些特性是共享的，如平移不变性，所以处理图像的网络也可以稍作修改用于 NLP 任务中。胶囊网络也一样。

这里我们直接讲解应用于文本分类的胶囊网络，内容上并不依赖初始用于 CV 领域的网络，所以无须先学习最初的胶囊网络论文，如果有兴趣，那么还是非常推荐去学习一下的。

应用于 NLP 的胶囊网络结构如图 2.25 所示。单看结构图，不太容易看明白其内部具体的数据是如何流转的，其中涉及几个胶囊网络独有的概念，下面逐层讲解，细节较多，较为烦琐，静下心来慢慢阅读，理解起来并不困难。

第一层是与所有 NLP 网络一样的词向量嵌入层，就是把 one-hot 的高维词向量转为低维稠密向量。假设文本长度为 L，词向量维度为 V，则输入为 $x \in \mathbb{R}^{L \cdot V}$。

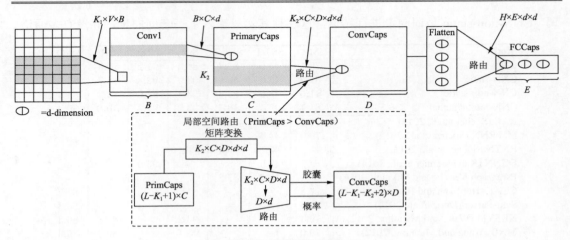

图 2.25　胶囊网络结构

第二层是一个正常的 CNN 卷积层（Conv1），不同的是这里不是进行一次卷积，而是进行 B 次，我们先看单次卷积操作：

$$m_i^a = f(x_{i:i+K_1-1} \circ W^a + b_0)$$

其中：f 是非线性激活函数，如 ReLU；$W^a \in \mathbb{R}^{K_1 \cdot V}$ 是一个正常的卷积核权重；b_0 是偏置；K_1 就是一维卷积核的长度。因为是一维的单向进行卷积，所以另外一维必定与词向量的维度相等，为 V。假设卷积核长度为 3，那么就是 3 个词向量 $x_{i:i+2}$ 同时一起参与卷积运算，输出一个值 m_i^a。这样从头到尾卷积完成后的输出就是 $m^a \in \mathbb{R}^{L-K_1+1}$。

这里进行了 B 次操作，最终的输出为 $M = [m^1, m^2, \cdots, m^B] \in \mathbb{R}^{(L-K_1+1) \times B}$。

为什么要进行 B 次操作？其实与前面讲过的 DCNN 的多套特征提取参数，以及 TextCNN 的多个卷积核的逻辑类似，就是从多个角度尝试对样本进行特征提取，以保证信息尽量不丢失。

上面是从纵向角度去理解的，也就是词的维度，为了帮助读者理解胶囊的概念，我们可以从横向的角度去理解。

每次卷积操作（同一波输入）其实都是进行了 B 次：

$$M_i = m_i^1, m_i^2, \cdots, m_i^B \in \mathbb{R}^B$$

这样本来卷积操作的单值型输出就被转化为一个向量输出。为什么要转为向量呢？这就是胶囊的概念，其逻辑跟前面提出的信息多样化保留的逻辑是类似的。这样进行 B 次卷积后生成向量，就是一个初始状态的胶囊，之后的胶囊操作全部由多个向量输入，输出的也是向量，这样向量输入到向量输出，里面的向量就可以被整合为一个概念，被称为胶囊。

第三层才是真正的一个胶囊操作（PrimaryCaps）。前面两层只是为了引入胶囊，输入的最小单位还不是向量。（虽然词向量也是向量，但是并不认为其是胶囊。）

$$p_i = g(W^b M_i + b_1)$$

其中：g 是非线性激活函数；b_1 是偏置向量，与 b_0 不同，b_1 是一个值，这里因为输出的是向量所以偏置也是向量，维度 $b_1 \in R^d$；M_i 是上一层第 i 步卷积操作输出的 B 维向量，一共有 $L-K_1+1$ 个，所以输出的胶囊也有 $L-K_1+1$ 个；$W^b \in \mathbb{R}^{d \times B}$ 是一个胶囊向量输入被转换为一个胶囊向量输出的变换权重，d 是目标胶囊向量的维度。

$$p^b \in \mathbb{R}^{(L-K_1+1)\times d}$$

这里跟上一层的操作一样，并不只进行一次而是 C 次操作。目的还是一样的，就是反复地多发掘特征信息并保留下来。

$$P = [\boldsymbol{p}^1, \boldsymbol{p}^2, \cdots, \boldsymbol{p}^c] \in \mathbb{R}^{(L-K_1+1)C\times d}$$

这就是这一层最终的输出，对应图 2.25 中 PrimaryCaps 这一步。这是第一次胶囊变换，其实还是一个胶囊准备的过程，就是把原来的向量转为真正的胶囊。

下面是胶囊变换的两种方式，就是图 2.25 中的局部空间路由和矩阵变换。具体的路由有两种方式，一种是使用共享的权重 $W^{t_1} \in \mathbb{R}^{D\times d\times d}$，另一种是非共享权重 $W^{t_2} \in \mathbb{R}^{H\times D\times d\times d}$。这里的 D 跟上一步的 C 的概念相同，就是生成多少个目标胶囊数量，这里取值 D 没有特殊意义，只是用于区别上一层的 C。权重维度为什么有两个 d 相乘呢？第一次看可能不理解，如果把其他维度都去掉，简化问题，输入的是一个 d 维向量，然后输出要求也是一个 d 维向量，那么权重的维度显然是 $\mathbb{R}^{d\times d}$。上面的逻辑是一样的，就是输出要求是 D 个胶囊，然而每个胶囊内部依然是 d 维的，所以就是 $D\times d\times d$ 的维度。对于非共享权重里的 H，其实就是输入胶囊的维度，这里可以使用 C，而 Wei Zhao 等人的论文里的非共享权重使用了更大的维度，H 使用了 $K_2\times C$，K_2 相当于一个卷积核的宽度，就是对一个胶囊矩阵进行一维的卷积操作，这个胶囊矩阵的维度就是 $(L-K_1+1)\times C$。

$$\hat{u}_{j|i} = W^{t_1}_j u_i + \hat{b}_{j|i} \in \mathbb{R}^d$$

$u_i \in R^d$ 就是第 i 个胶囊，这里的 i 与前面的 i 意义不同，前面是在词的维度上的遍历，而这里是在 C 维胶囊向量中遍历，就是 $i=1, 2, \cdots, C$，这里也可以使用 $K_2\times C$ 作为 i 的遍历上限，K_2 是预先设定好的超参数，为了简便起见我们用 C 来讲解，而 $j=1, 2, \cdots, D$。$W^{t_1}_j \in \mathbb{R}^{d\times d}$ 是当前层共享权重的第 j 维。这是使用共享权重的公式，理解起来比较简单，就是每一个胶囊输入都对应于权重 W^{t_1} 相乘后有 D 个 d 维的输出，也就是 D 个胶囊输出，就是 $\{\hat{u}_{j|i} \in \mathbb{R}^d\}_{i=1,\cdots,C;j=1,\cdots,D}$。这其实是一个 $C\times D$ 维的胶囊矩阵，但我们不能一直保留所有的维度，上一层的维度 C 是要合并的，也就是目标为：$\{v_j \in \mathbb{R}^d\}_{j=1}^N$，最简单的合并方式是直接求和或者取最大值，即进行最大池化操作。

上面是使用共享权重做的胶囊变换，如果使用非共享权重的公式则稍微复杂一些，但原理是一样的。

$$\hat{u}_{j|i} = W^{t_2}_{ij} u_i + \hat{b}_{j|i} \in \mathbb{R}^d$$

为了逻辑的连贯性，这里只有一点改变，就是权重也加了一个选择符 i。

$$W^{t_2} \in \mathbb{R}^{K_2\times C\times D\times d\times d}, W^{t_2}_i \in \mathbb{R}^{D\times d\times d}, W^{t_2}_{ij} \in \mathbb{R}^{d\times d}, i=1,\cdots,K_2\times C$$

此外，还有一个区别就是共享权重在计算时不改变原来的长度，还是 $L-K_1+1$，如果使用非共享权重，那么相当于对胶囊矩阵进行卷积操作，会将输出的长度减少到 $L-K_1-K_2+2$。这就是所谓胶囊卷积的概念。

胶囊变换之后就是动态路由操作。

对于胶囊网络提出了一个动态路由的概念，就是令多个输入合并，可以理解为一种加权求和的方式，也可以理解为一种 pooling。

具体如何做呢？

$$c_{j|i} = \hat{a}_{j|i} \cdot \text{leakysoftmax}(b_{j|i})$$

leaky-softmax 其实是 softmax 的一个变种，变化很小，这里完全可以认为就是 softmax；$b_{j|i}$ 是一个迭代参数，初始化时全部置为 0；$\hat{a}_{j|i} = a_i$，这个值其实是上一层胶囊变换进行动态路由计算时得出的，如果是第一层，那么这个值可以全部置为 1。注意，这里 a 与 b 是不同的，a 是指在第一层之后都有明确的值，而 b 是指每层动态路由计算都是一个迭代式过程，初始化为 0，但迭代次数就不是 0 了。具体迭代几次则是一个超参数 r。

$$v_j = g(\sum_i c_{j|i}\hat{u}_{j|i}), a_j = |v_j|$$

v_j 是输出的胶囊，看其内部的计算，其实是先进行加权求和，然后激活。每个输出的胶囊都有一个 a_j，当进行下一层的胶囊动态路由计算时作为参数使用。

$$b_{j|i} = c_{j|i} + \hat{u}_{j|i} \cdot v_j$$

上面就是 b 的更新迭代方法。用伪代码表述如图 2.26 所示。

Algorithm 1: Dynamic Routing Algorithm

1 **procedure** ROUTING($\hat{u}_{j|i}, \hat{a}_{j|i}, r, l$)
2 Initialize the logits of coupling coefficients
  $b_{j|i} = 0$
3 **for** r iterations **do**
4   for all capsule i in layer l and capsule j in layer $l + 1$:
     $c_{j|i} = \hat{a}_{j|i} \cdot$ leaky-softmax$(b_{j|i})$
5   for all capsule j in layer $l + 1$:
     $v_j = g(\sum_i c_{j|i}\hat{u}_{j|i}), \quad a_j = |v_j|$
6   for all capsule i in layer l and capsule j in layer $l + 1$: $b_{j|i} = b_{j|i} + \hat{u}_{j|i} \cdot v_j$
7 **return** v_j, a_j

图 2.26　伪代码

以上组成了一个完整的胶囊操作，第一步是进行胶囊变换，第二步是进行动态路由操作。对应卷积操作就是先卷积变换再池化。

为什么要进行这么复杂的动态路由操作？其实这跟前面讲的前 k 个向量（Topk）的最大池化（Max-pooling）逻辑类似。我们从多个角度进行特征提取，必然需要保留尽量多的有用信息，如果直接平均求和，那么会让无用信息覆盖有用信息，如果直接取值最大的一部分也是可以的，但这个假设的前提是较大的值代表更多的信息量，并且包含最关键的信息，但这个假设不一定成立，所以最好还是进行加权求和，类似于自注意力，基于每个向量与其他向量的相关性进行加权求和才是一个比较合理的选择，于是就出现了动态路由。如果做一些简化，则跟自注意力非常类似。

第四层是把所有得到的胶囊矩阵拉平（Flatten），然后进行一次胶囊变换，再把胶囊内的向量打散、拉平为一个大向量，计算最终的分类概率，如图 2.27 所示。

涉及卷积，关于第一层卷积核的宽度尝试了两种方案，一是固定宽度为 3，二是同时使用 3、4 和 5 三种宽度。

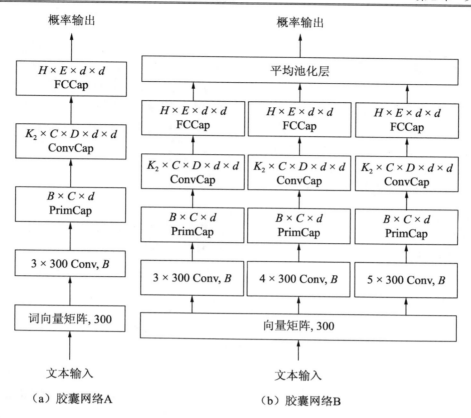

图 2.27　胶囊网络的两种方案

多宽度的方案跟多通道 TextCNN 的逻辑完全相同，实验结果如图 2.28 所示。

	MR	SST2	Subj	TREC	CR	AG's
LSTM	75.9	80.6	89.3	86.8	78.4	86.1
BiLSTM	79.3	83.2	90.5	89.6	82.1	88.2
Tree-LSTM	80.7	85.7	91.3	91.8	83.2	90.1
LR-LSTM	81.5	**87.5**	89.9	-	82.5	-
CNN-rand	76.1	82.7	89.6	91.2	79.8	92.2
CNN-static	81.0	86.8	93.0	92.8	84.7	91.4
CNN-non-static	81.5	87.2	93.4	**93.6**	84.3	92.3
CL-CNN	-	-	88.4	85.7	-	92.3
VD-CNN	-	-	88.2	85.4	-	91.3
Capsule-A	81.3	86.4	93.3	91.8	83.8	92.1
Capsule-B	**82.3**	86.8	**93.8**	92.8	**85.1**	**92.6**

图 2.28　胶囊文本分类网络的实验结果

可以看到，中间的 CNN-rand/static/non-static 就是 TextCNN，单通道的胶囊网络，虽然内部的每次胶囊操作都在尝试发掘和保留更多的信息、最终效果都不比双通道 TextCNN 的效果好，只有使用了三通道方案的胶囊网络 B 在某些数据集上的指标才能超越双通道

TextCNN。

最终的结论显示，胶囊网络应用于 NLP 对文本分类的效果并不突出。这也是无论 CV 还是 NLP，胶囊网络的应用都不是很流行的原因。

最终结果与笔者的先验也比较符合，笔者认为信息量最大的位置是在第一层的原始输入，要想发掘更多的信息，需要在第一层的位置做更多的操作，如多通道及后面出现的自注意力等。在之后的层与层之间应该提取高层特征而不是发掘新特征，所以像胶囊网络这样每层的每个信息源都进行多个同样的操作的意义并不大。

2.3.6　层级注意力网络 HAN

HAN（Hierarchical Attention Networks，层级注意力网络结构）如其名称一样，使用层级结构，外加了注意力机制。HAN 的整体结构如图 2.29 所示。

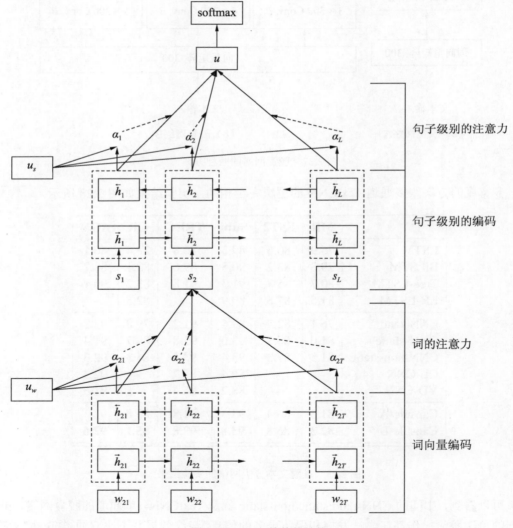

图 2.29　HAN 的整体结构

HAN 使用了语言天然的一个结构先验，就是用句号分开的句子。只要没有语法错误，一般，一句话的语意都相对独立。先把句子语义抽象出来，然后基于句子序列而形成文档，处理起来就顺畅许多，而且抽象出文档级的语义也就顺理成章。

HAN 先验还是很有用的，但是在 NLP 体系模型中占据的位置并不重要，因为其有一个先天的缺陷，即句子的长度经常有非常大的差别，有的句子可能只有几个字，有的则很长，基于天然句号进行分割，网络模型的词级输入需要寻找一个最佳的长度，给短句做填充，给长句做截断。句子级的输入同样需要确定一个合适的句子数量。

拆开进行填充的结果就是比顺序输入的填充量大，也就是在限定网络大小和计算量的情况下，使用层级结构的网络同时输入的词的数量要少于顺序结构输入，这样天然的信息量的缺失就抑制了句子结构先验带来的信息提升效果。虽然先验上有意义，但是实践上却无法达到预期效果。

虽然 HAN 之后使用这个先验的模型不像注意力那么流行，但是也不少。例如，当文本摘要需要对较长的文章进行特征提取时，按部就班地每次对词进行处理就会受限制，如果先处理每个句子得到句子表征向量，然后处理句子向量就容易许多。所以在具体的业务场景中还是有参考意义的。

下面具体讲解这个模型。

先是词嵌入，把 one-hot 转为 Embedding 向量。

$$x_{it} = W_e w_{it}, t \in 1, T$$

i 是第 i 个句子，而 t 是第 i 个句子中的第 t 个词。W 是词嵌入矩阵。

$$h_{it}^l = GRU^l(x_{it}), t \in 1, T$$

$$h_{it}^r = GRU^r(x_{it}), t \in 1, T$$

然后以句子为单位，同一句子内的词输入一个双向的 GRU 网络层，这里没有使用流行的 LSTM，前面我们介绍过 GRU 与 LSTM，两者区别并不大。注意，这里使用的是论文给出的公式，有兴趣的读者可以尝试进行一些变换，公式两边是等价的。

$$r_t = \sigma(W_r x_t + U_r h_{t-1} + b_r)$$

这就是遗忘门，x_t 和 h_{t-1} 分别是当前时间步的输入和上一步的状态输出。

$$\hat{h}_t = \tanh(W_h x_t + r_t \odot (U_h h_{t-1}) + b_h)$$

这是经过遗忘门的上一步信息与当前信息结合后的信息。

$$z_t = \sigma(W_z x_t + U_z h_{t-1} + b_z)$$

作为输入门和输出门值，计算方式与遗忘门完全一样。

$$h_t = (1 - z_t) \odot h_{t-1} + z_t \odot \hat{h}_t$$

这是经过输入门和输出门整合的最后输出。

前面介绍的都是比较常见的操作，下面开始介绍词级的注意力。

因为提出的时间是 2015 年，较早，因此注意力并没有使用 BERT 之后流行起来的自注意力。但注意力必然需要基于某个词进行相关度计算才能得出一个注意力概率，这种非语言模型式的任务——文本分类，又要基于哪个词去计算注意力呢？

如果让你自己设计，你会如何设计这个注意力的计算方式呢？

这里使用了一个随机初始化的词向量 u_w 专门用来对句子内的词进行注意力计算。这个专属的词向量跟随任务的训练而训练。

$$u_{it} = \tanh(\boldsymbol{W}_w h_{it} + b_w)$$

$$h_{it} = h_{it}^l, h_{it}^r$$

$$\alpha_{it} = \frac{\exp(\boldsymbol{u}_{it}\boldsymbol{u}_w)}{\sum_t \exp(\boldsymbol{u}_{it}\boldsymbol{u}_w)}$$

$$\boldsymbol{s}_i = \sum_t \alpha_{it} h_{it}$$

每个文档的每句话在计算注意力时使用的都是 $\boldsymbol{u}_w$。$\boldsymbol{s}_i$ 就相当于这句话的句向量。之后句子级别的输入相当于词输入的过程重复一次。

$$h_i^l = \text{GRU}^l(\boldsymbol{s}_i), i \in 1, L$$

L 表示文档总共有多少个句子。

$$h_i^r = \text{GRU}^r(\boldsymbol{s}_i), i \in 1, L$$

$$h_i = h_i^l, h_i^r$$

$$u_i = \tanh(\boldsymbol{W}_s h_i + b_s)$$

$$\alpha_i = \frac{\exp(u_i, u_s)}{\sum_i \exp(u_i, u_s)}$$

$$\boldsymbol{v} = \sum_i \alpha_i h_i$$

这个 $\boldsymbol{v}$ 就是最终的文档向量了，基于这个向量就可以进行分类了。

$$p = \text{softmax}(\boldsymbol{W}_c v + b_c)$$

损失函数：

$$L = -\sum_d \log p_{dj}$$

其中，d 是训练语料中文档的数量，j 是该文档的标签，实验结果如图 2.30 所示。

	Methods	Yelp'13	Yelp'14	Yelp'15	IMDB	Yahoo Answer	Amazon
Zhang et al., 2015	BoW	-	-	58.0	-	68.9	54.4
	BoW TFIDF	-	-	59.9	-	71.0	55.3
	ngrams	-	-	56.3	-	68.5	54.3
	ngrams TFIDF	-	-	54.8	-	68.5	52.4
	Bag-of-means	-	-	52.5	-	60.5	44.1
Tang et al., 2015	Majority	35.6	36.1	36.9	17.9	-	-
	SVM + Unigrams	58.9	60.0	61.1	39.9	-	-
	SVM + Bigrams	57.6	61.6	62.4	40.9	-	-
	SVM + TextFeatures	59.8	61.8	62.4	40.5	-	-
	SVM + AverageSG	54.3	55.7	56.8	31.9	-	-
	SVM + SSWE	53.5	54.3	55.4	26.2	-	-
Zhang et al., 2015	LSTM	-	-	58.2	-	70.8	59.4
	CNN-char	-	-	62.0	-	71.2	59.6
	CNN-word	-	-	60.5	-	71.2	57.6
Tang et al., 2015	Paragraph Vector	57.7	59.2	60.5	34.1	-	-
	CNN-word	59.7	61.0	61.5	37.6	-	-
	Conv-GRNN	63.7	65.5	66.0	42.5	-	-
	LSTM-GRNN	65.1	67.1	67.6	45.3	-	-
This paper	HN-AVE	67.0	69.3	69.9	47.8	75.2	62.9
	HN-MAX	66.9	69.3	70.1	48.2	75.2	62.9
	HN-ATT	**68.2**	**70.5**	**71.0**	**49.4**	**75.8**	**63.6**

图 2.30 实验结果

因为注意力的提出比较早，对比的也都是比较早期的一些工作，同时与前面情感分析所使用的语料库也不同，所以无法直接进行比较，感兴趣的读者可以基于这个模型去测试一下情感分析的语料，跟我们讲解的这些模型对比一下看看效果。

2.4　分类任务数据集

因为分词的主要场景是中文，而中文分词词库只有 PKU、MSRA 和 CTB 等，所以并没有专门介绍数据集，而文本分类任务的标签相对容易，所以各种分类子任务的数据集比较多，下面详细介绍。

1. 情感分析数据集

1）Yelp

Yelp 是一个比较流行的情感分析数据集。在此数据集中定义了两种分类任务，一种是检测细微的情绪标签，称为 Yelp-5，其包含 5 种情绪也就是 5 个分类任务；另一种是预测消极和积极情绪，被称为 Yelp-2。Yelp-5 每个类有 65 万个训练样本和 5 万个测试样本，而 Yelp-2 包含 56 万个训练样本和 3.8 万个测试样本，分别针对负类和正类。

2）IMDB

IMDB 数据集用于对影评进行二值情感分类。IMDB 由相同数量的正面和负面评论组成。它被平分为训练集和测试集，每个集有 25 000 个样本。

3）Movie Review

Movie Review（MR）数据集是一个二分类的电影评论的数据集。它包括 10 662 个句子，正、负样本数各占一半。通常使用这个数据集对随机分割的 10 份子集进行交叉验证。

4）SST

Stanford Sentiment Treebank（SST）数据集是 Movie Review 的扩展版本。它有两个版本，一个具有细粒度标签（5 类），另一个是二标签（分别称为 SST-1 和 SST-2）。SST-1 由 11 855 个电影评论组成，这些评论被分为 8544 个训练样本、1101 个开发样本和 2210 个测试样本。SST-2 也划分为训练集、开发集和测试集三个集合。

5）MPQA

多视角问题回答（MPQA）数据集是一个具有两个类标签的数据集。MPQA 由 10 606 个句子组成，这些句子是从与各种新闻来源相关的新闻文章中提取的。它是一个不平衡的数据集，有 3311 个正样本和 7293 个负样本。

6）Amazon

Amazon 是一个流行的产品评论语料库，收集的评论来自亚马逊网站。它包含二元分类和多类（5 类）分类标签。Amazon 的二分类数据集分别由 360 万条和 40 万条用于训练和测试的评论组成。Amazon 的 5 分类数据集（Amazon-5）分别包含 300 万条和 65 万条用于训练和测试的评论。

2．新闻分类数据集

1）AG News

AG 新闻数据集（AG News）是由 ComeToMyHead 一个学术新闻搜索引擎从 2000 多个新闻来源中收集的新闻文章的集合。这个数据集包括 120 000 个训练样本和 7600 个测试样本，每个样本都是带有 4 分类标签的短文本。

2）20 Newsgroups

20 新闻组数据集是发布在 20 个不同主题上的新闻组文档的集合。该数据集的不同版本用于文本分类和文本聚类等。最流行的版本之一包含 18 821 个文档，这些文档在所有主题中平均分布，每个分类大概有 940 个文档。

3）Sogou News

搜狗新闻数据集是 SogouCA 和 SogouCS 新闻语料库的混合物。新闻的分类标签是由 URL 中的域名决定的。例如，URL 为 http://sports.sohu.com 的新闻被归类为体育类。

4）Reuters-21578

Reuters-21578 数据集是文本分类研究中使用广泛的数据集之一。它于 1987 年收集自路透社金融新闻专线。ApteMod 是 Reuters-21578 的多类版本，有 10 788 个文档。Reuters-21578 有 90 个类别，7769 个训练文档和 3019 个测试文档。此外，还有许多数据集也是从路透社数据集的不同子集中派生出来的，如 R8、R52、RCV1 和 RCV1-v2。

3．主题分类数据集

1）DBpedia

DBpedia 数据集是一个大型的、多语言的知识库，它是用 Wikipedia 中最常用的信息框创建的。DBpedia 每月发布一次，在每次发布中添加或删除一些类和属性。DBpedia 最流行的版本包含 560 000 个训练样本和 70 000 个测试样本，每个样本都有一个包含 14 个类的标签。

2）Ohsumed

Ohsumed 集合是 MEDLINE 数据库的一个子集。Ohsumed 包含 7400 个文档。每个文档都是医学摘要，类别则不是唯一的，而是以包含 23 种心血管疾病类别中的一个或多个类别作为标签。

3）EUR-Lex

EUR-Lex 数据集包括不同类型的文档，这些文档根据几个正交的分类方案建立索引，以支持多种需求。正交分类方案其实就是支持多套分类，各套之间的分类有可能相同。该数据集最流行的版本是关于欧盟法律不同方面的内容，其中有 19 314 个文档，分 3 956 个类别。

4）科学网络

科学网络（WOS）数据集是科学网络上可获得的已发表论文的数据和元数据的集合，它是世界上最值得信赖的独立于出版商的全球引文数据库。WOS 已经发布了 3 个版本：WOS-46985、WOS-11967 和 WOS-5736。其中，WOS-46985 是完整的数据集。WOS-11967 和 WOS-5736 是 WOS-46985 的两个子集。

5）PubMed

PubMed 是美国国家医学图书馆为医学和生物科学论文开发的一个搜索引擎，其中包含一个文档集。每个文档都用 MeSH 集的类进行标记，MeSH 集是 PubMed 中使用的一个标签集，其摘要中的每句话都用背景、目的、方法、结果或结论类别中的一种来标注其在摘要中的角色。

2.5　大模型时代的文本分类

文本分类是自然语言处理的经典任务之一。本节探讨大模型在文本分类中的应用，并通过具体例子展示其强大的能力。

假设有一个新闻分类任务，需要将新闻文本分类为体育、财经、娱乐等类别。可以使用预训练的大模型来完成这个任务。

2.5.1　使用 BERT 进行文本分类

（1）数据准备。需要准备一个标注好的新闻数据集，每条数据包括新闻文本和对应的类别标签。

（2）模型加载与微调。可以利用预训练的 BERT 模型，并在新闻分类数据上进行微调。以下是一个简单的 Python 示例，展示了如何使用 BERT 模型进行文本分类微调。

```python
from transformers import BertTokenizer, BertForSequenceClassification
from transformers import Trainer, TrainingArguments
from datasets import load_dataset

# 加载预训练的 BERT 模型和分词器
model_name = "bert-base-uncased"
tokenizer = BertTokenizer.from_pretrained(model_name)
model = BertForSequenceClassification.from_pretrained(model_name,
num_labels=3)                                           # 3 个类别

# 加载数据集（以 IMDB 评论数据集为例）
dataset = load_dataset("imdb")

# 准备数据
def encode(examples):
    return tokenizer(examples['text'], truncation=True, padding=
'max_length', max_length=128)

# 对数据进行编码
encoded_dataset = dataset.map(encode, batched=True)

# 将数据集分为训练集和验证集
train_dataset = encoded_dataset['train']
```

```
eval_dataset = encoded_dataset['test']

# 设置训练参数
training_args = TrainingArguments(
    output_dir='./results',
    num_train_epochs=3,
    per_device_train_batch_size=8,
    per_device_eval_batch_size=8,
    warmup_steps=500,
    weight_decay=0.01,
    logging_dir='./logs',
)

# 创建 Trainer 对象并开始训练
trainer = Trainer(
    model=model,
    args=training_args,
    train_dataset=train_dataset,
    eval_dataset=eval_dataset,
)

trainer.train()
```

通过上述代码，可以加载预训练的 BERT 模型，并在新闻分类数据上进行微调。经过训练后的模型能够高效地分类新闻文本。

2.5.2　使用 ChatGPT 进行文本分类

除了 BERT，ChatGPT 等 GPT 系列模型也可以用于完成文本分类任务。以下是一个使用 ChatGPT 进行文本分类的示例。

（1）数据准备。准备一个标注好的新闻数据集，包含新闻文本和对应的类别标签。

（2）调用 ChatGPT API。通过调用 OpenAI 的 API，利用预训练的 ChatGPT 模型进行文本分类。

```
import openai

openai.api_key = 'your-api-key'

def classify_text(text):
    response = openai.Completion.create(
        engine="text-davinci-003",
        prompt=f"请将以下新闻文本分类为体育、财经或娱乐：{text}",
        max_tokens=10
    )
    return response.choices[0].text.strip()

# 示例文本
```

```
news_text = "判断下面新闻的类别是什么："
category = classify_text(news_text)
print(f"分类结果: {category}")
```

通过上述代码，可以调用 ChatGPT 对新闻文本进行分类。ChatGPT 拥有强大的语言理解能力，能够准确地对新闻文本进行分类。

随着大模型的不断发展和优化，文本分类任务有望迎来更多的创新和进步。通过本章的学习，读者不仅能够掌握传统的深度学习方法的核心概念，而且对大模型在文本分类中的应用有了一个初步的认识，同时为实际应用大模型解决文本分类问题提供了新的思路。

2.6　小　　结

本章首先介绍了文本分类任务的一些使用场景，然后介绍了词向量的概念，以及文本分类常用的一种高效模型——fastText，接着介绍了一些比较经典的深度模型，如 LSTM 和 CNN 等，最后通过两个例子介绍了如何使用 BERT 和 ChatGPT 模型进行文本分类。本章并没有介绍最新的分类模型，主要介绍的是真实场景的文本分类，这种分类经常是对大量的文章进行处理，因此计算速度要求很高，同时，纯粹的文本分类也不是现阶段的研究热点，除了尝试引入 BERT 之类的动态词向量之外，创新也不多。读者掌握本章介绍的这些模型结构后，可以再阅读一些最新的相关论文。

对于文本分类场景还有一种应用比较常见，就是多级分类，如商品分类和文章分类，分类体系本身就是多层级的，第一级粒度比较粗，如服装和数码等，第二级就是基于第一级分类的展开，如服装可以细分为男装、女装或上衣、裤子等。对于这样的场景，一般都是作为多目标任务，就是同一模型进行多目标预测。当然，具体模型的设计也是有变化的，如可以先预测父类别，然后针对每个父类别预测子类别，也可以同时预测父类别和子类别。一般，预测的类别数量越多，预测的准确率就越低，不过此类场景的类别划分多是人工定义的，因此准确率下降的原因多来自对类别本身的定义不清晰。例如，"养生"和"健康"这样的类别，或许标注人自己也不一定能够清楚地区分。因此，模型之外的数据定义才是更重要的工作。

下一章将介绍另一个序列标注任务——命名实体识别。

第 3 章　命名实体识别

命名实体识别（Named Entity Recognition，NER）是一个中文与英文差别比较大的 NLP 任务。中文 NER 要比英文难很多。中文 NER 的难点在哪里，什么是 NER，使用场景有哪些，使用什么评估方法，以及有哪些数据集？下面逐一介绍。

3.1　什么是 NER

什么是命名实体呢？简单理解就是把句子中的实体词识别出来。至于实体词是什么，不要去纠结其准确的意义，举几个例子就明白了，如人名、地名和公司名等。

例如，输入一句文本"张三出生在周村"，然后识别出其中的特殊的名词"张三"——人名，"周村"——地名。

这样的识别行为就是命名实体识别，常见的实体是人名、地名和公司名，但并非所有的命名实体都是人名、地名和公司名，如果是技术类文章，一些具体的技术也可以称为命名实体。

3.1.1　中文 NER 的难点

NER 基本也算是一个中文特有的 NLP 任务，虽然英文也有 NER 任务，但是英文的人名、地名和公司名及新造的单词和词组总体上识别难度并不大。例如，在谷歌公司刚创立的时期，出现 google 一词，一看就不是正常词，因为不在词表里，然后结合上下文大概推测一下就能判断出这应该是一个公司的名称。

但中文就不一样了，以中国人名为例，虽然有百家姓，姓后面紧跟着的应该是人名，但是中文的变化实在太多了。首先人名的组成就很多样：

❑ 正常的是姓+名，如"张华平"和"西门吹雪"等。

❑ 有名无姓，如"春花点点头"和"杰，你好吗？"

❑ 有姓无名，如"刘称赵已离开江西。"

❑ 姓+前后缀，如"刘总""张老""小李""邱某"等。

❑ 夫姓+父姓+名（一些地区的已婚妇女），如"范徐丽泰""彭张青"等。

❑ 人名的用词也是常用词，如"王国维""高峰""汪洋""张朝阳"等。根据 80 000 条中国人名的统计，内部成词的比率高达 8.49%。

其次，人名经常会与其上下文组合成词，例如："这里 有关 天培的壮烈"；"费孝 通 向 人大常委会提交书面报告"。

再次，人名本身有时也会造成歧义：例如："河北省刘庄"中的"刘庄"就存在中国人名与地名的歧义，"周鹏和同学"存在人名"周鹏"和"周鹏和"的歧义。

而中文的地名虽然也有人名的问题，但是相对固定，可以借地名词表来解决问题。不过词表一般只能包括相对常见的那些地名，对于特别细分的地名一般就没有词表了。

比人名更麻烦的是组织名，人名还有姓作为识别条件，可以降低识别难度，但公司名、组织名就太随意了，有可能是任何一种人名、常用词等。

我们可以参考后面介绍中文 NER 的章节，对于英文类的数据集模型指标经常是 80% 以上的正确率，或 F1 值，甚至 90% 以上。而对于中文语料库"weibo"来说，50% 以上的正确率就是不错的分数了。由此可见，中文 NER 的难度还是比较高的。

提取一段文本中的内容除了执行 NER 之外还有很多种任务，但原理上大同小异，如关系提取和事件提取等。因为 NER 是相对比较常见的任务，所以我们基于 NER 进行讲解。

3.1.2　NER 的主要应用场景

NER 作为一个重要的预处理步骤，会被应用于许多下游应用之前，如信息检索、问题回答、机器翻译、商品搜索和聊天等。

以语义搜索为例，语义搜索是指使搜索引擎能够理解用户搜索的意图。根据统计，大约 71% 的搜索查询至少包含一个命名实体。识别搜索查询中的命名实体可以帮助我们更好地理解用户意图，从而提供更好的搜索结果。

商品搜索也一样，例如，用户搜索了一个"iPhone"手机，不仅能识别出"iPhone"这个商品，而且要识别"手机"这个品类，虽然"手机"是词表中的词，但是这里却有特殊意义，这是商品的一个品类，所以也需要作为 NER 目标识别出来。识别出品类怎么用呢？用处很多，第一，可以限制返回的商品类别，如这里返回的应该是手机，如果搜索的是"iPhone 手机壳"，那么返回的应该全部是手机壳而不是手机，虽然 iPhone 手机商品的标题也包含大部分关键词。当然实现这个目标不一定必须使用 NER，有时候进行文本分类也可以。

机器翻译也同样需要 NER。例如，在进行人名和地名翻译的时候，句子中包含一些专属的人名和地名，就不能完全基于翻译模型的输出来判断了，因为现在的 DL 模型多是概率模型，在大规模语料下，有些同样的英文可能会被翻译为不同的形式。例如前面分词时遇到的 benz，在大陆被翻译为"奔驰"，在香港和台湾地区被翻译为"宾士"和"平治"。如果一篇文章甚至一句话中出现多个重复名称被翻译为不同的名词，那么就会令人非常费解。其实现在的机器翻译已经非常实用了，但上面描述的问题还是一个较为普遍的问题。读者可以试用机器翻译将一篇英文文章翻译成中文文章，可以发现，文章里的同一个专有名词会被翻译为不同的中文名词，让人感到很奇怪，这就是 NER 没有做好，没有在 NMT 之前加 NER 这一层导致的。

3.1.3　NER 的评估方法

NER 的结果看着跟文本分类区别挺大，但其评估的方法是类似的，都还是正确率、召回率以及综合指标 F1，只是因为任务形式不同，具体类别的计算方式也不同。

对于二分类问题，样本经过模型之后会有 0 和 1 两种结果，一般是 0~1 的一个小数，但对于二分类就会在中间取一个阈值，如 0.5，大于 0.5 的认为是 1，小于 0.5 的认为是 0，样本本身也有标签 0 和 1，这样就分为了 4 类：

  ❑ TP：标签是 1，模型分类也为 1，在某些场景如疾病诊断场景中也叫真正例。

  ❑ TN：标签是 0，模型分类也是 0，在某些场景中叫真负例。

  ❑ FP：标签是 0，模型的分类是 1，在某些场景中叫假正例。

  ❑ FN：标签是 1，模型的分类是 0，在某些场景中叫假负例。

$$acc = \frac{TP + TN}{TP + TN + FP + FN}$$

acc 表示准确率，准确率表示模型把样本分到正确的类别中的能力。

另外，精确率比较容易跟准确率混淆：

$$precision = \frac{TP}{TP + FP}$$

precision 指标用于判断被模型分类为 1 的样本中真正为 1 的比率。

与精确率对应的还有一个召回率：

$$recall = \frac{TP}{TP + FN}$$

召回率表示样本中真正的正样本有多少被模型找到并识别出来了。

召回率有什么用呢？对于正负样本不均衡的场景，召回率的高低还是比较重要的。

例如疾病诊断，假设 100 个人中只有 9 个人真有病，经过模型判断之后的 4 种分类如下：

$$TP=1，\ TN=90，\ FP=1，\ FN=8$$

准确率为(1+90)/100=91%，但召回率为 1/(1+8)=11%，也就是说，在 9 个真有病的人中，模型只能识别出 1 个，因此这个模型在实际场景中没有作用。

还有一个综合指标 $F1$：

$$F1 = 2 \times \frac{precision \times recall}{precision + recall}$$

对于 NER 任务来说，准召率和 $F1$ 的公式是一样的，只是每个类别的意义稍有不同。

  ❑ FP：模型识别出来的实体词与标签不一致。例如"小明喜欢吃米饭"，标签是"小明"，模型识别出来的是"米饭"。

  ❑ FN：模型没有识别出实体词而标签里有。例如，上面的"小明"模型没识别出来，并且没识别出其他的标签。

  ❑ TP：模型识别出来的实体与标签一样。例如上面的例子，模型识别出来的也是"小明"。

  ❑ TN：样本没有实体词，即标签为空，而模型识别出一个词。对于 NER 数据集来说，这种场景比较少。

3.2　传统的 NER 方法

因为 NER 与分词一样都属于序列标注类 NLP 任务，所以可以用于分词的算法和模型也可以用于 NER，如工程中比较常见的传统算法 HMM 和 CRF 等。注意，分词的正反向最大匹配是基于词典的搜索算法，不是序列标注算法，所以不适用于 NER。

前面讲过 jieba 使用 HMM 进行新词发现，其本质也是一个 NER。如果是纯 NER 任务，如中文的人名识别，直接统计基于 HMM 的转移概率，则效果会不太理想。原因一是对于中文人名来说情况过于复杂，直接统计转移概率会有很多相同的上下文对应着人名和非人名，这样最终难以准确区分场景，容易产生歧义；原因二是中文的字词太多，不容易充分训练，容易过拟合。

HanLP 就是使用了多层 HMM 方案进行 NER，最终指标达到了较为理想的水准。

3.2.1　HanLP 的中文人名的 NER 实现

HanLP 最初是一个 Java 分词工具包。它的分词准确率和 NER 的指标总体上比 jieba 好，不过因为其是 Java 版的，对于机器学习的 Python 环境来说使用不了，所以就没有 jieba 那么常见。HanLP 现在已升级为 HanLP 2.0 版，支持 Python 扩展，但 HanLP 2.0 并非是功能上的升级，其完全是一个深度学习 NER 的分支版本，所以只能用来研究，进行工程化是不可行的。

HanLP 的中文人名 NER 实现其实并不复杂，只是在原来一次 HMM 的基础上进行两次 HMM。

第一步，先进行正常的分词和词性标注，这一步称为粗分。然后基于标注好的词性进行角色观察，所谓角色就是中文人名构成的角色，如表 3.1 所示。假设"张"的词性标注结果是量词，那么量词对应的角色就可能有"B"或"X"。也就是说，每种词性都可能对应多种人名构成的角色。这一步角色观察对应的源码就是 roleObserve() 函数。同时每种词性对应每种角色都有一个概率。这样又形成了一个 HMM 的应用场景，类似于词网的有向图。

表 3.1　中文人名的构成角色

编　码	代　码	意　义	例　子
B	Pf	姓氏	张华平先生
C	Pm	双名的首字	张华平先生
D	Pt	双名的末字	张华平先生
E	Ps	单名	张浩说："我是一个好人"
F	Ppf	前缀	老刘、小李
G	Plf	后缀	王总、刘老、肖氏、吴妈、叶帅
K	Pp	人名的上文	又来到于洪洋的家
L	Pn	人名的下文	新华社记者黄文摄
M	Ppn	两个中国人名之间的成分	编剧邵钧林和稽道青说
U	Ppf	人名的上文和姓成词	这里有关天培的壮烈
V	Pnw	人名的末字和下文成词	龚学平等领导、邓颖超生前
X	Pfm	姓与双名的首字母	王国维
Y	Pfs	姓与单名成词	高峰、汪洋
Z	Pmt	双名本身成词	张朝阳
A	Po	以上之外其他的角色	

第二步，再次使用 HMM 的 Viterbi 算法解码找到每个词最佳的中文人名构成角色，然后使用模式识别，如"张华平"最终被标注的角色为"BCD"就可以被认为是一个人名，"张浩"最终被标注的角色为"BE"，也被确认是一个人名。

再举一个例子。原句："签约仪式前，李光荣、秦纪恒、钱和等一同会见了参加签约的企业家。"

第一步是进行正常的词性标注也就是粗分，结果为"签约/vi, 仪式/n, 前/f, ，/w, 李/tg, 光荣/a, 、/w, 秦/ng, 纪/ng, 恒/ag, 、/w, 钱/n, 和/cc, 等/udeng, 一同/d, 会见/v, 了/ule, 参加/v, 签约/vi, 的/ude1, 企业家/nnt, 。/w"，这一步词性标注没有去掉标点符号，所以看着有些奇怪。每个词用逗号分割且每个词后面跟着"/"和词性。

下一步是人名构成角色观察：

签约 L 10 K 7

仪式 L 17 K 1

前 K 90 L 72 D 53 C 50 E 7

，K 44449 L 11422 M 743

李 B 26468 E 88 C 79 D 4 L 2 K 1

光荣 Z 29 L 2、

、M 19857 L 5234 K 4094

秦 B 965 E 115 D 24 C 18

纪 B 276 C 172 D 39 E 8 L 5

恒 C 662 D 190 E 141 L 1、

、M 19857 L 5234 K 4094

钱 B 357 D 37 E 26

和 M 15401 L 2868 K 2281 D 538 E 34 C 1

等 L 3948 K 39 M 15

一同 L 66 K 6

会见 L 63 K 12 M 3

了 K 2796 L 202 M 1

参加 L 412 K 22 M 1

签约 L 10 K 7

的 L 15411 K 11354 M 96 C 1

企业家 K 21

。L 3667

经过 Viterbi 解码后的最终人名角色标注为"签约/L ,仪式/L ,前/K ,/K ,李/B ,光荣/Z ,、/M ,秦/B ,纪/C ,恒/D ,、/M ,钱/B ,和/E ,等/L ,一同/L ,会见/L ,了/K ,参加/L ,签约/L ,的/L ,企业家/K ,。/L ,/A"。最终可以识别出"BZ"（李光荣）、"BCD"（秦纪恒）、"BE"（钱和）

3.2.2　HanLP 的其他 NER 识别

除了中文人名识别，HanLP 还针对音译人名、日本和韩国人名以及地名和机构名称进行了专门的识别，原理跟中文人名识别大同小异，主要还是在 HMM 层数和一些触发条件上进行逻辑控制。

音译人名识别的步骤如下：

（1）先粗分。

（2）触发条件为 nrf。

（3）把之后所有的新词全部包含到触发词之后。

示例：

"世界上最长的姓名是简森·乔伊·亚历山大·比基·卡利斯勒·达夫·埃利奥特·福克斯·伊维鲁莫·马尔尼·梅尔斯·帕特森·汤普森·华莱士·普雷斯顿。"

粗分结果：

"世界/n, 上/f, 最长/d, 的/ude1, 姓名/n, 是/vshi, 简/ag, 森/ag, ·/w, 乔/ag, 伊/b, ·/w, 亚历山大/ns, ·/w, 比/p, 基/ng, ·/w, 卡利/nz, 斯/b, 勒/v, ·/w, 达夫/nrf, ·/w, 埃利奥特/nrf, ·/w, 福克斯/nrf, ·/w, 伊/b, 维/b, 鲁/b, 莫/d, ·/w, 马尔/nrf, 尼/b, ·/w, 梅/ng, 尔/Rg, 斯/b, ·/w, 帕/ng, 特/ag, 森/ag, ·/w, 汤普森/nrf, ·/w, 华莱士/nrf, ·/w, 普雷斯顿/nrf, 。/w"

最终的音译人名识别结果如下：

"达夫·埃利奥特·福克斯·伊维鲁莫·马尔尼·梅尔斯·帕特森·汤普森·华莱士·普雷斯顿"

可以发现，最终识别结果是错的。机构名称识别相对来说是最困难的，因为机构名可能是人名、地名，也可以是任何无意义的组合，如表 3.2 所示。

表 3.2 机构名称构成角色

角　色	意　义	例　子
A	上文	参与亚太经合组织的活动
B	下文	中央电视台报道
X	连接词	北京电视台和天津电视台
C	特征词的一般性前缀	北京电影学院
F	特征词的译名性前缀	美国摩托罗拉公司
G	特征词的地方性前缀	交通银行北京分行
H	特征词的机构名前缀	中共中央顾问委员会
I	特征词的特殊性前缀	中央电视台
J	特征词的简称性前缀	巴政府
D	机构名的特征词	国务院侨务办公室
Z	非机构名成分	

HanLP 的应对方法就是继续增加 HMM 层数，先粗分，再进行人名识别和地名识别，然后基于前面三个识别结果去匹配机构名称构成角色，接着使用 HMM 的 Viterbi 解码，最后进行模式识别。

当然，也不要执着于 HanLP 的实现，它只是基于传统算法达到了较好的指标效果，而且速度损失并不大，可以用于工程化。如果对指标精度有更高的要求，那么还需要借助模型进行训练。

3.3　深度学习在 NER 中的应用

在介绍用于 NER 任务的深度学习模型之前先问个问题：为什么使用深度学习来处理 NER 问题？

3.3.1　使用深度学习处理 NER 问题的原因

其实，除了深度学习的新老模型之间有继承关系，传统机器学习算法也有继承关系，只是因为传统机器学习必须基于严格的数学推导，所以一些克服前人算法缺陷的想法无法快速地实现，想将前人多种算法的优点拼接为一个更优秀的模型，同样无法快速实现。

例如我们想要处理序列问题，基于以前的天气情况来预测未来的天气，首先想到的就是马尔可夫模型，也叫马氏链，就是基于上一时刻的状态来统计下一时刻状态的概率，然后基于概率最大来求解。

天气模型并非这么简单，如果这样做则效果显然会很差，为什么？因为有大量的信息都没有被转为特征输入模型，模型完全忽略了这些信息，预测的效果自然就不好。

那么序列标注任务能不能使用马尔可夫模型，基于前后两个字来预测其是否为一个词或者一个实体名称呢？

其实是可以的，对于 NLP 的马尔可夫模型其实就是 n-gram，如果只基于前面单一时刻的字，那么就是 bi-gram，统计出前后两个字的共现概率，然后设定一个阈值，如果高于这个阈值就被认定为其是一个词或者一个实体名，如果小于这个阈值则认为前面的词被断开了，重新开始计算。但这样做显然过于粗略，完全没有考虑更多的信息。

我们现在多加一个变量，就是把当前这个字处于一个词的开始、中间或结束位置作为一个状态变量加到模型中。这就像一个函数，如果是一元函数 $y=kx$，那么只能画直线，现在想要画更复杂的数据分布点，那么有两个选择：一是增加变量，将一元函数变为二元函数 $y=ax_1+bx_2$，这样其就是一个平面了；二是增加变量的次数，如二次函数 $y=ax^2$，这样其就变为一个抛物线，可以画的数据点分布点更多。

一般在机器学习里使用的函数都是通过增加变量来拟合，很少用增加次数的方式去拟合，因为次数增加之后求解会非常困难，如果只是增加变量，增加了维度，则有很多方法可以求解。

为了解决序列标注问题，在原来的马尔可夫模型上增加一个状态变量从而增加模型拟合能力是比较自然的事情。又因为这个状态变量是我们需要求解的，是观测不到的，所以可以被视为隐藏状态，那么这个模型就可以称为有隐藏状态的马尔可夫模型，简称隐马尔可夫模型 HMM。

因为 HMM 是基于马尔可夫模型的，所以前提假设也类似，当前时刻的隐藏状态只依赖前一时刻的隐藏状态，当前时刻的观察变量只依赖于当前时刻的隐藏状态。然而就因为增加了这个隐藏变量，模型的拟合能力增加了，所以效果也比单纯的马尔可夫好许多。

但 HMM 的两个假设条件有些严格，这也是这个模型的缺陷，能不能想办法扩展开，让其能容纳更多的参数呢？

最简单的一种方法就是让当前时刻的隐藏状态不只依赖前一时刻，还依赖前前一时刻，也就是依赖前两个时刻，这样就不是 bi-gram，而是 tri-gram，这样变量又多了一个，转移矩阵就不是一个矩阵，而是一个三维的张量，也就是每两个隐藏状态对应于一串转移到另一个隐藏状态的转移概率。这样的效果在有些场景中确实可以得到提升，但转移矩阵会变得非常大。

有没有其他方法拓展 HMM 呢？

另一种方法就是 CRF，当前时刻的隐藏状态不只是依赖于前几个时刻，而是依赖于全局所有的时刻，包括前面和后面，当前时刻的观察状态也同样不只是依赖于当前时刻的隐藏状态，而是依赖于全局所有的观察变量和隐藏变量。当然，在 CRF 中这两种变量不再称为观察变量和隐藏变量，而是称为 X 和 Y。

因为依赖的特征被极大地扩展了，没有更多的扩展性，效果也是前面几个模型中最好的，那么还有什么需要改进的呢？

CRF 的全局特征并非自动学习而来的，而是需要手工的特征工程，这在序列标注场景面对大量的语料时，消耗的人力是非常巨大的。那么这个特征工程能不能自动运行，让模型自己学习呢？

其实是可以的，可以自动运行特征工程的模型不少，例如决策树、各种 boost 和神经网络等。

最简单的自动特征学习型 CRF 就是单层 DNN+CRF，也就是先把字向量输入 DNN 中，DNN 的输出再作为 CRF 的 X 输入，同时限定了 Y 只与全局的 Y 相关，不再与 X 相关，那么最终全部的特征工程就分为两个权重表，一个对应不同的 X 与 Y 进行打分，另一个对应不同的 Y 进行打分，最后将二者相加作为分类输出的最终得分。

这里的介绍比较抽象，读者可以搜索相关代码辅助理解。

对于 DNN 来说，其问题依然明显，就是其难以基于平移不变性来学习特征提取。例如一个词"我们"，无论在句子前面还是后面，都可以分为一个词，与位置相关度不高，但对于 DNN 来说，每个位置的"我们"都需要全新的学习，这样对于 NLP 场景的特征提取效率就太低了。

因此可以考虑使用 RNN。因为原始的 RNN 问题较多，而且不易训练，一般会直接跳到 LSTM，即 LSTM+CRF。

虽然 LSTM 设计之初就是为了解决长时依赖问题，但是实际上长时依赖特征的学习效果还是比较差的，很难学习到较远距离的特征，如果是单向的 LSTM，那么最终特征保留的往往只是句尾部分的信息。因此使用 LSTM 的场景多是以 Bi-LSTM，这样 Bi-LSTM+CRF 就出现了。

之后还有什么可以优化的呢？

那就是 LSTM 本身的问题，如前面所提到的那个远期依赖问题，即使使用了 Bi-LSTM，信息保留最多的也还是句首和句尾部分，中间部分就会有损失。此时增加注意力就会在一定程度上解决这个问题。但对于非语言模型场景，注意力的触发者是什么呢？

基于 Transformer 的 BERT 完全抛弃了注意力触发的问题，直接使用了自注意力，即两两注意，这相当于加强了所有的有效信息。之后一般是深度神经网络本身的优化，与序列标注任务相关度不高。

以上就是传统模型到深度学习发展的某一个链条，每个模型都有其应对的场景和在技术发展链条上的位置，都是为了解决以前模型中存在的一些问题而提出的，而解决一些问题必然还会带来一些新的问题，这些问题又需要新的模型去解决。

也许读者会问，为什么提出解决老问题的模型一定会带来新的问题呢？有没有一个模型解决所有问题之后不会再出现新的问题了呢？

原理上其实不会出现一个完美模型可以完全不引入新问题。因为有人已经证明过了，任何一个模型，其适用范围越大，能力就越差，不可能出现一个万能模型可以适用所有范围，而且效果也非常强。

这个观点理解起来也不难，无论 ML 还是 DL 模型都是用一个函数去拟合样本和标签的数据分布，然后基于学习的函数来预测未来同样分布的某个样本的标签。这就要求分布的一致性，也就是训练的样本与在真实场景中遇到的样本的分布要一致，否则学习到的函数就会失效。但分布一致的要求限定了必然是某类单一的场景，不可能同时处理多个场景，多场景数据分布的空间必然需要分开，否则混在一起就难以形成稳定的分布。

例如，围棋和象棋，现在无论是围棋 AI 还是象棋 AI 都已经超越了人类，这两个数据的分布是分开的，所以使用不同的算法可以各自处理，如果把围棋和象棋的规则强制性地合并到一起，就不能明确规则限定什么时候使用象棋规则，什么时候使用围棋规则，使用什么规则完全是随机的，那么两个分布空间的结果就是混乱的，难以使用模型去学习。

如果算法只需要限定场景，那么就必然有提前假设，这个前提就是限制，有时候为了方便求解，这个前提还可能有些严格，这样完美无瑕的算法就很难产生了。

当然未来会不会出现强人工智能颠覆这个结论不清楚，直到现在为止基本上所有可以商用的算法都是场景强限定的，无论是语音识别，还是人脸识别，各自的任务都不可能通用。

3.3.2　Bi-LSTM+CRF 模型

Bi-LSTM+CRF 是序列标注任务的经典模型，前面分词部分也讲过，NER 作为典型的序列标注任务之一，也可以使用这个经典模型。

我们再重复一下，现在主流的分词工具的分词都是基于最短路径进行的分词，分词之后的人名、地名和公司名等的识别都是基于 HMM 模型和预先训练好的转移概率矩阵，然后用 Viterbi 算法进行解码。区别是有的工具只使用了一层 HMM，如 Jieba，而有的工具，如 HanLP，则基于不同的识别类型使用了多层 HMM 以提高准确率。大多数工具都没有使用更复杂的深度模型，甚至单纯的 CRF 都不是默认选项，逻辑就是推断速度。

对于分词来说，这些深度模型更多的只有学习价值，只有在强调分词的准确性而不在意推断速度较低的场景才有实用价值，如可以离线预分词的场景。

对于 NER 来说，在分词之外单独使用的场景就比较多了。例如，搜索优化时的查询分析，需要识别搜索的品类、品牌、型号和名称等核心词，就需要使用 NER。又如，任务型对话中需要识别用户问题里的一些关键信息，也需要使用 NER。知识图谱的建议同样需要使用 NER，否则无法识别句子中的实体，无法建立实体间的关系。

Bi-LSTM+CRF 的结构如图 3.1 所示。

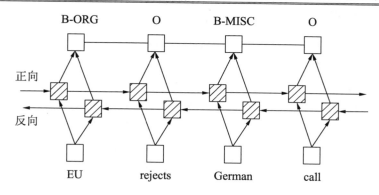

图 3.1 Bi-LSTM+CRF 的结构

前面的分词模型也有基本相同的结构，可以相互参考学习。Bi-LSTM+CRF 模型的结构比较简单，是一个双向的 LSTM，将结果输入 CRF 层，图 3.1 中的 CRF 层没有特别标注，就是最下面的方框那一层，该 CRF 层就相当于一个 Viterbi 全局最优求解层，比贪婪算法直接取最大值要好一些。

下面是 Zhiheng Huang、Wei Xu 和 Kai Yu 在论文 Bidirectional LSTM-CRF Models for Sequence Tagging 中给出的 Bi-LSTM+CRF 消融测试结果，看看是不是与上一节我们分析的为什么要用深度模型配合 CRF 做 NER，以及算法迭代链条中的先验是否一致。

再强调一次，看论文要学会看关键部分，所有论文里提出的新模型几乎都是多种先验混合得出的最终形态，要分辨其中哪些模块真正有效，哪些并没有多少效果，只看论文是不容易看出来的，一定要看消融测试，去掉每个模块模型最终的表现，如图 3.2 所示。

		POS	CoNLL2000	CoNLL2003
	LSTM	94.63(-2.66)	90.11(-2.88)	75.31(-8.43)
	Bi-LSTM	96.04(-1.36)	93.80(-0.12)	83.52(-1.65)
Senna	CRF	94.23(-3.22)	85.34(-8.49)	77.41(-8.72)
	LSTM+CRF	95.62(-1.92)	93.13(-1.14)	81.45(-6.91)
	Bi-LSTM+CRF	**96.11**(-1.44)	**94.40**(-0.06)	**84.74**(-4.09)

图 3.2 Bi-LSTM+CRF 的消融实验结果

图 3.2 中的 POS 是（Part Of Speech）词性标注任务，后面两个是 NER 任务。

图 3.2 所示的结果很明显，LSTM 的效果不如 Bi-LSTM，符合我们的先验。单层的 CRF 比 Bi-LSTM 效果稍差，这同样是有价值的先验知识。LSTM+CRF 的效果比 CRF 稍好，符合先验，但比 Bi-LSTM 稍差。效果最好的是 Bi-LSTM+CRF，符合先验。

到现在为止，提出双向 LSTM+CRF 是非常自然的模型迭代链条。当然，使用 BERT 和 BERT+CRF 肯定也是一个方向，但这完全是基于预训练模型 PTM 的发展而来的思路，出现一个 BERT 可以刷新一遍所有的 NLP 任务指标，又出现一个 GPT 2.0，再刷新一遍，接着又出现 ReBerTa、Albert、ERNIE1/2、XLNET 等反复刷新，这样其实对于我们学习思路没什么帮助，所以我们暂时忽略它们。

另外，关于词向量，对于 NER 任务来说字母的大小写也是比较有价值的信息，在一个正常的小写语句中突然出现一个全大写或首字母大写的词，理论上是一个实体词的概率就大一些，但为什么词向量还是全部使用转为小写字母的方式训练呢？原因很简单，就是效果不好。有过实验对比，在训练词向量时不进行小写字母转换，而保留原来字母的大小写，这样"apple""APPLE""Apple"不再是一个词，而是三个词。基于这样扩展的词库进行词向量训练，然后进行 NER 训练和测试，效果显示比转小写的效果差一些。词库的增大会导致模型增大，结果是指标变差，自然就放弃了这个先验信息。

分析原因，虽然这个先验本身没什么问题，但是语料中包含大写字母单词的频率太低了，尤其是还区分了首字母大写和全字母大写，当然，即使把各种大写合并，也无法改变训练样本不足的事实。这就导致包含大写的词向量训练不充分，最终使效果变差也容易理解了。

那有什么方法去避免这个问题，还能利用这个先验吗？读者可以思考一下，在后面的章节中会介绍一些思路。

3.3.3　CharNER 模型

在英文中，一个实体名称一般就是一个单词，如 Apple、Mike，如果完全基于词向量去识别实体词，恰巧这个词不是常见词，那么它很可能直接被标记为 UNK，也就是被排除在词典之外，这种情况下想要识别出这个词的概率就比较低了。当然也不是完全不可能，可以基于上下文及周围的词来识别其应该是一个人名或地名等，否则前面介绍的 Bi-LSTM+CRF 也不可能获得相对较好的指标分数。

虽然有可能识别，但是识别率降低是必然的，那么是否可以利用词本身的信息来增加识别概率呢？

词本身的信息如何利用？可以拆字符，基于字符向量的方式去识别。如果感觉自己没有办法想出这个思路的方向没关系，要想有思路就得先大量阅读论文，就像"熟读唐诗三百首，不会作诗也会吟"，先得有做菜的材料，才能针对材料创造出新的菜谱。

基于字符进行 NER 其实并非全新的想法，Klein 等人 2003 年就引入了一个带有字符级输入的隐马尔可夫模型（HMM），以缓解字级输入固有的数据稀疏性问题。他们的字符级 HMM 比词级输入的 HMM 减少了 30%的错误。然而，HMM 本身的缺陷限制了字符级隐马尔可夫模型超过当时的 SOTA 模型。因此，有时候阅读论文收集已有的先验模型是非常重要的，不需要自己去研究开发，把前人已经尝试的一些先验组合起来可能就会得到最好的结果，然后发表高水准的论文。

这个 CharNER 的模型其实非常简单，本质上还是一个 Bi-LSTM+CRF，区别就是输入的不再是词向量而是字符向量，标签也有区别，原来的标签都是与词对应的，如图 3.3 所示。

John　　works　　for　　Globex　　Corp.　　.
B-PER　　O　　　　O　　B-ORG　　I-ORG　　O

图 3.3　NER 的样本标签

针对字符，需要把字符所在的词的标签复制过来，如图 3.4 所示。

J o h n　　w o r k s　　f o r　　G l o b e x　　C o r p .　　.
P P P P O O O O O O O O O O O O O G G G G G G G G G G G G G O O

图 3.4　NER 的字符级样本和标签

　　也就是说，每个字符的标签都等于它所在词的标签，如图 3.4 所示，因为空间有限，原来词的标签简写了，其实与图 3.3 中的标签是一样的。

　　此外，因为 CharNER 字符向量比词向量少很多，所以参数的数量较少，计算和存储压力都很小，为了提升最终的效果，把 Bi-LSTM 的层数提升了。在 NLP 领域尤其是 RNN 结构的模型，层数一般不会太多，一是因为 RNN 的前后依赖中间层计算，如果层数太多则依赖情况就会加剧，降低计算速度；二是不少实验显示，层数太多并不能提升最终的效果。层数较多的 NLP 模型就是 BERT 这种十几层的重模型，与 CV 领域动辄几十层甚至上百层的模型差距较大。这里笔者的分析是语言层面深层语义的特征需要更多的上下文，不是一句话十几、二十个字就能发掘出更深的语义的，而现在的 NLP 模型受算力和内存所限一般难以一次性输入更多的字词，所以仅增加 RNN 层数的效果并不突出。

　　CharNER 的结构如图 3.5 所示，虽然层数增加了，但是只有 5 层，最后依然是一个 CRF 中的 Viterbi 解码算法。

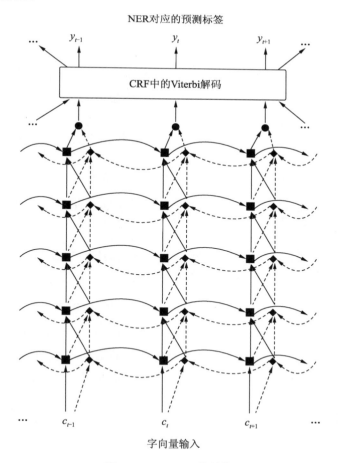

图 3.5　CharNER 的结构

这里为了适应字符输入，把本来对应于词的标签复制之后与字符对应，每个字符经过模型识别后都会有一个标签输出，但最终判断结果的时候还是需要恢复为标签对应词的模式，即一个词对应一个标签，而不是一个词有多个标签。

如果一个词包含的所有字符经过模型识别后给出的标签都相同，那么处理起来很简单，直接合并就行了。但是当一个词包含的字符经过模型识别后可能会给出多种标签时，应该如何处理呢？

最简单的方法就是少数服从多数，选择那个比例最高的，如果比例一样，如 4 个字符中有 2 个 P、2 个 O，那么选择两个概率相加最大的那个。

这样处理比较"粗暴"，Klein 等人给出的方法也比较"粗暴"。它是基于三种情况做一个转移概率矩阵，单词内的字符转移为字符，标记为 $c{\to}c$，单词外的字符转移为标点符号，标记为 $c{\to}s$，标点符号包括空格状态进入单词里的字符，标记为 $s{\to}c$，如图 3.6 所示。

	PER	ORG	O	PER	ORG	O	PER	ORG	O
PER	1	0	0	1	0	1	1	0	0
ORG	0	1	0	0	1	1	0	1	0
O	0	0	1	0	0	1	1	1	1
		$c \to c$			$c \to s$			$s \to c$	

图 3.6　字符标签的转移概率矩阵

图 3.6 所示的转移概率矩阵作为转移概率还是相当"粗暴"的，为什么？因为单词的首字符是可以出现任意标签的，并且后面字符的标签必须跟前面一致，不一致是因为概率为 0，所以后面 Viterbi 解码时就忽略掉了。

对于模型的效果，其实想想也知道，英文字符才 26 个，要想获得比较理想的指标还是比较困难的。

实验结果显示，这 26 个字符向量的最终指标相差不大，如图 3.7 所示。

	Arabic	Czech	Dutch	English	German	Spanish	Turkish
Best	84.30 [1]	75.61 [2]	82.84 [3]	91.21 [4]	78.76 [5]	85.75 [5]	91.94 [6]
	79.90	68.38	78.08	80.79	-	-	82.28
Best w/o External	81.00 [7]	68.38 [2]	78.08 [3]	84.57 [3]	72.08 [3]	81.83 [3]	89.73 [2]
CharNER	78.72	72.19	79.36	84.52	70.12	82.18	91.30

图 3.7　CharNER 与当时 SOTA 模型的对比

图 3.7 中的 Best 是当时的 SOTA 模型，并且借用了 Word2vec 预训练词向量，第二行则没有使用预训练词向量，完全是基于任务全新训练的结果，最后是 CharNER 的效果，因为没有预训练的字符向量，所以只能全新进行训练，结果显示与不使用预训练词向量的效果相差非常小，说明这个方向还有潜力可挖的。

以上是基于 RNN 的字符级 NER 模型，有基于 RNN 的，当然也可以基于 CNN，网络结构只是把 RNN 换成 CNN，它的区别可以参考图 3.8 和图 3.9。

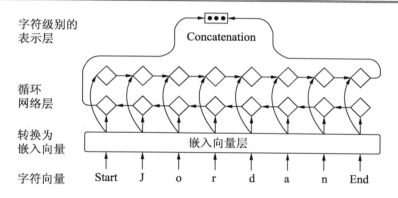

图 3.8　基于 RNN 的字符级 NER 模型

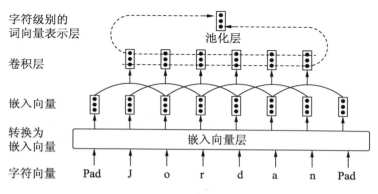

图 3.9　基于 CNN 的字符级 NER 模型

好了，这就是 CharNER。

如果是中文，有几千个常见的汉字，那么基于字向量的 NER 模型的效果可能更好一些，但对于 26 个英文字符来说就有些勉强了，如果基于词向量然后外加字符向量，让字符作为词向量的补充效果是否会更好一些呢？

3.3.4　Bi-LSTM+CNN 模型

Jason P.C. Chiu 和 Eric Nichols 在论文 Named Entity Recognition with Bidirectional LSTM-CNNs 中提出了一个双向 LSTM 和 CNN 的混合模型，即 Bi-LSTM+CNN。

前面讲了基于词向量的 NER，我们在原子级别分析了基于字符向量的字符级 NER，有没有新的想法？

词向量级的优势是对上下文的学习效率比较高，善于发现一些实体词出现的固定场景，基于这些场景去发现新的实体词，但对于词本身的一些特性发掘不足。字符向量则完全相反，其对于各种前缀、后缀、固定造词模式学习得非常好，但由于字符的粒度的降低，如一句话本来基于词一般为十几的长度，改为字符之后就变为了几十的长度，这就导致搭配模型的学习非常困难。

那么有没有可能将字词的优势合并到一起呢？显然是可以的，但至于字词两种信息如何组合，方案有很多，笔者通过观察，除非配合一些其他先验，否则差别不大，我们这里介绍的就是用 CNN 提取字符特征向量，然后直接与词向量合并之后作为 Bi-LSTM 输入的方案。

只看 Bi-LSTM+CNN 模型的名称，再跟前面的模型对比一下，感觉是用 CNN 把 CRF 代替了。

其实不是这样的，这里最后一层完全放弃了 CRF，前面我们也看到了，如果前面特征提取的模型能力足够强，那么 CRF 对于模型整体效果的提升空间就不是了，所以加与不加需要看场景。除非前面的模型比较简单，例如只是单层的 DNN，这时候加一个 CRF 还是比较有用的，CNN 在这里只用于提取字符特征向量，如图 3.10 至图 3.12 所示。

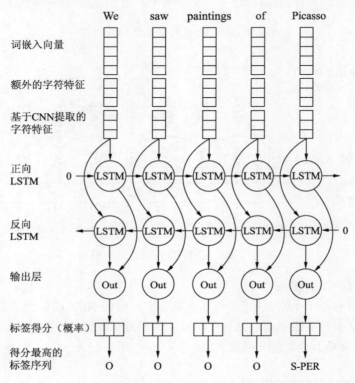

图 3.10　Bi-LSTM+CNN 的整体结构

Bi-LSTM+CNN 的整体结构如图 3.10 所示，不过这里不包含处理字符的部分，字符部分如图 3.11 所示，就是一个简单的 CNN，直接进行一个卷积加最大池化操作，然后输出全连接向量。要不要加到 2 层、3 层的卷积，Jason P.C.和 Eric Nichols 在论文里没有做这个尝试，但对卷积的宽度进行了探索，使用的方式就是深度模型训练优化最常见的网格搜索。

我们先介绍模型，然后简单介绍一下网格搜索。

进行字符特征提取的同时，对于每个字符向量是随机初始化的，这与所有使用字符向量的模型都相同，逻辑是没有预先训练好的字符向量。为什么不自己基于某个大规模语料进行训练呢？Word2vec 和 fastText 的速度都不慢，但是因为英文字符只有 26 个，如果加上标点符号和其他符号也就几十或上百的数量级，即使小语料也可以训练充分，完全可以基于 NER 任务进行同时训练，因此没有必要预训练。

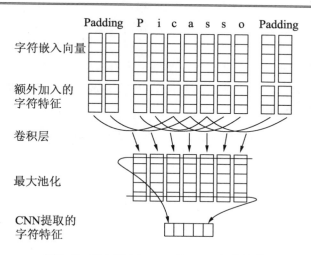

图 3.11　Bi-LSTM+CNN 的 CNN 部分结构

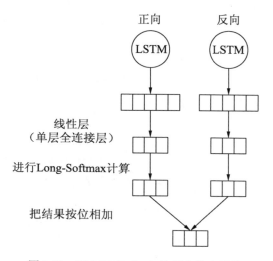

图 3.12　Bi-LSTM+CNN 的部分输出结构

长度是以最长那个词为准，不够长的就在两边补零向量，这叫 padding 操作。

字符向量之外还有个补充特征，其信息非常简单：是不是大写字符、是不是标点符号等。

前面我们介绍过如何利用大写字符对于 NER 任务的提示性作用这个先验，这就是一种方案。字符本身还是转为小写，这样既可以充分训练字符向量，又能利用这个信息。

对于字符来说即使算上大小写，也只有 52 个字符，训练起来没有压力，为什么还转为小写呢？这可以观察一下语料，笔者分析的原因是大写字符语料相对小写字符语料要少很多，并且不是随机分布的，大写字符的上下文与小写字符的上下文经常是不同的，这样训练出来的向量可能就是偏的，最终会影响模型的效果。

字符向量输出之后与词向量进行拼接，然后输入 Bi-LSTM 中，这里词向量之外也有一个补充特征，这个补充特征就有些复杂了。

简单说就是先基于 DBpedia 这个语料，统计出所有的四类实体词，分别是人名（Person）、地名（Location）、组织名（Organization）和其他实体词（Misc）。

然后计算每个词的补充特征，使用这个词分别匹配 4 个类别中的实体词，也可以理解为搜索。

例如 Hayao 这个词，如果在地名这个类别里没有搜索到结果，那么 Loc 就置为空，如果这个词在人名类别里搜索到了结果，并且是以"Hayao"开头的，如"Hayao Miyaza"，那么 PERS 就置为 B，如图 3.13 所示。

Text	Hayao	Miyaza	,	commander	of	the	Japanese	North	China	Area	Army
LOC	-	-	-	-	-	B	I	-	S	-	-
MISC	-	-	-	S	B	B	I	S	S	S	S
ORG	-	-	-	-	-	B	I	B	I	I	E
PERS	B	E	-	-	-	-	-	-	S	-	-

图 3.13　词的补充信息示例

Miyaza 这个词也跟 Hayao 一样，如果在地名、组织名和其他类别里都没找到结果，那么这 3 个值都置为空，如果在人名类别里找到了，而且还出现在结尾，那么 PERS 就置为 E。

简单理解一下，这个词的补充特征代表的意义就是有没有与这个词拼写一致的实体词，如果有，那么这个词在实体词中出现在哪个位置，B 表示开头，E 表示结尾，I 表示中间，S 表示完全匹配。这其实是一种外部词典信息。

此外，关于字符的大小写，不仅在字符的补充特征里增加了这个特征，还在词级补充特征里增加了这个特征，取值为：全部大写、首字母大写、全小写、混合大小写、未知（对于非字符如标点符号）。

最后的输出层也做了一些小调整，并没有直接把 Forward-LSTM 与 Backward-LSTM 的输出合并然后进行 softmax，而是分别进行了一个线性变换再求标签的概率，再让两边结果直接进行相加并作为最终结果，如图 3.14 和图 3.15 所示。

Model	CoNLL-2003			OntoNotes 5.0		
	Prec.	Recall	F1	Prec.	Recall	F1
FFNN + emb + caps + lex	89.54	89.80	89.67 (± 0.24)	74.28	73.61	73.94 (± 0.43)
BLSTM	80.14	72.81	76.29 (± 0.29)	79.68	75.97	77.77 (± 0.37)
BLSTM-CNN	83.48	83.28	83.38 (± 0.20)	82.58	82.49	82.53 (± 0.40)
BLSTM-CNN + emb	90.75	91.08	90.91 (± 0.20)	85.99	86.36	86.17 (± 0.22)
BLSTM-CNN + emb + lex	91.39	**91.85**	**91.62** (± 0.33)	**86.04**	**86.53**	**86.28** (± 0.26)
Collobert et al. (2011b)	-	-	88.67	-	-	-
Collobert et al. (2011b) + lexicon	-	-	89.59	-	-	-
Huang et al. (2015)	-	-	90.10	-	-	-
Ratinov and Roth (2009)[18]	91.20	90.50	90.80	82.00	84.95	83.45
Lin and Wu (2009)	-	-	90.90	-	-	-
Finkel and Manning (2009)[19]	-	-	-	84.04	80.86	82.42
Suzuki et al. (2011)	-	-	91.02	-	-	-
Passos et al. (2014)[20]	-	-	90.90	-	-	82.24
Durrett and Klein (2014)	-	-	-	85.22	82.89	84.04
Luo et al. (2015)[21]	**91.50**	91.40	91.20	-	-	-

图 3.14　实验结果

主要还是结合消融实验，如图 3.15 所示，看看各个小模块都有什么作用，是否符合自己先验的预期。

Features	BLSTM		BLSTM-CNN		BLSTM-CNN + lex	
	CoNLL	OntoNotes	CoNLL	OntoNotes	CoNLL	OntoNotes
none	76.29 (± 0.29)	77.77 (± 0.37)	83.38 (± 0.20)	82.53 (± 0.40)	87.77 (± 0.29)	83.82 (± 0.19)
emb	88.23 (± 0.23)	82.72 (± 0.23)	90.91 (± 0.22)	86.17 (± 0.22)	**91.62** (± 0.33)	86.28 (± 0.26)
emb + caps	90.67 (± 0.16)	86.19 (± 0.25)	90.98 (± 0.18)	86.35 (± 0.28)	91.55 (± 0.19)*	86.28 (± 0.32)*
emb + caps + lex	**91.43** (± 0.17)	**86.21** (± 0.16)	91.55 (± 0.19)*	86.28 (± 0.32)*	91.55 (± 0.19)*	86.28 (± 0.32)*
emb + char	-	-	90.88 (± 0.48)	86.08 (± 0.40)	91.44 (± 0.23)	**86.34** (± 0.18)
emb + char + caps	-	-	90.88 (± 0.31)	**86.41** (± 0.22)	91.48 (± 0.23)	86.33 (± 0.26)

图 3.15　消融实验

Jason P.C. Chia 和 Eric Nichols 发表的这篇论文的消融实验是比较负责任的，对比得非常详细，基本上每种特征都进行了对比。

BLSTM 是只有双向 LSTM 处理词向量的模型，BLSTM-CNN 是增加了字符向量处理的模型，BLSTM-CNN+lex 是增加了 BIES 词典特征的模型。

emb 表示是否使用预训练的词向量，caps 表示在词级别是否使用大小写信息，char 表示在字符级别是否使用大小写信息，lex 表示额外的实体词词典信息。

简单解释一下图 3.15，BLSTM 列因为没有字符输入，也无法增加字符级的补充特征，所以最后两行的值为空。

在 BLSTM-CNN 列中，emb+caps 在两个数据集上的效果都好于 emb+char 的效果，说明在词级别的向量上增加大小写信息比在字符级别增加更有效，而对于 emb+char+caps，只在 OntoNotes 数据集上达到了最优指标，说明虽然单独使用词级大小写信息要优于字符级，但是两者之间有一定的互补性，同时使用可以进一步提升效果。

此外，图 3.15 中带星号的数据指的是同一个模型，虽然它们在不同的位置，但是得出的分值是相同的。

最后再提一下调优时使用的网格搜索，如图 3.16 所示。

Hyper-parameter	CoNLL-2003（Round 2）		OntoNotes 5.0（Round 1）	
	最终停留的位置	搜索范围	最终停留的位置	搜索范围
卷积宽度	**3**	[3, 7]	**3**	[3, 9]
CNN输出向量的	**53**	[15, 84]	**20**	[15, 100]
LSTM隐藏层向量的	**275**	[100, 500]	**200**	$[100, 400]^{10}$
LSTM的层数	**1**	[1, 4]	**2**	[2, 4]
学习率	**0.0105**	$[10^{-3}, 10^{-1.8}]$	**0.008**	$[10^{-3.5}, 10^{-1.5}]$
学习轮数	**80**	-	**18**	-
丢弃率	**0.68**	[0.25, 0.75]	**0.63**	[0, 1]
每个批次的数量	**9**	-13	**9**	[5, 14]

图 3.16　超参数的网格设置

简单说就是在一个高维的超参数空间中寻找一个最优的组合，因为超参数本身无法进行梯度下降，所以只能手动探索，要提高探索效率，就不能是基于启发式的随机探索，而是像撒网一样，基于一定的距离和空间一个一个地完成遍历，相当于把空间分割为一些大小相同的块，这种操作称为网格搜索。

具体做法就是先基于其他参数不变，只有一个超参数进行跳跃探索，先尝试一个值然后尝试另外一个值，探索完全部组合之后取最优的那组超参数组合作为模型的最终值。

当前模型的网格搜索设置如图 3.16 所示。

网格搜索只是全局优化的一种辅助手段，因为在梯度下降寻找可训练的参数空间最优解的过程中往往只可以找到一个相对不错的局部最优解。

这里的字符特征提取使用的是一个 CNN，用 RNN 如 Bi-LSTM 也是可以的。还有字符特征向量与词向量的拼接也可以做一些小的优化，不直接合并，而是做一个类似门控的单元控制来加权求和可能更好一些。同时在提升字符向量时，因为不是预训练，如果完全基于 NER 单一任务进行训练则较容易出现过拟合。如果能基于一些先验知识给字符特征提取加一些正则项，限制其学习的空间，那么可能会有更好的效果。

如图 3.17 所示为使用 Bi-LSTM 进行字符特征提取的过程。

$$h^* = h_{\text{forward}}; h_{\text{backward}}$$

$$m = \tanh(W_m h^*)$$

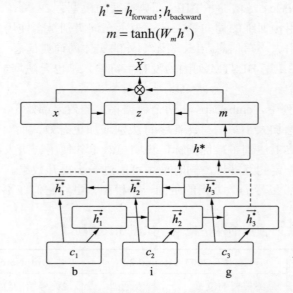

图 3.17　使用 Bi-LSTM 进行字符特征提取

首先基于词向量 x 和字符向量 m 计算一个类似门控的权重比例。

$$z = \sigma(W_z^3 \tanh(W_z^1 x + W_z^2 m))$$

然后得出合并的字符+词向量。

$$\tilde{x} = zx + (1-z)m$$

最后在损失函数中加上一个限制字符向量探索空间的正则项。

$$L' = L + \sum_{t=1}^{T} g_t (1 - \cos(m_t, x_t))$$

$$g_t = \begin{cases} 0, & \text{若 } x_t = \text{OOV} \\ 2, & \text{其他} \end{cases}$$

L 就是正常的损失函数，如交叉熵。后面的正则项是指当一个词不是 OOV 时，即词向量存在时，就让词向量与字符向量的余弦值接近 1，就是距离尽量接近，让字符特征提取出来的向量尽量与词向量一致。因为词向量是基于大规模语料训练出来的，其向量都有大量的语义信息，如果字符向量没有任何限制地基于 NER 进行学习，则最多只有一些 NER

的信息，如果让其往对应的词向量上靠近，就相当于基于字符的组成去猜词义，让单独的 26 个字符每个字符向量上都有一些语义，这样最终的效果或许会更好一些。

拼接出 $\tilde{x}$ 之后，使用正常的词级别 NER 模型即可。

3.3.5　ID-CNN 模型

ID-CNN 模型其实是一个 CNN 框架下的 NER 识别，不过笔者认为池化层对信息有一定的损失，但不加池化层视野扩大的速度就比较慢，导致达到全局视野的层数比较大，又因为层数大、参数量大、模型容量大，从而很容易过拟合。

为了解决这个问题，笔者将 CV 领域里的膨胀卷积应用到 NLP 的 NER 任务中。这个模型的难点主要就在于膨胀卷积，这个概念其实不难理解，只是不好表述，而且配图也容易误解。

所谓膨胀卷积，就是随着层数的增加，卷积核的宽度以指数形式放大。例如第一层卷积核宽度为 3，第二层为 5，第三层为 9。但卷积核宽度增加之后，不代表参与计算的输入和权重也增加了，权重的宽度一直都是 3，输入的数据也一直只有 3 个，当宽度大于 3 时，中间的部分其实是空的。也就是说，宽度大于 3 之后的卷积核不再是全连接式的计算，而是跳跃式的计算。公式表达如下：

$$c_t = W_c \oplus_{k=0}^{r} \boldsymbol{x}_{t\pm k}$$

$\oplus$ 表示向量拼接，当 r 为 1 时，$\boldsymbol{x}_{t\text{-}1}$; $\boldsymbol{x}_t$; $\boldsymbol{x}_{t+1}$ 就组成了一个三维向量，将它们拼接到一起与卷积核权重进行 DNN 计算。这其实就是一个正常的卷积操作。

$$c_t = W_c \oplus_{k=0}^{r} \boldsymbol{x}_{t\pm k\delta}$$

上面就是膨胀卷积公式，只是多了一个 δ，这个值一般为 $2^{L\text{-}1}$，L 为层数。当 L 为 1 时，δ 为 1 就是正常的卷积。当 L 大于 1 时，卷积核就膨胀开了。例如，当 L 为 2 时，$\boldsymbol{x}_{t\text{-}2}$; $\boldsymbol{x}_t$; $\boldsymbol{x}_{t+2}$ 这 3 个非连续的向量组成了一个三维矩阵与 W_c 进行计算。当 L 为 3 时，输入就变为 $\boldsymbol{x}_{t\text{-}4}$; $\boldsymbol{x}_t$; $\boldsymbol{x}_{t+4}$。

ID-CNN 处理数据的示意图如图 3.18 所示。

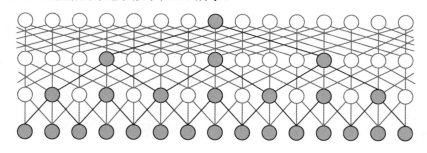

图 3.18　ID-CNN 处理数据的示意

如果没有前面的解释，直接通过这个示意图能看出什么吗？笔者第一次看到的时候完全没有感觉这跟膨胀卷积有什么关系，这完全就是一个把原来步长为 1 的一维正常卷积的步长增加到 2 的效果图。其实不是的，图 3.18 中灰色的圆圈并非只是演示连接关系的虚节点，它们每一个都是一步卷积操作节点，卷积核的移动步长还是 1，只是卷积核本身的宽度随层数膨胀了。黑线连接的节点表示膨胀的动作。

此外，Jason P.C. Chia 和 Eric Nichols 在论文中还引入了一个迭代的概念，组合起来就是迭代的膨胀卷积。

因为卷积核是膨胀的，以指数形式扩大，所以比较容易打开视野看到全局的信息，对于 4 层模型，宽度能达到 31，而 Penn 树库语料的句子平均长度只有 23。但对于文档来说，31 的宽度就不够用了，如果继续增加层数，经过实验，还是容易过拟合。他们就又想了一个办法，就是循环用同一套膨胀卷积模型进行计算，经过膨胀卷积处理之后的结果不作为最后打分层的输入，而是作为输入在模型里进行一轮膨胀卷积操作。逻辑是经过了 4 层膨胀卷积操作的输出已经包含前后 31 个位置的信息，再进行一次同样的 4 层膨胀卷积，那么视野又可以扩大 31。反复迭代多次，就可以包含尽量多的全局信息。这样做虽然不如通过直接增加层数来增加视野的速度快，但是无须增加模型参数，降低了过拟合的风险。

公式表达如下：

$$c_t^0 = i_t = D_1^0 x_t$$

D_1^0 表示第一层的卷积操作。

$$c_t^j = r(D_{2^{L-1}}^{j-1} c_t^{j-1})$$

$D_{2^{L-1}}^{j-1}$ 表示第 j 层的膨胀卷积，2^{L-1} 表示卷积核随层数的增加而加倍，r 为激活函数。

最后一层的公式：

$$c_t^{L+1} = r(D_1^L c_t^L)$$

这一段只是前面膨胀卷积的另一种表达形式，把这一套操作标记为 B(·)，下面是迭代的方法。

$$b_t^1 = B(i_t)$$

迭代是从第一层正常卷积操作之后开始的。

$$b_t^k = B(b_t^{k-1})$$

经过 k 次迭代，这个 k 是超参数，预先定义的。每次迭代都经过前面所有的膨胀卷积 D 的操作。

$$h_t = W_o b_t^k$$

这就是最终输出用于计算标签概率的结果。

实验结果如图 3.19 所示，语料库是 CoNLL-2003。图 3.19 中的上半部分的最后一层没有加 CRF，下半部分加上了 CRF，加上 CRF 可以稍微提升指标，但推断速度下降比较多，当然这里没有展示速度指标。

然后实验对比了 4 层膨胀卷积与 5 层膨胀卷积以及迭代膨胀卷积的效果，5 层视野比 4 层大，指标也提升不少，说明视野的扩大对指标提升有贡献，迭代膨胀卷积的效果比 5 层要好一些，说明限制模型容量可以降低过拟合风险，同时通过迭代增大视野也可以提升指标，如图 3.20 所示。

对于 CNN 类的 NLP 模型，相对 RNN 类的模型效果指标不是最重要的，往往提升最大的是推断速度，ID-CNN 也同样如此。推断速度对比如图 3.20 所示，可以比 baseline 的 Bi-LSTM+CRF 提升 14 倍，不过仔细看一下，速度提升的主要贡献不在于模型本身，而是去除了 CRF。而 ID-CNN-CRF 只比 baseline 提升了 28%，对比同样是去除了 CRF 的 Bi-LSTM 只提升了 40% 左右的，其在推断速度方面的优势就不太明显了。

Model	F1
Ratinov and Roth (2009)	86.82
Collobert et al. (2011)	86.96
Lample et al. (2016)	90.33
Bi-LSTM	89.34 ± 0.28
4-layer CNN	89.97 ± 0.20
5-layer CNN	90.23 ± 0.16
ID-CNN	90.32 ± 0.26
Collobert et al. (2011)	88.67
Passos et al. (2014)	90.05
Lample et al. (2016)	90.20
Bi-LSTM+CRF (re-impl)	90.43 ± 0.12
ID-CNN+CRF	**90.54 ± 0.18**

图 3.19　实验结果

Model	Speed
Bi-LSTM+CRF	$1\times$
Bi-LSTM	$9.92\times$
ID-CNN+CRF	$1.28\times$
5-layer CNN	$12.38\times$
ID-CNN	$14.10\times$

图 3.20　推断速度对比

3.3.6　序列标注的半监督多任务模型

对于一个 SOTA 模型，如果还想继续提升其指标，大概有几个思路，要么针对原来模型里存在的一些缺陷进行修正，如 BERT 的 NSP 句子前后顺序预测任务有比较明显的缺陷；要么引入一些新的先验信息，如预训练词向量、前面模型里使用过的字母大小写信息等。另外，可以继续增加语料，使用更精细的超参数网格搜索，使用集成学习等。

如果是分词之类的训练语料天然稀缺的任务，那么如何利用多语料联合学习也是比较有前途的方向。

本节讲的序列标注半监督学习框架是由 Hui Li、Xuejun Liao 和 Lawrence Carin 在论文 Semi-supervised Multitask Learning for Sequence Labeling 中提出的，其实就是在其他的序列标注模型上额外增加一个语言模型训练的任务，进行多任务学习来进一步提升效果，多任务 NER 结构如图 3.21 和图 3.22 所示。

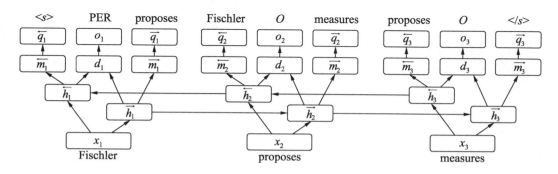

图 3.21　多任务 NER 结构 1

上面两个图表达的结构是相同的，就是正常的 NER 识别模型中使用的是 Bi-LSTM，增加了前后词的预测。

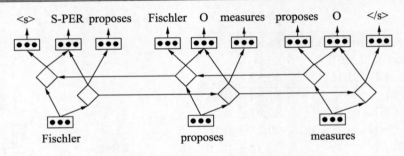

图 3.22　多任务 NER 结构 2

图 3.21 和图 3.22 中的每个词最终输出了 3 个预测目标：第一个是基于反向的 LSTM，基于当前词之后所有词的信息去预测前一个词的概率；第二个是基于双向 LSTM 所有的信息去预测当前词的标签；第三个是基于正向 LSTM，基于当前词之前所有的词信息去预测后一个词的概率。

$$h_t^l = \text{LSTM}(x_t, h_{t-1}^l)$$
$$h_t^r = \text{LSTM}(x_t, h_{t-1}^r)$$
$$h_t = h_t^l ; h_t^r$$
$$d_t = \tanh(W_d h_t)$$
$$P(y_t \mid d_t) = \text{softmax}(W_o d_t)$$

损失函数依然可以使用常见的多类别交叉熵。

$$E = -\sum_{t=1}^{T} \log(P(y_t \mid d_t))$$

上面的是 NER 部分，这里并没有使用任何提升任务指标的先验模块，只是单纯的一个 Bi-LSTM，最终效果也可以预见表现比较一般，所以 Hui Li 等人在论文中并没有与其他模型进行对比，只是单纯的对比了是否使用额外的语言模型任务的效果。

$$m_t^l = \tanh(W_m^l h_t^l)$$
$$m_t^r = \tanh(W_m^r h_t^r)$$
$$P(w_{t+1} \mid m_t^r) = \text{softmax}(W_q^r m_t^r)$$
$$P(w_{t-1} \mid m_t^l) = \text{softmax}(W_q^l m_t^l)$$

这部分就是语言模型部分，前后词预测各自只使用了一边的 LSTM。

各自的损失函数还是多分类交叉熵。

$$E^r = -\sum_{t=1}^{T-1} \log(P(w_{t+1} \mid m_t^r))$$
$$E^l = -\sum_{t=2}^{T} \log(P(w_{t-1} \mid m_t^l))$$

最终多任务一起的损失函数如下：

$$\tilde{E} = E + \gamma(E^l + E^r)$$

γ 是一个跟其他正则项一样的权重超参数。

消融实验结果如图 3.23 所示，4 个数据集在加上了 LM 作为第二任务正则项之后指标都提升了，可以说明基于语言模型的额外任务确实可以提升 NER 任务的整体指标。

	CoNLL-00		CoNLL-03		CHEMDNER		JNLPBA	
	DEV	TEST	DEV	TEST	DEV	TEST	DEV	TEST
Baseline	92.92	92.67	90.85	85.63	83.63	84.51	77.13	72.79
+ dropout	93.40	93.15	91.14	86.00	84.78	85.67	77.61	73.16
+ LMcost	**94.22**	**93.88**	**91.48**	**86.26**	**85.45**	**86.27**	**78.51**	**73.83**

图 3.23　消融实验结果

其实预训练词向量本来就是基于大规模语料训练的，训练方法类似于语言模型，所以词向量带有能从语言模型中学到的语义信息，这里额外的语言模型任务带来的语义信息，理论上是不应该超过词向量已有信息的，而且这里的语言模型训练并非基于大规模语料，而是基于 NER 任务的有限语料进行的。

如何理解这个结果呢？笔者的理解是虽然词向量是预训练的，但模型权重不是，NER 的标签数量还是太少了，只有 4 种，给权重训练带来的指导信息还是相对偏少，容易过拟合，增加了语言模型任务之后可以让模型权重学习到更多的信息，避免过拟合。

从这个实验结果中可以看出效果并不好，只是有少许提升，说明原来标签少容易导致过拟合的问题并不突出。

当然，这个先验的有效性是建立在 NER 任务模型本身比较简陋的基础上的，如果是经过了大量优化的复杂 NER 模型，额外增加 LM 任务是否能进一步提升指标则是未知的。

3.3.7　Lattice LSTM 模型

前面讲的主要是英文的 NER，英文 NER 的特点就是不需要分词，识别的目标要么是单词的组合，要么就是新造的和 OOV 的单词。所以有基于词的 word-base 模型和基于字符的 char-base 模型，结合两者优势的混合方案也比较容易实现。

中文的 NER 场景同样也可以分为两种方案，即基于词的 NER 和基于字的 NER。虽然汉字的组词模式与英文有巨大的差别，但是大体上看也是由字组成词，所以英文的混合模式中文也是可以用的，只是效果并不好，先验上因为语言的天然差别也不是那么合理。

中文 NER 基于词的方案的优势是可以利用词的先验信息，在多数情况下可以直接把已成词的字从实体识别目标中剔除，以降低识别错误率，同时，对于一些固定匹配式的公司名和组织名也可以降低识别难度。

基于词的 NER 的劣势是有错误传播的危险，因为需要先分词，如果分词错误，把需要实体识别的名称里的字错分为某个词的一部分，如"这里有关天培的壮烈"，正确的识别结果是"这里/有/关天培/的/壮烈"，如果错分成"有关"这个词，结果为"这里/有关/天培/的/壮烈"，那么后面的 NER 是不可能正确的。

有时候为了提高模型性能也会做一些取舍，如先分词，对于那些分词分不出来的连续单字再进行 NER 也是在分词工具中比较常见的方案，jieba 就用的是这个方案。但这只是性能上的权衡，无法解决分词错误导致的识别错误，同样也无法识别已有词组成的公司名和组织名等。

基于字的中文 NER 就没有错误传播问题，中文字虽然多但相对词来说还是少很多的，这样数据的稀疏性就好很多，训练相对充分，从而减轻了过拟合的问题。

但中文词的先验还是比较有价值的，如果完全基于字去识别而忽略了词的信息，那么模型就需要完全基于给定的标签语料的训练任务学习这些本来可以预先知道的信息。

因为缺少了先验信息，基于字的 NER 模型虽然有可能总体指标由于训练相对充分而超过基于词的 NER 模型，但是经常会出现一些基于词的模型不会出现的明显的错误。

如图 3.24 所示，"南京市/长江大桥"有可能会被分成"南京/市长/江大桥"。

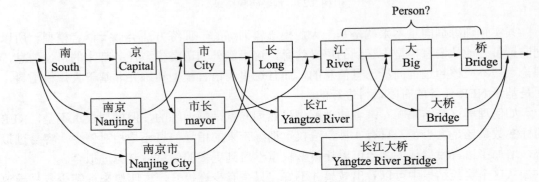

图 3.24　分词和 NER 示例

那么我们能不能把词的信息利用上呢？照搬英文的字词混合模式吗？

Yue Zhang 和 Jie Yang 在发表的论文 Chinese NER Using Lattice LSTM 中给出了一种解决方案，叫 Lattice LSTM，其结构如图 3.25 所示。

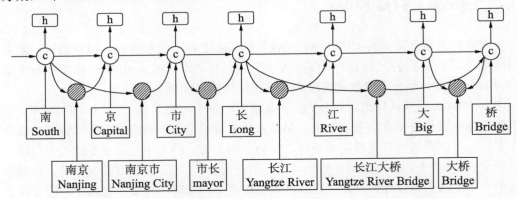

图 3.25　lattice LSTM 结构示意

简单理解就是在基于字的模型 LSTM 基础上，把词的信息（词向量）也连接到原来的 LSTM 单元上作为额外的先验信息输入进去。

当然，因为词与字之间不是固定的几对几的关系，而是变化的，可能两个字对应一个词，也可能 6 个字对应一个词，所以具体的关联关系不是很直观，下面详细介绍一下。

首先，这里的分词是全分词，不是基于最高概率的分词，也就是一个句子中所有可能的分词都会被作为额外信息，如图 3.25 所示，"南京""南京市""市长""长江""长江大桥""大桥"，这些词互相之间很多都是重叠的。

就连接方式而言，原来基于字的处理线路还是很简单的，就是上一个字的处理结果作为下一个字的状态信息继续处理，就是标准 LSTM。

$$i_j^c = \sigma(W^c x_j^c; h_{j-1}^c + b^c)$$

$$o_j^c = \sigma(W^c x_j^c; h_{j-1}^c + b^c)$$

$$f_j^c = \sigma(W^c x_j^c; h_{j-1}^c + b^c)$$

这是 LSTM 的 3 个门控：

$$\tilde{c}_j^c = \tanh(W^c x_j^c; h_{j-1}^c + b^c)$$

$$c_j^c = f_j^c \odot c_{j-1}^c + i_j^c \odot \tilde{c}_j^c$$

$$h_j^c = o_j^c \odot \tanh(c_j^c)$$

LSTM 对应的流程如图 3.26 所示。

词信息是如何与字的 LSTM 单元连接的呢？

词本身并非只是词向量，而是一个 LSTM 单元，不过做了一些改变，由词的首字输出作为这个词单元的输入，然后将这个词单元的输出作为这个词尾字之后一个字的 LSTM 单元的输入，如图 3.27 所示。

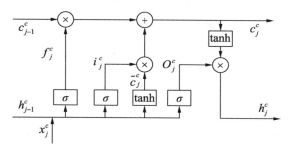

图 3.26　标准 LSTM　　　　　　　图 3.27　词信息的 LSTM

$$i_{b,e}^w = \sigma(W^w x_{b,e}^w; h_b^c + b^w)$$

$$f_{b,e}^w = \sigma(W^w x_{b,e}^w; h_b^c + b^w)$$

$$\tilde{c}_{b,e}^w = \tanh(W^w x_{b,e}^w; h_b^c + b^w)$$

$$c_{b,e}^w = f_{b,e}^w \odot c_b^c + i_{b,e}^w \odot \tilde{c}_{b,e}^w$$

这里有一个问题，首字的输出既输给下一个字单元，又输给对应的词单元，这没有什么问题，在上面的公式中，词单元的输入 h_b^c, c_b^c 就是首字的 LSTM 输出，但尾字之后的字接受两个输入，这一点 LSTM 单元是不支持的，所以这两个输入需要做一次合并操作。

$$i_{b,e}^c = \sigma(W^l x_e^c; c_{b,e}^w + b^l)$$

$$\alpha_{b,j}^c = \frac{\exp(i_{b,j}^c)}{\exp(i_j^c) + \sum_{b' \in \{b'' | w_{b',j} \in D\}} \exp(i_{b',j}^c)}$$

$$\alpha_j^c = \exp(i_j^c) / (\exp(i_j^c) + \sum_{b' \in \{b'' | w_{b',j} \in D\}} \exp(i_{b',j}^c))$$

注意，这两个 α 公式的分母是相同的，用两种写法是为了让读者看得更清楚一些。分母中的 $b' \in \{b'' | w_{b',j} \in D\}$ 表示所有以 j 为词尾的词。$i_{b,j}^c$ 就是 $i_{b,e}^c$，只是为了与后面的计算保持统一，把尾词标识改了一下。i_j^c 就是前面标准 LSTM 的输入门的值，不过这里的 j 是词

尾字，所以 i_j^c 也是词尾字的 LSTM 单元内的输入门。

$$c_j^c = \sum_{b \in \{b'|w_{b',j} \in D\}} \alpha_{b,j}^c \odot c_{b,j}^w + \alpha_j^c \odot \tilde{c}_j^c$$

注意，这里的 $\tilde{c}_j^c$ 是词尾的字单元的上下文输出，不是最终的输出，而是经过输入门之前的信息。这样，$\tilde{c}_j^c$ 就作为词尾字后一个字的输入。这里只改变了 c，h 还是词尾字单元本身的输出。

下面看一下实验结果，如图 3.28 所示。

Input	Models	P	R	F1
Auto seg	Word baseline	73.20	57.05	64.12
	+char LSTM	71.98	65.41	68.54
	+char LSTM′	71.08	65.83	68.35
	+char+bichar LSTM	72.63	67.60	70.03
	+char CNN	73.06	66.29	69.51
	+char+bichar CNN	72.01	65.50	68.60
No seg	Char baseline	67.12	58.42	62.47
	+softword	69.30	62.47	65.71
	+bichar	71.67	64.02	67.63
	+bichar+softword	72.64	66.89	69.64
	Lattice	**74.64**	**68.83**	**71.62**

图 3.28　模块对比实验

图 3.28 就是基于字与词、基于字+词和词+字的混合模式与 Lattice 在 OntoNotes 数据集上的指标效果对比。

下面解释一下实验的各个环节。

首先 Word baseline 是基于词的 NER，自动使用分词工具进行正常的分词。

+char LSTM 是类似英文的字词混合模式，在词向量之外拼接一个使用 LSTM 对组成当前词的字向量进行特征提取后的结果向量。

$$x_i^c = h_{i,\text{len}(i)}^l; h_{i,1}^r$$

这分别是正向 LSTM 和反向 LSTM 最后一步的输出，拼接后作为当前词的字向量表达。

$$x_i^w = w_i; x_i^c$$

然后与原始词向量拼接成最终的词向量。

+char LSTM' 是 LSTM 进行的一个小改变；+char CNN 是使用 CNN 代替 LSTM 去提取字特征向量；+char+bichar LSTM、+char+bichar CNN 与 +char CNN 的唯一区别就是在字向量后面拼接双字向量，其实就是前面反复使用过的 bi-gram 信息，例如 fastText；Char baseline 是基于字的模型；+softword 是在字向量的基础上附带了词的信息。

$$x_j^c = c_j; \text{seg}(c_j)$$

c_j 是字向量，$\text{seg}(c_j)$ 是当前字在分词时的标签，对应于 BMES，就是标示出这个字在当前句子中的分词结果是开头、结尾，或者单独成字。这其实也是一种字词混合的方式，比硬搬英文的混合方式要精巧一些。

+bichar 是双字向量 bi-gram 信息。

这里能看到许多有意思的结论。单纯的基于字的模型指标要差于基于词的模型指标，如 62.47＜64.12，说明词的天然先验优势大于字的非稀疏性。硬搬的英文词字混合模式的效要好于相对精巧的字词混合模式，如 68.54＞65.71。笔者认为主要应该归因于两个方面：一方面是词本身在 NER 任务中的先验优势；另一方面是外加分词信息只标明了是否成词，但没有附带词义信息，所以信息量上不足。此外，bi-gram 信息在 NER 任务中也是有正向贡献的。

当然，最好还是使用 Lattice 的结合模式，下面再看一下与其他模型的对比，如图 3.29 所示。

Input	Models	P	R	F1
Gold seg	Yang et al. (2016)	65.59	71.84	68.57
	Yang et al. (2016)*†	72.98	**80.15**	**76.40**
	Che et al. (2013)*	77.71	72.51	75.02
	Wang et al. (2013)*	76.43	72.32	74.32
	Word baseline	76.66	63.60	69.52
	+char+bichar LSTM	**78.62**	73.13	75.77
Auto seg	Word baseline	72.84	59.72	65.63
	+char+bichar LSTM	73.36	70.12	71.70
No seg	Char baseline	68.79	60.35	64.30
	+bichar+softword	74.36	69.43	71.81
	Lattice	**76.35**	**71.56**	**73.88**

图 3.29　在 OntoNotes 上的实验对比

实验对比所用的数据集还是 OntoNotes。

Gold seg 的意思是并非用分词工具全自动分词，而是直接使用语料库给出的标准分词作为分词结果，也就是基本不存在分词错误导致的 NER 错误。标星号的项使用了外部词典信息进行了半监督学习，其中效果最好的还加入了人力开发出的特征，即特征工程。

而 Lattice 是完全自动分词的而且没有加入特征工程，也没有引入外部词典信息，最终达到了与前面那些精调过的模型可比的效果。

再看在 MSRA 数据集上的实验结果，如图 3.30 所示，这个数据集没有标准的分词标签，所以没有 Gold seg。标星号的项依然表示使用了外部词典进行半监督学习，即使这样，Lattice 依然是最好的。

Models	P	R	F1
Chen et al. (2006a)	91.22	81.71	86.20
Zhang et al. (2006)*	92.20	90.18	91.18
Zhou et al. (2013)	91.86	88.75	90.28
Lu et al. (2016)	–	–	87.94
Dong et al. (2016)	91.28	90.62	90.95
Word baseline	90.57	83.06	86.65
+char+bichar LSTM	91.05	89.53	90.28
Char baseline	90.74	86.96	88.81
+bichar+softword	92.97	90.80	91.87
Lattice	**93.57**	**92.79**	**93.18**

图 3.30　在 MSRA 上的实验对比

Lattice 可以说是开创了一种新的字词信息混合方式，效果还是非常不错的，但有个问题不知道读者是否已经发现。这种混合的结构不是固定的，需要根据不同的分词结果进行调整，这样就没有办法进行 GPU 并行加速，本来 RNN 模型内部迭代时只能一步步进行，无法用 GPU 加速，但各个句子任务之间还是可以的，而现在因为每个句子的网络结果都不同，从而使句子任务之间的并行性大大下降，所以训练和推断的速度都会非常慢。

3.3.8 PLTE 模型

本节的模型是 2019 年由 Xue Mengge、Yu Bowen 和 Liu Tingwen 等人在论文 Porous Lattice-based Transformer Encoder for Chinese NER 中提出的，其基于 3.3.7 节介绍的 Lattice LSTM 模型演化而来，全称为 Porous Lattice Transformer Encoder。

虽然 Lattice LSTM 的效果不错，但是推断速度太慢，虽然不需要做分词之类的预先处理，但是最终的网络结构不是稳定的，而是基于每个句子的分词花式生成的。不稳定的网络结构是不能并行的，只能通过逻辑控制一条条地执行。

本节要介绍的这个模型既然是基于 Lattice LSTM 的，那么必然需要先解决推断速度的问题，因此使用了最近持续火热，基本上算是 NLP 标准 DL 模块的 Transformer 自注意力网络代替了 LSTM。

💡 **注意**：在后面的章节中会专门讲解 Transformer。它是一个典型的编码器-解码器结构，最初是为了机器翻译类任务而设计的，Bert 等变体都是选择 Transformer 的一部分，多数是编码器部分完成其他 NLP 任务，如 NER。建议不了解 Transformer 的读者先去学习一下其结构。

推断速度问题是如何解决的呢？要想解决 Lattice 的推断速度，关键是要解决网络结构不标准的问题，在学习 Lattice 的 baseline 模型时也介绍过，可以使用一些如分词标记之类的信息嵌入字向量里，这样既可以利用词的信息又能让网络结构依然简单，不过最终的实验结果表明效果并不好，原因是只有简单的是否属于一个词这样的标记信息且信息量太少，同时，网络结构可能也无法充分利用这些信息。

这里的解决方案其实还是沿续这个思路，就是分词之后的词向量也作为输入内容，但不像 Lattice 那样输入 LSTM 单元的词尾后一个词，导致网络结构不统一，而是利用自注意力机制的本身特征，使用 position 嵌入向量来标识位置，并将词向量与字向量拼接为一排，一起输入网络，与 Transformer 的输入一样，这样除了每个句子的长度不同之外，网络结构就统一了。同时，每个字词向量还带上了对 Lattice 有感知的位置信息，也就是 POS 嵌入与正常的 Transformer 不一样，所谓对 Lattice 有感知，就是词的位置使用的不是其所在的顺序位置，而是这个词的首字在句子中的位置。

PLTE 的结构如图 3.31 所示。我们可以看一下图下面部分的输入，例子还是 Lattice 用过的"南京市长江大桥"，分完词之后有"南京""南京市""市长""长江""江大桥""大桥"几个词。这些词直接拼到了字符之后，并没有直接利用词的位置与字符进行关联，而是使用了 Lattice-Aware Position Encoding，其实就是绝对位置信息，"南"就是 1，"京"就是 2，但"南京"不是其所在的位置 8，而是 1，就是其首字"南"字所在的位置。这两部

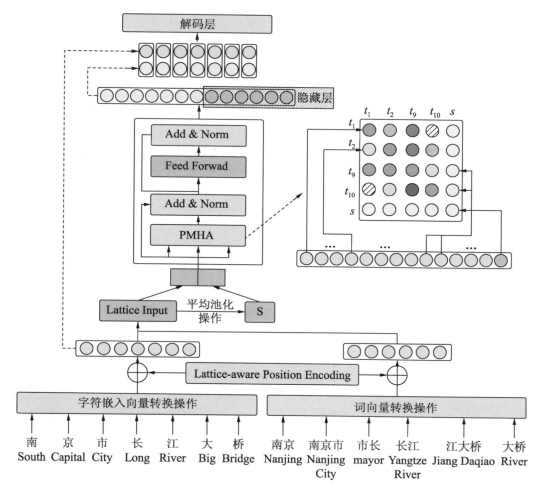

分放一起就是 Lattice Input。Add & Norm 和 Feed Forward 在后面章节讲解 Transformer 时会提到。

图 3.31　PLTE 的结构

如果到此为止，只是使用了词向量+位置向量+Transformer 自注意力的结构，最终效果会不会达到 Lattice LSTM 的效果呢？答案是并不会，说明模型仍然是有问题的，这里先不展开，最后在讲消融实验的时候再介绍。

除了上面的为了提升速度做出的网络结构调整之外，Xue Mengger 等人的这篇论文最关键的创新其实有两个：Lattice-Aware Self-Attention（LASA）和 Porous Multi-Head Attention（PMHA）。

1. LASA

先看 LASA，它其实就是对位置编码的优化，前面提到的 LA 位置编码属于绝对位置编码，但实际上位置主要是用于计算自注意力，而自注意力的计算全部都是基于两两元素之间的位置也就是相对位置，绝对位置在理论上也能体现出相对位置，但信息里有冗余，如 1 和 3、2 和 4 的相对位置是一样的，但绝对位置的编码却是不同的，这样会导致类似

5-gram 或 6-gram 虽然信息量更大，但是由于样本稀疏而容易过拟合。

因此 Transformer 之后就更新了一个 Transformer-XL 以及之后针对 BERT 优化的 XLNet，其中的优化点之一就是把绝对位置编码替换成了相对位置编码。

虽然这里在字词向量输入的同时依然使用了绝对位置编码，但是同时也使用了相对位置编码，即 LASA，如图 3.32 和图 3.33 所示。

	条件		关系
r_1	$q = k - 1$		$e_{p:q}$ is left adjacent to $e_{k:l}$
r_2	$l = p - 1$		$e_{p:q}$ is right adjacent to $e_{k:l}$
r_3	$p < k \leqslant q < l$		$e_{p:q}$ is left intersected with $e_{k:l}$
r_4	$k < p \leqslant l < q$		$e_{p:q}$ is right intersected with $e_{k:l}$
r_5	$p \leqslant k \leqslant l < q$		$e_{p:q}$ includes $e_{k:l}$
r_6	$k \leqslant p \leqslant q < l$		$e_{p:q}$ is includes in $e_{k:l}$
r_7	$q < k - 1$ or $l < p - 1$		$e_{p:q}$ is non-neighboring to $e_{k:l}$

图 3.32　相对位置的分类

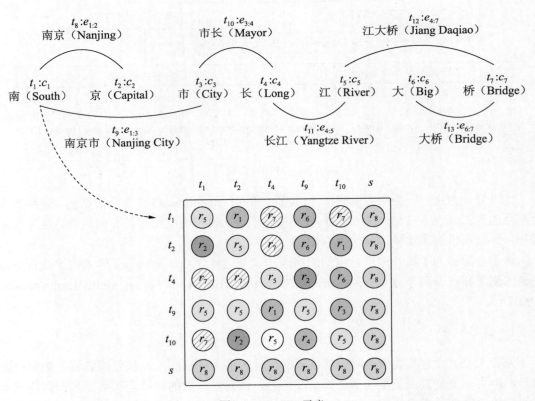

图 3.33　LASA 示意

这里的相对位置不只是字符之间的相对位置，字后面拼接的所有分词之间及其与字符之间都是有交互的，都需要有相对位置，这样就需要一个唯一标识，否则无法区别不同的字和词。

如图 3.33 所示，先给所有的字分配一个位置对应的标号，$t_1, \cdots, t_7$，然后将所有的词接在 t_7 之后，从 t_8 开始逐一加到最后的 t_{13}，此外最后还增加了一个 s，其意义后面会介绍。

这里的相对位置编码并不只是标记相对的距离关系，如 a 在 b 的左边第一个字，b 在 c 的右边第二个字，而是强调字与词的包含关系。

首先定义了 7 个相对位置关系的种类。

- $r1$：$q=k-1$，$e_{p:q}$ 是 $e_{k:l}$ 的左边第一个字或词，如图 3.33 所示，"京"相对于"市"的关系就是 $r1$。
- $r2$：$l=p-1$，$e_{p:q}$ 是 $e_{k:l}$ 的右边第一个字或词，在图 3.33 中，"市"相对"京"的关系就是 $r2$。
- $r3$：$p<k\leqslant q<l$，$e_{p:q}$ 的右边与 $e_{k:l}$ 的左边发生了交叉，在图 3.33 中，t_9 "市长"与 t_{10} "长江"之间就发生了交叉，关系就是 $r3$。
- $r4$：$k<p\leqslant l<q$，$e_{p:q}$ 的左边与 $e_{k:l}$ 的右边发生了交叉，在图 3.33 中，t_{10} "长江"与 t_9 "市长"之间就发生了交叉，关系就是 $r4$。
- $r5$ 与 $r6$ 是包含与被包含的关系，例如"长江大桥"就包含"长江"，属于 $r5$，而"长江"就被"长江大桥"包含，属于 $r6$。
- $r7$ 表示两个词之间没关系，也就是不邻近。

标准的自注意力的计算方式如下：

$$\text{Att}(\boldsymbol{Q}, \boldsymbol{K}, V) = \text{softmax}\left(\frac{\boldsymbol{Q}\boldsymbol{K}^{\text{T}}}{\sqrt{d_k}}\right)V$$

每两个字、词或字词之间都包含这种关系，为了可以训练，每种关系都可以用嵌入向量来表示。

因为是相对位置信息，应用的时候在计算两两注意力的时候把这个位置信息加上就行了。

$$\text{Att}(\boldsymbol{Q}, \boldsymbol{K}, V) = \text{softmax}\left(\frac{\boldsymbol{Q}\boldsymbol{K}^{\text{T}} + R}{\sqrt{d_k}}\right)V$$

这里的 R 就是相对位置编码，具体的定义如下：

$$\alpha = \text{softmax}\left(\frac{\boldsymbol{Q}\boldsymbol{K}^{\text{T}} + \text{einsum}(\text{"}ik, ijk \rightarrow ij\text{"}, \boldsymbol{Q}R^K)}{\sqrt{d_k}}\right)$$

这里面的 R 看着计算很复杂，其实可以简化为 QR^K，einsum 用来标识这不是一个正常的矩阵相乘。因为 $Q \in N \times d_k$，$R^K \in N \times N \times d_k$，两个矩阵无法直接相乘，$R^K Q^{\text{T}} \in N \times N \times N$，但前面 $\boldsymbol{Q}\boldsymbol{K}^{\text{T}} \in N \times N$，后面的输出也是一个 $N \times N$，所以计算方式是这样的：

$$\sum_{k=1}^{d_k} \boldsymbol{Q}_{ik} \boldsymbol{R}_{ijk}^K$$

$\boldsymbol{Q}$ 中的每个字词向量 i 与 $\boldsymbol{R}$ 中对应位置 i 上所有与之配对的相对位置 j 的计算结果是一个 N 维的向量，最终输出的就是 $N \times N$。

理解起来就是，QK^T 计算的是每个字词与其他所有字词的相关语义关系的权重，而 QR^K 则是用词向量的语义信息与相对位置编码信息相乘计算出每个字词与其他所有字词的位置关系权重。

然后将结果和 QK^T 加起来再激活就是百分比权重。

最后计算所有自注意力信息的输出：

$$\text{Att}(Q,K,V)=\alpha V+\text{einsum}("ik,ijk\to ij",\alpha R^V)$$

最终把相对位置信息使用权重加权过之后又加到了最终的输出上，以防止相对位置信息在权重相加的过程中慢慢消散掉。

2. PMHA

我们再来看 PMHA。它其实是对上面的计算自注意力的一个修改，因为 NER 任务中对某个字周围的字词依赖比较强，而对于远距离字词的信息依赖就弱了许多，而标准的 Transformer 的自注意力计算是没有先验上的重要度区分的，其使用的是全连接，两两计算。

这里为了更加适应 NER 任务做了一些修改，在计算自注意力的时候，每个字词并不是跟所有的字词计算相关度，而是只计算与自己有关系的字词。怎么确定与自己有没有关系呢？就是通过前面定义出来的 r1～r6。

假设 E 是所有字的集合，X 是字词对应的嵌入向量集合（矩阵）。

给定 $e_{i:j}\in E,x_{i:j}\in X$，如果 $e_{i:j}$ 是一个字，那么 $x_{i:j}=x_i^c$，如果是一个词，则 $x_{i:j}=x_{i:j}^w$。

定义 $e_{i:j}^{r_k}$ 是所有与 $e_{i:j}$ 关系为 r_k 的字词，$x_{i:j}^{r_k}$ 是这些字词向量的拼接。

这样每个 $e_{i:j}$ 都可能有 6 种与自己有关系的字词，即 $\{e_{i:j}^{r_1};e_{i:j}^{r_2};e_{i:j}^{r_3};e_{i:j}^{r_4};e_{i:j}^{r_5};e_{i:j}^{r_6}\}$。最终多头注意力的计算公式为：

$$h_{i:j}=z_{i:j}^1;\cdots;z_{i:j}^H\,W^O$$

$$z_{i:j}^h=\text{Att}(x_{i:j}W_h^Q,c_{i:j}W_h^K,c_{i:j}W_h^V),h\in 1,H$$

这里的 Att 就是前面 LASA 给出的公式，不过内部输入在这里有了变化。

$$c_{i:j}=x_{i:j}^{r_1};x_{i:j}^{r_2};x_{i:j}^{r_3};x_{i:j}^{r_4};x_{i:j}^{r_5};x_{i:j}^{r_6};s$$

$$s=\frac{1}{N}\sum_{i,j}x_{i:j}$$

这里的 s 就是在图 3.33 中后面加的 s，其实就是所有字词向量的平均值，目的是加强发掘邻近的字词关系信息的同时不放弃全局远距离的信息。

输出的时候，因为词是拼接到了句子后面，所以每个词也会有对应的输出，但这里是 NER 任务，不需要使用词的输出，所以直接被遮盖即抛弃了。

最终只使用字对应的输出来计算 NER 标签。这里最终的解码层使用了双向 GRU+CRF，同时为了防止内部的处理让信息产生衰减，在计算最终的标签时，除了使用自注意力的输出，原来的字向量也一起用于计算标签。

笔者认为这里的双向 GRU+CRF 即使去掉，对最终的指标下降也不会好很多，只是这里没有对这个模块进行消融实验。

最后我们来看一下实验结果，如图 3.34 所示。

Input	Models	P	R	F1
Gold seg	Che et al. (2013)	77.71	72.51	75.02
	Wang et al. (2013)	76.43	72.32	74.32
	Yang et al. (2016)	72.98	80.15	**76.40**
No seg	Lattice LSTM (2018)	76.35	71.56	73.88
	LR-CNN (2019a)	76.40	72.60	74.45
	CAN-NER(2019)	75.05	72.29	73.64
	PLTE	76.78	72.54	**74.60**
	BERT-Tagger	78.01	80.35	79.16
	Lattice LSTM[BERT]	79.79	79.41	79.60
	LR-CNN[BERT]	79.41	80.32	79.86
	PLTE[BERT]	79.62	81.82	**80.60**

图 3.34　在 OntoNotes 数据集上的结果

关于 Gold seg 前面已经介绍过，数据集提供了标准的分词结果，直接使用这个结果进行 NER 任务的模型都属于这一类，但在实际场景中不可能先给你一个标准的分词结果，所以现在关于此类的研究方向几乎没有了。

在都没有使用标准分词的组（中间那组），PLTE 达到了最优。

最后一组都使用了预训练的 BERT 作为基础特征提取层来执行任务。可以发现，BERT 对指标性能的提升还是非常明显的，说明现在的 NER 数据集与分词数据集面临类似的情况，只是数据集太小，难以训练充分。

同样是基于 BERT 的模型，PLTE 还是达到了最优，如图 3.35 和图 3.36 所示。

Models	P	R	F1
Zhou et al. (2013)	91.86	88.75	90.28
Lu et al. (2016)	-	-	87.94
Cao et al. (2018)	91.73	89.58	90.64
Lattice LSTM (2018)	93.57	92.79	93.18
CAN-NER(2019)	93.53	92.42	92.97
LR-CNN (2019a)	94.50	92.93	**93.71**
PLTE	94.25	92.30	93.26
BERT-Tagger	94.43	93.86	94.14
Lattice LSTM[BERT]	93.99	92.86	93.42
LR-CNN[BERT]	94.68	94.03	94.35
PLTE[BERT]	94.91	94.15	**94.53**

图 3.35　在 MSRA 上的结果

虽然 MSRA 和 Weibo 的结果没有达到最优，但是在借助 BERT 之后都达到了最优，如图 3.37 所示。

解决了 Lattice LSTM 的推断速度问题，再来看看速度对比情况，如图 3.38 所示。因为 Lattice LSTM 无法使用批量计算，Batch Size 只能为 1，而 PLTE 的设置为 16，最终的速度大概是 Lattice LSTM 的 10 倍左右。而带上 BERT 之后，因为 BERT 本身的速度消耗，也就是两边速度都下降了，这样提升倍数就下降了，大概平均下降 1/6，如图 3.38 所示。

Models	P	R	F1
Peng and Dredze (2016)	66.47	47.22	55.28
He and Sun (2017a)	61.68	48.82	54.50
Cao et al. (2018)	59.51	50.00	54.43
Lattice LSTM (2018)	52.71	53.92	53.13
LR-CNN (2019a)	65.06	50.00	**56.54**
PLTE	62.21	49.54	55.15
BERT-Tagger	67.12	66.88	67.33
Lattice LSTM[BERT]	61.08	47.22	53.26
LR-CNN[BERT]	64.11	67.77	65.89
PLTE[BERT]	72.00	66.67	**69.23**

图 3.36　在 Weibo 上的结果

Models	Word2vec			BERT		
	Lattice LSTM	LR-CNN	PLTE	Lattice LSTM	LR-CNN	PLTE
OntoNotes	1×	2.23×	11.4×	1×	1.96×	6.21×
MSRA	1×	1.57×	8.48×	1×	1.97×	7.11×
Weibo	1×	2.41×	9.12×	1×	2.02×	6.48×
Resume	1×	1.44×	9.68×	1×	1.46×	5.57×

图 3.37　推断速度对比

Models	OntoNotes	MSRA	Weibo	Resume
PLTE	74.60	93.26	59.76	95.40
-LASA	70.97	92.27	56.95	94.82
-PM	70.17	91.84	50.08	94.40
-LASA-PM	70.58	92.48	56.52	94.69

图 3.38　消融实验对比

最后我们再来看看消融实验的情况，当去掉 LASA 之后，指标发生了较大的下滑，说明基于字词位置和包含关系的相对位置信息对最终的 NER 任务是比较重要的信息。

这里去掉 LASA 的实现方式是只输入字向量，去掉词向量，这样就没有了相对位置编码，但保留了多头注意力部分的变化，也就是只计算与自己相连的字的注意力和平均向量的注意力。

对于去掉 PM，就是不计算邻近多头注意力，而是标准的全部注意力。对于去掉 PM 也去掉 LASA 则与标准的 Transformer 相同。

在去掉 LASA 之后再去掉 PM，如果指标效果进一步下降了一点，则说明即使没有相对位置编码信息，计算临近的字词的注意力对 NER 任务也是有帮助的。

但这里出现了一个有意思的结果，就是只去除 PM 的效果竟然比同时去除 PM 和 LASA 的效果还差一些。这怎么解释呢？这说明 LASA 信息并不适用于正常的标准自注意力计算模式。在加入了这些字词关系的相对位置编码之后，对正常的自注意力反而会产生影响。

3.4　大模型时代的命名实体识别

命名实体识别（NER）是自然语言处理的重要任务之一，旨在从文本中识别出特定的实体，如人名、地名、组织名等。本节将探讨大模型在 NER 中的应用，并通过具体示例展示其强大的功能。

3.4.1　使用 ChatGPT 提示词进行实体识别

下面通过一个具体的例子来说明 ChatGPT 在 NER 中的应用。

可以向 ChatGPT 输入句子：张三出生在北京，后来去了百度工作。

然后发送一个提示语，如："请帮我识别上面句子中的命名实体"。

ChatGPT 的 NER 结果：

❑ 张三（人名）

❑ 北京（地名）

❑ 百度（组织名）

在这个例子中，可以看到大模型在处理复杂的自然语言场景中展现的优势。通过将多个 NLP 任务整合在一个统一的框架中，大模型能够高效地识别出句子中的命名实体，如人名、地名和组织名。

3.4.2　使用 ChatGPT API 进行实体识别

通过调用 API 的方式可以更高效地利用 ChatGPT 来实现 NER，示例代码如下：

```python
import openai

openai.api_key = 'your-api-key'

def identify_entities(text):
    response = openai.Completion.create(
        engine="text-davinci-003",
        prompt=f"请识别下面句子中的命名实体：{text}",
        max_tokens=50
    )
    return response.choices[0].text.strip()

# 示例文本
sentence = "张三出生在北京，后来去了百度工作。"
entities = identify_entities(sentence)
print(f"命名实体识别结果：\n{entities}")
```

通过上述代码，可以调用 ChatGPT 对文本进行命名实体识别，该操作简单、方便，不需要任何训练。

　　大模型在命名实体识别任务中展现出了明显的优势，使得模型在处理复杂文本时表现出色。通过本节的学习，读者能够掌握大模型在 NER 中的具体应用，为后续章节的深入学习打下坚实的基础。

3.5　小　　结

　　NER 是常见的 NLP 任务之一，无论是在知识图谱还是在搜索和对话场景中都有应用。本章首先介绍了传统 NER 的几个常见方法，然后分别针对英文和中文介绍了几个经典的深度学习模型，最后介绍了如何使用 ChatGPT 提示词和 ChatGPT API 进行实体识别。下一章将介绍深度学习最早有所突破的 NLP 任务——神经机器翻译。

第4章　神经机器翻译

本章介绍深度学习最早有突破的 NLP 任务——神经机器翻译（Neural Machine Tranlation，NMT）。之所以这个任务最早实现了突破，其实不是翻译问题简单或深度学习模型更先进，也不是神经网络在机器翻译上实现了巨大的创新，而是因为自然语言翻译的语料是最丰富的。因为沟通需要，多种语言之间其实一直在进行着互相翻译的工作，尤其是汉语和英语等使用人数众多的语言，几百年来市面上积累了大量的书籍、资料等翻译语料。

4.1　神经机器翻译的发展

最早的人工智能研究领域其实就是对自然语言的理解，因为那时候对人工智能的理解就是制造一个拥有类似人类思维能力的机器，所以叫人工智能，如何评价这个人工智能是否成功，则基于对话来判断，也就是著名的图灵测试。

所谓图灵测试，有兴趣的读者可以查询相关资料。大致理觧就是一个机器藏在门后，你不知道门后是机器还是人类，跟它经过数次对话，如果你没有明确判断出门后是机器，那么它就通过了图灵测试。

但应对图灵测试其实有不少的作弊方法，其中之一就是我们现在在智能问答系统里常见的做法，先把大量的问题答案进行收集和整理，建立一个非常大的问答库，这样人跟机器对话时，机器就基于人的问题去搜索这个问答库，如果对话者没有提前警惕对方是一个机器，那么通过前几句对话是不容易很快就发现对方是机器的。例如，我们在上网找客服的时候并不知道对方是一个机器（如客服为小冰），我们会使用礼貌的词语开启对话，多数是一些常用语句，这样机器比较容易找到合适的答案来回复，也容易通过图灵测试。这样简单的策略完全称不上智能，所以为了避免此类作弊，针对这个测试有了一个升级版，对话者与机器需要使用不同的语言，如果对话者使用的是英语，那么机器的回复需要使用中文或法文等，这样就无法直接基于语义的相似度去搜索问答库，而需要完成难度比较高的语句翻译了。

最早的语言翻译问题的思路与最早的人工智能设计思路是类似的，都是基于已有的规则建立完善的逻辑关系链条，然后让机器完全基于这些逻辑关系运行。人工智能就是基于世界运行的规则，而翻译就是基于语言的规则。

如果这个思路真的可行，那么基于这样一套规则建立起来的机器其实就是现在大家天天打交道的程序代码，程序代码的运行完全基于逻辑，都是如果怎样就怎样这种形式的链条。

理论上貌似可行的方案在实现时却困难重重，世界的规则除外，虽然抽象到高级层面可能比较简单，如 4 种力、量子的随机性等，但是在具象层面，规则却是无穷无尽的，如水是软的，冰是硬的，金刚石可以切玻璃等。

语言的规则也类似，虽然每种语言都是整理出"主谓宾，定状补"之类的组合关系，但是语言使用起来实在太随意了，每个人都有各自的用语习惯，严格来说或多或少都有语法错误，但不影响日常沟通和理解。而在对话场景中不可能要求与你对话的用户必须使用书面的、正式的、标准语法格式的用语。所以使用规则做翻译的尝试全部都失败了。

最早意识到这个问题的就是李开复，他改用统计概率的方法去做翻译，其实逻辑跟现在的方法类似，例如 n-gram 就不是语言模型式的用法，而是使用被翻译语句前一个或几个词以及翻译过来的前一个或几个词作为条件来看后一个词的出现频率，这个时代叫统计机器翻译（SMT）。

统计机器翻译把翻译问题等同于求解概率问题，即给定源语言 s，求目标语言 t 的条件概率 p。选取好翻译模型后，从双语平行语料中学习这些模型的参数。当输入源语言时，通过学习到的模型最大化上述条件概率来获得最优翻译结果。

统计机器翻译方法比原来基于逻辑的翻译方法优化了很多，人们以为可以基于这个思路无限地优化下去直到达到人工翻译的水准，但是这个思路很快就遇到了瓶颈。虽然指标比原来提升了不少，但是依然无法使用，当时最顶级的水准就是 2014 年以前 Google 翻译的水准。也可以使用神经网络等机器学习模型就是神经机器翻译（NMT）来代替统计结果。因为算力不强，所以神经网络的模型学习能力不可能超过经过大量特征工程的 SMT，所以 NMT 并不流行。

直到深度学习的出现才改变了现况。其实深度学习本质上不是模型能力的提升，因为模型和思路一直都是统计学派，只是在 2013 年前后计算力的大幅提升，让翻译模型可以使用翻译场景天然拥有的大规模语料作为训练样本来训练模型。同时也是因为算力不足，导致硬件算力增强之前的神经网络模型的设计偏于简单和浅层。随着技术的进步，算力也是逐年在提升，模型设计人员可以将很多先验和特征工程通过增加模型的复杂度让其自行学习，而无须加入大量的人工干涉，如图模型，这样翻译的效果最终获得了大幅提升。我们现在使用的各种翻译工具，基本上都是基于现在这套深度学习框架发展而来的。

4.2 评估指标

在介绍深度学习模型之前，我们先来了解一下翻译问题的指标。虽然翻译问题在神经网络里也是一个序列分类问题，但是其目标是一句话，不是具体某个字的分类效果，而是整句话生成的效果。每个样本都是有标签句的，即翻译好的句子，但语言的输出不一定是唯一的，同样的意思可能有多种表述，所以不能限定模型的输出一定要与标签句 100% 相同才算正确，当然训练的时候肯定还是要以标签句作为目标进行学习的，不能随意修改目标。但在评估模型效果时则不能这么偏激，最好给定一个范围评分，也就是与标签句越相似则打分越高，但相差几个字或少量的用词不同也不能认为是错误的，可以给出的分数低一些。为了实现与样本的标签句具有相似性，从业者开发了许多不同的评估指标，如比较常见的 BLEU 和 Rouge-L 等。

4.2.1　BLEU 指标

BLEU 指标就是用于评估模型生成的句子和标签句的相似度。其原理是基于 uni-gram、bi-gram 和 tri-gram 共现词频的对比。下面先举一个示例。

中文：那个猫在垫子上。

参考翻译 1：The cat is on the mat.

参考翻译 2：There is a cat on the mat.

MT：the cat the cat on the mat.

看出来翻译语料的丰富了吧，一个句子竟然有两个标签，同时也说明语言翻译没有固定的标准答案，所以无论是训练还是评估，最好不要参照一个标签句。

后面的 MT 是机器学习模型给出的输出。

BLEU 的整体思路还是比较简单的，就是基于机器模型给出的输出与标签句的各级别共现，如 uni-gram 和 bi-gram，基于这些共现值之和取平均值作为最终的得分。

下面基于这个例子演示一下计算过程。

表 4.1　uni-gram词频

MT中的uni-grams	count	count（参考翻译 1）	count（参考翻译 2）	count(clip)截取计数
the	3	2	1	2
cat	2	1	1	1
on	1	1	1	1
mat	1	1	1	1

首先统计机器模型输出的词频，如表 4.1 所示，输出包含 4 个单词，词频是表 4.1 的第 2 列。第 3、4 列分别是参考翻译 1 和 2 对应的单词词频统计。注意，参考翻译 1 和 2 里出现的单词不止 4 个，分别是 6 和 7 个，但这里只寻找同时出现的单词。最后一列是某一单词在参考例句中取频率最大的值，同时在机器翻译词频中取最小的值，这个操作在这里叫 clip。例如，"the" 在参考翻译 1 中出现 2 次，在参考翻译 2 中只出现 1 次，那么就取 2 次，而其在机器翻译中出现 3 次，则还是取 2 次，其他词也一样。

这样 uni-gram 词频共现就可以计算出一个得分，分子是所有共现词的 clip 词频之和，分母是机器翻译的全部词频之和。

$$p1 = \frac{\text{count(clip)}}{\text{count}} = \frac{2+1+1+1}{3+2+1+1} = \frac{5}{7}$$

然后统计 bi-gram 词频，逻辑跟 uni-gram 一样，只是变为两个词的组合。结果如表 4.2 所示，clip 操作的逻辑也是一样的。

表 4.2　bi-gram词频

MT中的bi-gram	count	count（参考翻译 1）	count（参考翻译 2）	count(clip)截取计数
the cat	2	1	0	1
cat the	1	0	0	0
cat on	1	0	1	1
on the	1	1	1	1
the mat	1	1	1	1

这样就能计算出 bi-gram 的一个分值：

$$p2 = \text{count(clip)} / \text{count} = \frac{(1+0+1+1+1)}{(2+1+1+1+1)} = 4/6 = 2/3$$

再统计 tri-gram 词频，全部操作还是一样的原理，只是变为三个词的组合，如表 4.3 所示。

表 4.3 tri-gram词频

MT中的tri-gram	count	count（参考翻译 1）	count（参考翻译 2）	count(clip)截取计数
the cat the	1	0	0	0
cat the cat	1	0	0	0
the cat one	1	0	0	0
cat one the	1	0	1	1
one the mat	1	1	1	1

这样就能计算出 tri-gram 的分值：

$$p3 = \text{count(clip)} / \text{count} = \frac{1+1}{1+1+1+1+1} = 2/5$$

取平均值：

$$\text{BLEU(avg)} = (p1+p2+p3)/3 = (5/7+2/3+2/5)/3 = 0.594$$

这样就计算出了一个相似度打分，但有个问题，前面也提到过，这个打分完全不考虑参考翻译里出现而机器翻译里没出现的单词，这就有一个投机取巧得到高分策略，就是尽量缩短输出，假设最终输出只有一个词"the"，那么最终得分为 1/3，这里因为没有 bi-gram 和 tri-gram 分值而导致得分偏低，如果输出是"the cat"，那么得分就是 2/3，这个分就比较高了。但这样是不合理的，所以为了针对此类输出而加入了一个惩罚系数。

$$\text{BP} = \begin{cases} 1, & \text{如果} \quad c > r \\ e^{1-r/c}, & \text{如果} \quad c \leq r \end{cases}$$

c 是机器翻译输出的长度，r 是一个超参数，是预先设置的。如果 c 小于 r，那么最终的分值就会乘以一个小于 1 的值作为惩罚。

最终的指标就是：

$$\text{BLEU(total)} = \text{BP} \times \text{BLEU(avg)}$$

4.2.2 Rouge-L 指标

其实多数指标都有一个演进过程，跟技术发展一样，不过我们的重点不在这里，所以就跳过了。

$$R = \frac{\text{LCS}(X,Y)}{m}$$

m 是机器翻译输出的长度，X 是机器翻译输出的字符串，Y 是参考翻译的字符串。LCS 是最长公共子串长度函数。何为最长公共子串呢？例如，字符串 A="abcdef"，字符串 B="akckfd"，A 和 B 的最长公共子串就有两个"acf"和"acd"，这个最长公共子串并没有要求必须是连续的，可以跳跃。

最长公共子串是一个典型的动态规划问题，这里我们不讲如何求解，有兴趣的读者可以阅读相关资料。

简单理解最长公共子串就是找出机器翻译和参考翻译之间的共现单词，同时保留顺序信息，而不是像 BLEU 那样只是局部信息。

$$P = \frac{\text{LCS}(X,Y)}{n}$$

n 是参考翻译句子的长度。

$$F = \frac{(1+\beta^2) \times R \times P}{R + \beta^2 P}$$

β 也是一个超参数，这里用来控制侧重用，其值越大，则 F 取值越偏向 P，越小则越偏向 R。

4.3　神经机器翻译概述

前面大致介绍了神经机器翻译的发展和评估指标，下面具体讲解神经机器翻译的思路及其与统计机器翻译的差别。

与统计机器翻译的离散表示方法不同，神经机器翻译采用连续空间表示方法（Continuous Space Representation）表示词语、短语和句子。在翻译建模上，不需要词对齐、翻译规则抽取等统计机器翻译的必要步骤，完全采用神经网络完成从源语言到目标语言的映射。这种翻译模型大致可以分为两种，第一种是 Google 提出的端到端翻译模型（End-to-End Model），第二种是蒙特利尔大学提出的编码器-解码器翻译模型（Encoder-Decoder Model），两种模型在原理上非常相近。第一种模型结构如图 4.1 所示，模型输入"A""B""C"，在输入条件下依次生成输出"W""Y""Z"，"<EOS>"为人工加入的句子结束标志。在翻译中，输入为源语言，输出为目标语言，因此称为端到端模型。

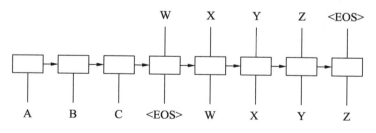

图 4.1　端到端的翻译模型结构

在编码器-解码器模型中，编码器读取源语言句子，将其编码为维数固定的向量；解码器读取该向量，依次生成目标语言词语序列。这种结构在深度学习模型中非常常见，如 Autoencoder 及 Transformer 等。

其实这两种模型结构没有本质的区别，第一种模型结构也可以理解为一个编码器-解码器结构，在源语言输入经过 RNN 单元的编码之后，在再一次输入单元与翻译语句的开头结合处理之前也可以认为是一个中间表示，只是编码器-解码器的模型使用的是相同的 RNN 单元，参数也是相同的而已。所以我们后面不讲第一种模型结构，统一认为二者都是编码器-解码器模型结构。

编码器-解码器模型由三部分组成，分别是输入 x、隐藏状态 h 及输出 y。编码器读取输入：

$$x=(x_1, x_2, \cdots, x_I)$$

将其编码为隐藏状态：

$$h=(h_1, h_2, \cdots, h_I)$$

当采用循环神经网络（RNN）时：

$$h_i=f(x_i, h_{i-1})$$
$$c=q(h_1, \cdots, h_I)$$

c 是输入经过编码器编码后的表示。f 和 q 都是非线性函数。

解码器在给定输入的编码表示 c 和前驱输出序列 $\{y_1, y_2, \cdots, y_{t-1}\}$ 情况下，生成目标语言词语 y_t 的定义如下：

$$p(y) = \prod_{t=1}^{T} p(y_t \mid y_1, \cdots, y_{t-1}, c)$$

编码器和解码器可以进行联合训练，损失函数如下：

$$L(\theta) = \arg\max \frac{1}{N} \sum_{n=1}^{N} \log p_\theta(y_n \mid x_n)$$

θ 就是模型的所有参数，通过梯度下降来优化参数，x_n 和 y_n 分别是语料的两个语言的句子。

编码器-解码器模型是通用的框架，可以由不同的神经网络实现，如长短时记忆神经网络 LSTM 和门控循环神经网络（Gated Recurrent Neural Networks，GRNN）等。

神经机器翻译仅需要句子级平行语料，单纯采用神经网络实现翻译过程，便于训练大规模的翻译模型，具有很高的实用价值。

把机器翻译看作求解概率问题，是统计机器翻译的核心思想。这一点和神经机器翻译是一致的，不同之处在于具体的实现方式。

统计机器翻译根据贝叶斯原理对 p 进行扩展得到以下公式：

$$p(t \mid s) = \frac{p(t)p(s \mid t)}{p(s)}$$

公式的分母表示源语言句子的概率，也是语言模型的概率，只是句子已经固定，概率值也就固定了。因此可以把分母去掉，等同于求解：

$$\hat{t} = \arg\max p(t)p(s \mid t)$$

其中，$p(t)$ 是语言模型，$p(s|t)$ 是翻译模型，在统计机器翻译中可以进一步分解为多个子模块，如语言模型、翻译模型和调序模型等，并通过对数线性模型将其结合在一起，共同完成翻译过程。

神经机器翻译则采用神经网络实现源语言到目标语言的直接翻译。从整体上看，该方法类似一个黑箱结构，对于统计机器翻译的必要部分，如词对齐、语言模型和翻译模型等都是具备的，采用一种隐含的方式实现。统计机器翻译和神经机器翻译的对比如下：

- ❑ 词对齐建模：词对齐是对源语言和目标语言词语之间的对应关系建模，是统计机器翻译的重要部分。而多数神经机器翻译模型并不需要词对齐步骤，基于注意力机制（Attention Mechanism）的神经机器翻译，在解码时能够动态地获得与生成词语相关的源语言词语信息。虽然通过注意力机制可以得到词对齐的信息，但是这种词对齐与统计机器翻译词对齐相比包含的信息较少，对齐效果也较差。

□ 翻译效果对比：神经机器翻译在生成译文时利用了源语言信息和已生成的译文信息，等同于将多个模块无缝地融合在一起。实验证明，神经机器翻译译文流利程度要优于统计机器翻译，对于统计机器翻译难以有效处理的复杂结构调序和长距离调序问题，其也能够较好地处理。但是在翻译忠实度上，神经机器翻译要差一些。

最简单的基于编码器-解码器架构的 NMT 翻译模型，就是编码器和解码器都使用 LSTM 单元。前面讲文本分类时介绍过 LSTM 的内部结构，翻译任务中的 LSTM 单元完全一样，只是有两个 LSTM 单元，分别用于编码器和解码器，具体的公式和结构图在后面介绍注意力机制时会详细介绍，这里就不展开了。

4.4　注意力机制

最经典的神经机器翻译模型就是编码器-解码器架构，也叫 seq2seq（Sequence to Sequence）结构，内部网络使用的是 LSTM。这种结构算是 NMT 的先驱，但除了可以节省大量的特征工程量，效果还无法超过 SMT，从 CV 领域借鉴了注意力机制之后，其效果才有了长足的进步。注意力机制并非一个全新的模型，多数模型还是构建于基础模型，如 seq2seq（LSTM），下面简单介绍。

4.4.1　注意力机制简介

注意力机制就如其字面意思，跟人的注意力类似。例如，人眼在看图片时其实是无法一下看清全部细节的，人眼的焦点范围其实非常小，你感觉自己很快就看清一张图片了，其实是因为人眼跳动得比较快，一秒可以跳动几次，通过几次跳动而看清了整张图片，并非真的一下看清。还有，如果问你图片中都有什么人，他们在干什么等问题时，你就会把注意力放到与问题相关的对象上。CV 领域的注意力机制也是一样的，就是基于某个问题或相关任务，如给图片自动添加描述，当需要输出某个词时，隐藏状态就会把焦点集中到这个词对应的实体上。

NLP 领域的注意力逻辑与 CV 类似，例如 NMT，就是在每生成一个输出词的时候关注与这个词相关度最高的源语言对应的词。

注意力模型（AM）最初被用于机器翻译，现在已经成为神经网络文献中的一个主导概念。作为自然语言处理、统计学习、语音和计算机视觉等大量应用的神经结构的重要组成部分，注意力在人工智能（AI）领域已经变得非常流行。

这种相关性的概念允许模型动态地只关注输入的某些部分，这些部分有助于有效地执行当前的任务，如生成某个具体的词或描述。使用 AM 对 Yelp 点评进行情绪分类的例子如图 4.2 所示。在这个例子中，AM 学习到在五个句子中，第一个和第三个句子更相关。

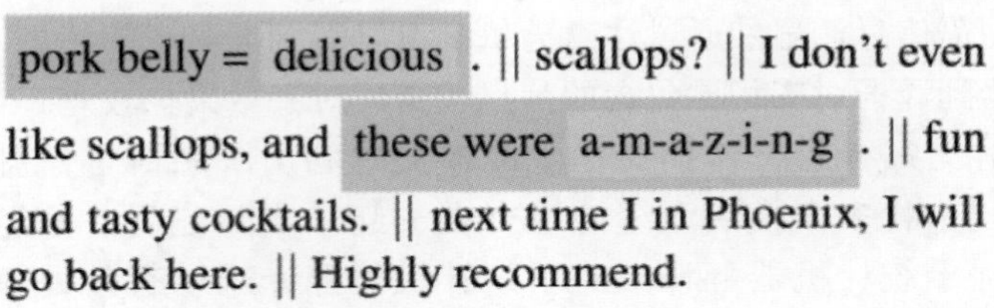

pork belly = delicious . || scallops? || I don't even like scallops, and these were a-m-a-z-i-n-g . || fun and tasty cocktails. || next time I in Phoenix, I will go back here. || Highly recommend.

图 4.2 　使用 Yelp 应用注意力模型进行情感分析的示例

神经网络注意力机制的快速发展主要有 3 个原因。首先，在多种任务中，如机器翻译、问题回答、情绪分析、词性标注、群体解析和对话系统等，最好的模型都使用了注意力机制。其次，注意力机制除了可以提高主要任务的性能之外，还被广泛地用于提高神经网络的可解释性，否则被认为是黑盒模型。这是一个显著的优点，主要是因为人们对影响人类生活的应用程序中的机器学习模型的公平性、可问责性和透明度越来越感兴趣。最后，注意力机制有助于克服递归神经网络（RNN）的一些挑战，比如随着输入长度的增加而导致的性能下降，以及由于输入的顺序处理而导致的计算效率低下等。

seq2seq 模型由编码器-解码器架构组成，如图 4.3（a）所示。编码器是一个 RNN，接受序列输入 $x_1, x_2, \cdots, x_T$，其中，T 为输入序列的长度，将其编码为固定长度的向量 $h_1, h_2, \cdots, h_T$。译码器也是一个 RNN，它以一个固定长度的向量 h_T 作为输入，然后逐个生成输出序列 $y_1, y_2, \cdots, y_T$，其中，T 为输出序列的长度。在每个位置 t 上，h_t 和 s_t 分别表示编码器和解码器的隐藏状态。

1．传统编解码器的挑战

在这个编码器-解码器框架中有两个众所周知的挑战。首先，编码器必须将所有输入信息压缩成一个固定长度的向量 h_T，然后传递给解码器。问题是输入长度是可变的，对于较长的输入信息就可能会有较大的损失。其次，它无法建模输入和输出序列之间的对齐关系，而这又是翻译或摘要等结构化输出任务里一个较重要的方面。直观地说，在 seq2seq 的任务中，每个输出标记更容易受到输入序列的某些特定部分的影响。然而，解码器缺乏在生成每个输出 token 时选择性地关注相关输入令牌的任何机制。

2．注意力机制的关键思想

AM 旨在通过允许解码器访问整个编码输入序列 $h_1, h_2, \cdots, h_T$，对输入序列上的每个 token 引入一个权重值也就是注意力，从而加强输入序列中某些位置的信息，这些位置信息与生成下一个输出的 token 相关。

3．注意力的使用

相应的编码器-解码器结构如图 4.3（b）所示。该体系结构中的注意力模块负责自动学习注意力权重 α_{ij}，它捕获的 h_i 表示编码器的隐藏状态，我们称为候选状态，捕获的 s_j 表示解码器的隐藏状态，我们称为查询状态，它们之间存在相关性。然后使用这些注意力权重来构建一个上下文向量 c，它作为输入传递给解码器。在每个解码位置 j 处，上下文向量 c_j 是编码器所有隐藏状态及其相应注意权值的加权和，例如：

$$c_j = \sum_{i=1}^{T} \alpha_{ij} \boldsymbol{h}_i$$

这个附加的上下文向量是解码器访问整个输入序列并关注输入序列中相关位置的机制。

注意力权重的学习是通过在架构中加入额外的前馈神经网络来完成的。该前馈网络将注意力权重 α_{ij} 作为两种状态 $\boldsymbol{h}_i$（候选状态）和 s_{j-1}（查询状态）的函数，并作为神经网络的输入。这种注意力网络权重的训练是与该结构的编码器-解码器组件一起训练。

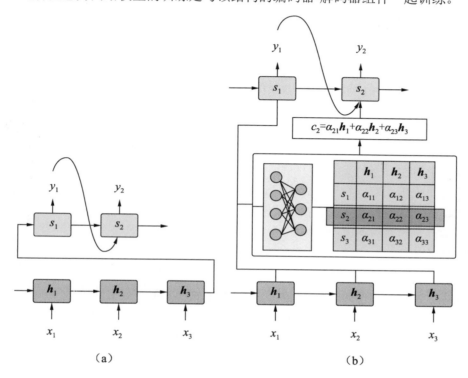

图 4.3　seq2seq 与 seq2seq+注意力

4.4.2　注意力机制的具体应用

4.4.1 节是对注意力机制的综合介绍，本节直接介绍一个具体的注意力机制的应用模型，它是早期将注意力机制应用到 NMT 任务里的先驱之一 Dzmitry Bahdanau 等人在论文 Neural Machine Translation by Jointly Learning to Align and Translate 中提出的，如图 4.4 所示。

网络结构跟编码器-解码器结构相似，只是形式改了一下，下面是接受源语言的编码器，上面是要输出翻译语言的解码器，中间的分叉就是计算注意力。这里唯一的不同是编码器没有使用单向的 LSTM 而是双向的 GRU，GRU 与 LSTM 没有太大区别，只是少了一个门控让训练和推断更快而已，但双向编码在实践中被证明还是非常有效的，因为单向编码使用最后一个输出作为编码器的输出容易损失前面的信息，即使使用注意力机制，加强中间某个位置的信息，这个信息也只包含它之前的信息，信息的损失是无法避免的，双向编码就较好地解决了这个问题。

下面使用数学公式来表达。

输入、输出序列分别如下，这里默认输入和输出都经过了词嵌入转换的操作：

$$X = (x_1, \cdots, x_{T_x}), x_i \in R^K$$

$$Y = (y_1, \cdots, y_{T_y}), x_i \in R^K$$

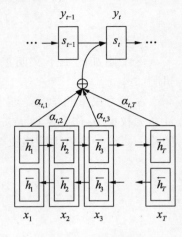

编码器的计算：

$$r_i = \sigma(W_r x_i + U_r h_{i-1})$$

$$z_i = \sigma(W_z x_i + U_z h_{i-1})$$

$$h_i' = \tanh(W x_i + U r_i \circ h_{i-1})$$

$$h_i = (1 - z_i) \circ h_{i-1} + z_i \circ h_i'$$

图 4.4　注意力结构

上面的 4 个公式其实就是 GRU 的内部结构的计算，r 和 z 是两个门控，W 和 U 都是可训练的权重，$\circ$ 表示按位相乘，这里省略了所有的偏置 b。对比前面讲过的 GRU 会发现有些不同，但本质还是一样的，都是对信息传导的门控，都比 LSTM 少一个门控。

因为这里使用了双向循环，上面只计算了一个方向，两个方向做拼接后才是完整的隐藏状态输出：

$$h_i = \overrightarrow{h_i}; \overleftarrow{h_i}$$

解码器的计算：

$$f_i = \sigma(W_f y_{i-1} + U_f s_{i-1} + C_f c_i)$$

$$o_i = \sigma(W_o y_{i-1} + U_o s_{i-1} + C_o c_i)$$

$$s_i' = \tanh(W y_{i-1} + U f_i \circ s_{i-1} + C c_i)$$

$$s_i = (1 - o_i) \circ s_{i-1} + o_i \circ s_i'$$

这还是一个 GRU 单元的计算，这里不再是双向，所以没有了拼接操作。

对于初始的 s_0 使用的是编码器中第一个时间步反向过程的隐藏状态：

$$s_0 = \tanh(W_s \overleftarrow{h_1})$$

这里解码器的计算跟正常的编码器-解码器基本是一样的，唯一的不同就是多了一个 c，这个 c 就是注意力机制的核心，它给解码操作带来一个全局信息。下面看一下它是如何计算的。

$$c_i = \sum_{j=1}^{T_x} \alpha_{ij} h_j$$

T_x 是输入序列的长度，h_j 表示编码器第 j 个时间步的隐藏状态输出，这里对应的是双向输出的拼接，α_{ij} 是注意力权重。

$$\alpha_{ij} = \mathrm{softmax}(e_{ij})$$

$$e_{ij} = v_a^T \tanh(W_a s_{i-1} + U_a h_j)$$

s_{i-1} 是解码器前一时刻的隐藏状态输出，$v_a \in R^n, W_a \in R^{n \times n}, U_a \in R^{n \times 2n}$。这里的 e_{ij} 可以理解为对每个位置进行打分，然后基于这个打分做 softmax 概率化就成了 α。e 的计算方式并非固定的，也可以基于不同的场景选择性地尝试：

$$e_{ij} = score(s_{i-1}, h_j) = \begin{cases} s_{i-1}h_j \\ s_{i-1}Wh_j \\ v\tanh(W\ s_{i-1}; h_j) \end{cases}$$

可见这里使用的是第三种。前两种称为乘法式相关度计算，第三种称为加法式计算。这三种方法没有绝对的优劣，每一种方法都有不少模型在使用。

经过训练后的某一对翻译句子的注意力权重如图 4.5 所示，可见注意力的可解释性，在输出某一个词时权重越高的位置越亮。这就是一个最原始的带有注意力机制的编码器-解码器结构，编码器-解码器内部使用的是 GRU，使用 LSTM 也可以。基于这个结构的变体非常多，但都是早期的，因此没有太多参考意义，我们就直接跳过这些讲一下 Transformer 结构，之后再基于前沿的 NMT 问题具体了解一些变体模型。

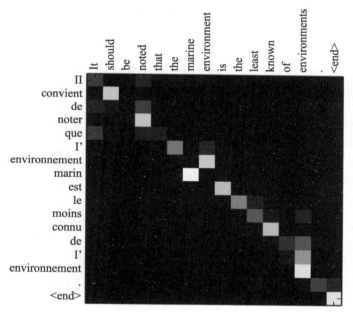

图 4.5　注意力权重

4.5　NMT 经典模型——Transformer

Transformer 是 Google 团队的 Ashish Vaswani、Noam Shazeer 和 Niki Parmar 等人 2017 年在论文 Attention is all your need 中提出的一种 NLP 经典模型，现在比较火热的 BERT 也是基于 Transformer。就如论文名称所言，Transformer 模型使用了 Attention 机制，并且其主要是 Self-Attention，也就是自注意力机制，简单理解就是一个句子内部的词两两之间的注意力，而不是一个句子与另外一个句子的注意力，后面会详细讲解。Transformer 提出的初衷是为了解决 RNN 的循环顺序计算问题，这样会限制 GPU 的计算能力，无法发挥 GPU 的并行特征从而导致计算效率较低。所以 Transformer 没有采用 RNN 的顺序结构，使得模型可以并行化训练和推断。

这里有一些需要注意的地方，关于 RNN 的并行能力不要人云亦云，RNN 在单条记录的前向传播时确实无法并行，从而导致 RNN 的推断速度普遍无法太快，但在训练时是可以使用 batch 的，也就是训练并不是完全不并行的，只是因为单记录前向传播时的等待，让并行的效率有一定的影响。而 RNN 最关键的问题是在推断速度上，推断速度是纯粹的一次前向传播，所以更加限制了并行，导致推断速度较低。

通过实验可以发现，如果同时推断多条记录，那么在参数量相差不多的情况下，RNN 的推断速度不会比 Transformer 慢太多。

下面我们开始讲解 Transformer 的结构，如图 4.6 所示。

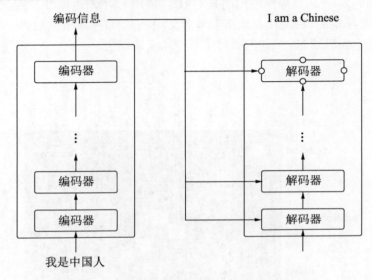

图 4.6　Transformer 的结构

Transformer 使用的依然是 NMT 经典的编码器-解码器结构，也叫 seq2seq 结构。

这里或许有些人会问，对于 NMT 任务来说有不是编码器-解码器的结构吗？其实有的，例如单独的 LSTM。我们知道对于生成式的任务，本质上还是一个分类，跟序列标注一样，虽然生成的是一个序列即一个句子，但是在生成每一个词的时候其实还是一个分类，类别就是全部词表的序号。所以翻译问题也可以完全把序列打散，看成一个分类问题，也就是输入源语言语句，输出的是目标语言语句的第一个词，输入源语言句子加上刚生成的目标语言的第一个词，目标就是生成目标语言第二个词。例如，源语言输入的是“abc”，目标语言输出的是：“xyz”。第一次输入的是“abc”，输出“x”，然后把 x 附带到输入的后面，第二次输入的是“abcx”，输出“y”，然后把 y 附带到输入的后面，这样一直循环到输出结束为止。这其实就是同一套模型既作为编码器又作为解码器。下面我们讲的 Transformer 如果单独使用编码器部分，其实就是 BERT，也可以单独使用进行 NMT 任务。但对于 NMT 翻译任务来说，有跨语言的问题，需要一个中间的语义表征，所以使用 seq2seq 结构的效果好一些，而对于文本摘要和对话生成之类的场景用非 seq2seq 结构（如单独一个 BERT）则相对多一些。

Transformer 的编码器与解码器都各有 6 层同样的结构，这 6 层其实算是一个超参数，可以改为 12 层，也可以改为 1 层，我们先看编码器的一层，如图 4.7 所示。

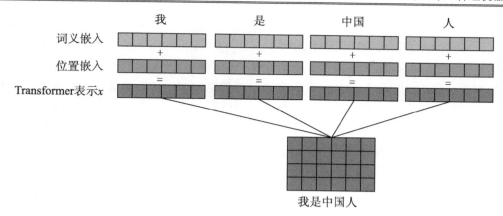

图 4.7　输入

（1）输入的词由两部分组成，第一部分是一个词义嵌入（Embedding），这个向量是跟随任务训练的，可以是随机初始化的，如果使用预训练的 Word2vec 也是可以的。第二部分是位置嵌入，这个向量是通过一个位置函数初始化好的，无须再进行训练，如图 4.7 所示。

（2）将得到的单词用向量矩阵 $X \in R^{n \times d}$ 表示，n 是句子中的单词个数，d 表示向量的维度（在 Attention is all your need 论文中 d 为 512）。每一行是一个单词，以 x 表示并将其传入编码器中。经过 6 个编码器模块后可以得到句子所有单词的编码信息矩阵 C，如图 4.8 所示。每一个编码器模块输出的矩阵维度与输入完全一致。

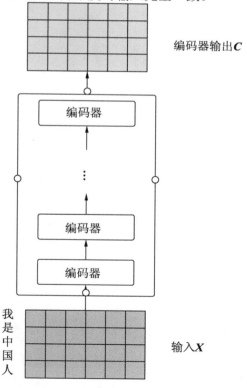

图 4.8　编码器的输出表示

（3）将编码器输出的编码信息矩阵 *C* 传递到解码器中，解码器会依次翻译所有单词，如图 4.9 所示。在训练的过程中，Transformer 的输入是同时进行的，不像 RNN 是基于时间步逐次输入，因此，如果不进行一些特殊操作则会有信息泄露的风险，也就是下一步要预测的词已经作为数据输入了，根本不需要学习其他知识，直接把这个词再输出就行了。这样得到的结果肯定是不准确的，所以翻译到当前单词的时候需要通 Mask 操作遮盖住当前词及其之后的单词。

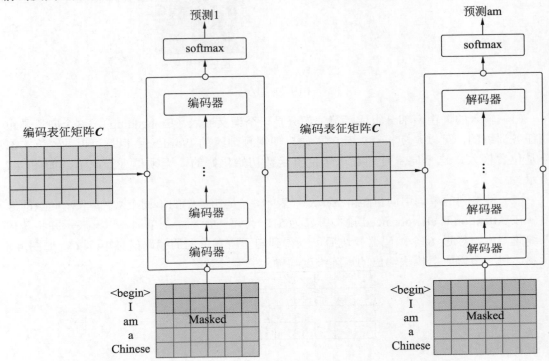

图 4.9　解码器

解码器接受编码器的编码表征矩阵 *C*，然后在目标语言的开头增加一个"<begin>"标示位，表示这是开头，要预测的是第一个词 I，然后再把预测出的第一个词"I"输入解码器，去预测下一个单词 have。由此可见，虽然由于 Transformer 机制可以让全部输入一起进入网络，不用像 RNN 那样迭代式的输入，但是对于推断输出部分，依然只能一波一波地迭代式输入，因为每次只能预测一个词。当然，这里每次只选择一个概率最大的词依然是一个贪心算法，可以改为 Beam Search 算法。如果是序列标注类型的任务，也就是当目标类别数量比较少时，则可以附加 CRF 层。

上面是对 Transformer 结构的大致介绍，下面介绍细节，如图 4.10 所示。

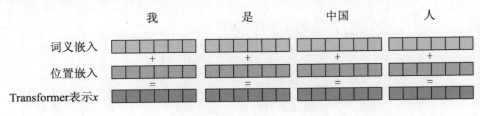

图 4.10　Transformer 的输入表示

1．输入

Transformer 的编码是由词义嵌入和位置嵌入组合而成，这个组合比较简单，就是相加。词义向量前面提过，可以是随机初始化，然后跟随具体的任务训练，也可以使用预训练好的如 Word2vec 和 GloVe 等，或者接入 BERT 和 emmo 等动态词向量。下面主要讲一下位置嵌入。

2．位置嵌入

在 Transformer 出现之前，使用的都是 RNN，RNN 本身就是循环迭代输入的，因此是自带位置信息的，但现在将 Transformer 改为同时输入就丢失了位置信息，而位置信息对于 NLP 任务来说很重要，例如"你喜欢我"与"我喜欢你"基本上属于两个概念。那么如何才能把位置信息补回去呢？

方法有很多，如固定位置编码、可训练的位置编码和相对位置编码等，这里使用的是固定位置编码。这里的位置信息主要用来辅助做自注意力计算，所以一般只需要知道相对位置即可。绝对位置的每个位置值都是不同的，如位置 1 跟 4，以及 2 跟 5 其实对于语言来说可能意义差不多，但在固定位置编码中是完全不同的，这样就又陷入了全连接网络同样的问题，就是每个位置都需要大量的对应样本来训练。

位置编码的公式如下：

$$PE_{pos,2i}=\sin(pos/10000^{2i/d})$$
$$PE_{pos,2i+1}=\cos(pos/10000^{2i/d})$$

这里 pos 是指字词在句中的绝对位置，d 是向量的维度，i 是维度偏移值，$2i$ 就是偶数维，$2i+1$ 就是奇数维。注意，这个公式是直接计算每一个位置向量的每一维，并非所有维度的值都是一样的。选择这样的计算方式有以下优势：

- 使 PE 能够适应比训练集里所有句子更长的句子，假设训练集里最长的句子有 20 个单词，突然来了一个长度为 21 的句子，则使用公式计算的方法可以计算出第 21 位的 Embedding。
- 可以让模型容易地计算出相对位置，对于固定长度的间距 k，PE(pos+k)可以用 PE(pos)计算得到。因为：

$$\sin(A+B)=\sin(A)\cos(B)+\cos(A)\sin(B)$$
$$\cos(A+B)=\cos(A)\cos(B)-\sin(A)\sin(B)$$

将单词的词义嵌入和位置嵌入相加，就可以得到单词的向量 x，x 就是 Transformer 的输入。

图 4.11 是 Attention is all your need 论文中涉及的 Transformer 的内部结构，左侧为编码器模块，右侧为解码器模块。Multi-Head Attention 是由多个自注意力 Self-Attention 组成的，可以看到编码器模块包含一个 Multi-Head Attention，而解码器模块包含两个 Multi-Head Attention（其中有一个用到了 Masked）。Multi-Head Attention 上方还包括一个 Add & Norm 层。Add 表示残差连接（Residual Connection），用于防止网络退化，Norm 表示归一化（Normalization）操作，用于对每一层的激活值进行归一化。

因为 Self-Attention 是 Transformer 的重点，所以我们重点关注 Multi-Head Attention 及 Self-Attention。首先了解一下 Self-Attention 的内部逻辑，如图 4.12 所示。

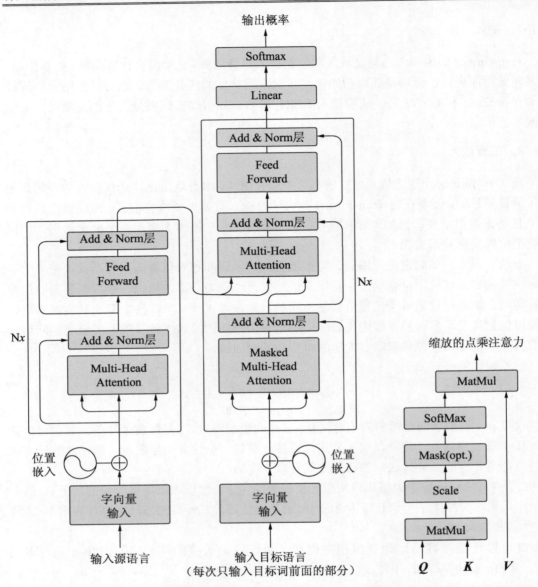

图 4.11　Transformer 的内部结构　　　　图 4.12　Self-Attention 的内部逻辑

图 4.12 中的 Q、K、V 是如何得到的呢？计算流程如图 4.13 所示。

$$Q = W_q X$$

$$K = W_k X$$

$$V = W_v X$$

Q、K、V 都是输入 X 乘以对应的权重得到的。这 3 个权重都是可训练的参数矩阵。下面一步步分析。

首先是 MatMul，即自注意力的计算，公式是跟后面的操作合到一起的，我们先写出来，如图 4.14 所示。

$$\text{Attention}(Q, K, V) = \text{softmax}\left(\frac{QK^{\mathrm{T}}}{\sqrt{d_k}}\right)V$$

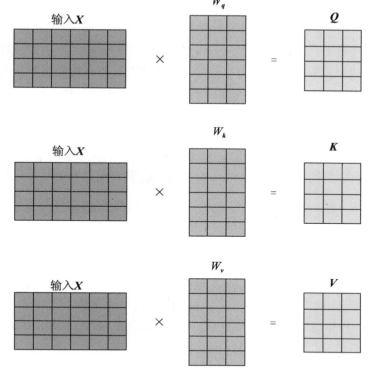

图 4.13　Q、K、V 的计算过程

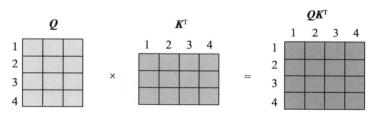

图 4.14　QK^{T} 的计算过程

第一步的 MatMul 就是 QK^{T}，如图 4.14 所示。图 4.14 中的 1、2、3、4 分别代表一个单词，最后结果就是每个单词与自己及其他单词的相关度打分，这个打分就是计算注意力权重。

下面计算注意力权重：

$$\mathrm{softmax}\left(\frac{QK^{\mathrm{T}}}{\sqrt{d_k}}\right)$$

这里有一点需要注意，在计算 softmax 之前除了一个数值，d_k 是 K 的向量维度，与 Q 是相同的。为什么要除以这个值呢？Attention is all your need 论文里给出的解释是：

注意函数可以描述为将一个查询 Q 和一组键（K）值（V）对映射到一个输出，其中查询 Q、键 K、值 V 和输出都是向量。输出是以值的加权和来计算的，其中分配给每个值的权重是由查询与对应键的相关性函数计算出来的。输入由维度为 d_k 的查询 Q 和键 K 以

及维度为 d_v 的值组成。计算查询 Q 与所有键的点积，每个点积除以 $\sqrt{d_k}$，然后应用一个 softmax()函数来获得值的权重。

常用的两个注意力函数是加法注意力和点积（乘法）注意力。点积注意力除了缩放因子为 $\sqrt{d_k}$ 外，其他的都与加法注意力相同。加法注意力使用单层隐藏层的前馈网络计算相关性函数。虽然二者在理论复杂度上相似，但是点积注意力的计算速度更快也更节省空间，因为它可以使用高度优化的矩阵乘法代码来实现。

当 d_k 值不大的时候，两种机制的表现相似，但当 d_k 的值比较大时，加法注意力的表现优于没有做缩放的点积注意力。我们推测，对于 d_k 的大值，点积的幅度会变大，将 softmax()函数推到它的梯度极小的区域（为了说明点积为什么会变大，假设 q 和 k 向量每一维都是均值为 0、方差为 1 的独立随机量，那么它们的点积 $q \cdot k = \sum_{i=1}^{d_k} q_i k_i$，其均值为 0，方差为 d_k）。

为了抵消这种影响，我们将点乘积的比例设为 $1/\sqrt{d_k}$。

上面讲的加法注意力就是前面介绍的几种注意力相关打分算法中的最后一种：

$$score=\tanh(Wq;k)$$

q 与 k 之间的操作是矩阵拼接，乘以权重之后是会相加的，所以称为加法注意力。

乘法注意力就是点积，之所以要除以一个向量维度 d_k，就是因为在做点积的时候方差会变大，有可能会让 softmax 值偏移得比较厉害，为了缓解这个问题，所以需要除以 $\sqrt{d_k}$。为什么其他注意力计算的时候，即使使用了点积注意力也没有除以这个值呢？其实，当向量维度不大时，方差累积的也不大，对最终的结果影响也不大，所以做不做这一步关系不大，如图 4.15 所示。

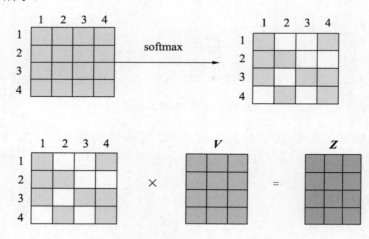

图 4.15　注意力权重与 V 相乘得到输出

计算出注意力权重之后，与值矩阵 V 相乘，就得到一次自注意力的输出结果 Z，如图 4.16 所示。

在图 4.16 中，softmax 矩阵的第 1 行表示单词 1 与其他单词的 Attention 权重，最终单词 1 的输出 Z_1 等于所有单词 i 的值 v_i 根据 Attention 权重的比例加在一起，如图 4.16 所示。

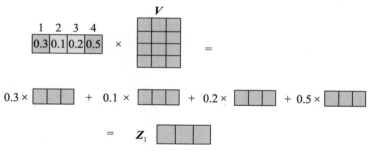

图 4.16　输出演示

这一步其实就是把原来一步一步计算的注意力合并到一起，如果使用的是两个不同的句子进行计算则是互相注意力，如果使用同一句子计算就是自注意力。

下面再来讲多头注意力的多头概念。

如图 4.17 所示，多头其实也不难理解，就是同时计算多次自注意力，可以看到 Multi-Head Attention 包含多个 Self-Attention 层，首先将输入 X 分别传递到 h 个不同的 Self-Attention 中，然后在各自的 Self-Attention 块中基于不同的 $W_Q^h W_K^h W_V^h$（h 就是第几个自注意力块）计算 h 个输出矩阵 Z，当 h 为 8 时会得到 8 个输出矩阵 Z，如图 4.18 和图 4.19 所示。

得到 8 个输出矩阵 $Z_1 \sim Z_8$ 之后，Multi-Head Attention 将它们拼接（concat）在一起，然后传入一个 Linear 层，得到 Multi-Head Attention 最终的输出 Z。

最终的输出矩阵 Z 的长度跟输入矩阵 X 是一样的，虽然做了大量的变换，但是最终还是每一个词用一个向量来表示。

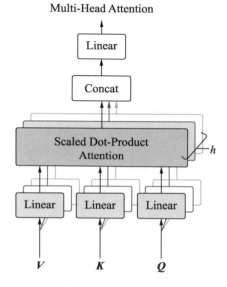

图 4.17　多头注意力

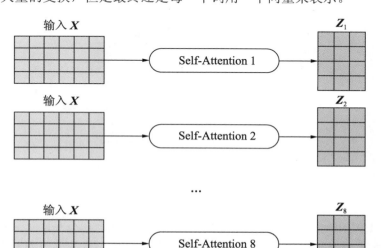

图 4.18　当 h 为 8 时的 Self-Attention 计算过程

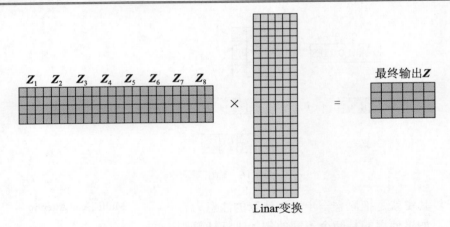

图 4.19   8 个输出矩阵 Z 直接拼接再进行线性变换

编码器的右边是 Transformer 的编码器结构，它是由 Multi-Head Attention、Add & Norm、Feed Forward 和 Add & Norm 组成的。前面我们了解了 Multi-Head Attention 的计算过程，现在看一下 Add & Norm 和 Feed Forward 这两个部分。

Add & Norm 层由 Add 和 Norm 两部分组成，结构如图 4.20 所示，其计算公式如下：

$$Z'=\text{LayerNorm}(X+\text{MultiHeadAttention}(X))$$
$$\text{LayerNorm}(Z'+\text{FeedForward}(Z'))$$

这两步操作虽然比较简单，但涉及的先验比较多。

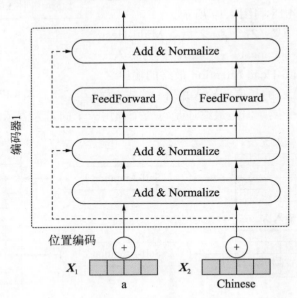

图 4.20   Add 和 Norm 层

Multi-HeadAttention 就是前面讲的多头注意力，输出为一个 Z，Add 就是公式里的"$+X$"，也就是 $X+Z$，这时候又加上最开始的输入 X 是什么意思呢？这涉及残差网络的残差概念，它是计算机视觉领域的一个概念，Transformer 在这里使用了这个概念，我们也展开解释一下。

这里的 X 是原始输入，信息保留最完整，虽然 Z 是特征提取之后的结果，但是在这里相对 X 来说 Z 就是残差，加入残差块 Z（或者说把残差加入原始输入）的目的是防止在深度神经网络训练中发生退化问题。所谓退化，就是深度神经网络通过增加网络的层数，Loss 逐渐减小，然后趋于稳定达到饱和，如果再继续增加网络层数，则 Loss 反而会增大。

为什么深度神经网络会发生退化，为什么添加残差块能够防止退化，残差块又是什么？

我们先了解一下 ResNet 残差神经网络。

假如某个神经网络的最优网络层数是 18 层，但是我们在设计的时候并不知道它到底有多少层是最优解，本着层数越深越好的理念，我们设计了 32 层，那么在这 32 层神经网络中其实有 14 层是多余的，我们要想达到 18 层神经网络的最优效果，必须保证多出来的 14 层网络进行恒等映射。恒等映射就是输入什么输出就是什么，可以理解成 $F(X)=X$ 这样的函数。因为只有进行了恒等映射，才能保证多出的 14 层神经网络不会影响最优的效果。

但现实是神经网络的参数都是训练出来的，要想保证训练出来的参数能够很精确地完成 $F(X)=X$ 的恒等映射其实是很困难的。如果多余的层数较少，则对效果不会有很大影响，如果多余的层数太多，则结果就不是很理想了。这时候可以使用 ResNet 残差神经网络来解决神经网络退化的问题。

再来看一下残差块问题。

从构造的一个残差块中可以看到 X 是这一层残差块的输入，也称 $F(X)$ 为残差，X 为输入值，$F(X)$ 是经过第一层线性变换并激活后的输出，如图 4.21 所示，在残差网络中，第二层进行线性变换之后激活之前，$F(X)$ 加入了这一层的输入值 X，然后进行激活后输出。在第二层输出值激活前加入 X，这条路径称作 shortcut 连接。

为什么添加了残差块能防止神经网络退化呢？我们再来看看添加了残差块后，之前所说的要完成恒等映射的函数变成什么样子了。是不是就变成 $h(X)=F(X)+X$，我们要让 $h(X)=X$，那么只需要让 $F(X)=0$ 就可以了，神经网络通过训练输出 0 比变成 X 容易很多，因为一般初始化神经网络参数时设置的就是基于均值为 0 的正态分布或其他分布的随机数，所以经过网络变换后很容易接近于 0。残差示例如图 4.22 所示。

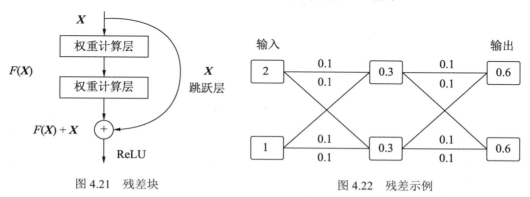

图 4.21　残差块　　　　　　　　　　图 4.22　残差示例

如图 4.22 所示，假设该网络只经过线性变换，没有偏斜也没有激活函数。我们发现因为随机初始化权重一般偏向于 0，那么经过该网络的输出值为 0.6、0.6，很明显更接近于 0、0，而不是 2、1，相比于学习 $F(X)=X$，模型会更快学习到 $F(X)=0$。并且 ReLU 能够将负数激活为 0，过滤了负数的线性变换，能够更快地使得 $F(X)=0$。这样当网络自己决定哪些网络层为冗余层时，使用 ResNet 网络就能很大程度上解决学习恒等映射的问题，用学习残差 $F(X)=0$ 更新该冗余层的参数来代替学习 $F(X)=X$ 更新冗余层的参数。这样，当网络自行决定了哪些层为冗余层时，通过学习残差 $F(X)=0$ 让该层网络恒等映射上一层的输入，使得有了这些冗余层的网络效果与没有这些冗余层的网络效果相同，很大程度上解决了网络的退化问题。

Transformer 中加上的 X 就是 Multi-Head Attention 的输入，目的是防止因为迭代次数较多，即网络层数太深而导致网络退化。

3. Normalize

为什么要进行 Normalize（归一化）呢？在神经网络进行训练之前，都需要对于输入数据进行归一化，目的有二：一是能够加快训练的速度；二是提高训练的稳定性。

这个逻辑属于比较基础的先验，归一化可以让各个维度的梯度分布重新变得均匀，如果是一个狭长的山谷，那么梯度的方向往往是指向两边的，在梯度下降的过程中很容易从一边跳到另一边，导致不断地来回跳跃，降低学习速度。如果是一个比较规则的圆形山谷，那么就较容易快速达到谷底。

上面就是 Add & Norm 层。

后面还有 Feed Forward & Norm 层。Feed forward 的公式如下：

$$FFN(x)=ReLU(xW_1+b_1)W_2+b_2$$

这里的全连接层是一个两层的神经网络，先做线性变换，然后做 ReLU 非线性变换，再做线性变换。

这里的 x 就是 Multi-Head Attention 的输出 Z 经过 Add & Norm 变换之后的 Z'，后面再做一次 Normalization。最终的输出可以标记为 O，维度跟输入 Z' 是一致的，与最初的输入 X 也是一致的，都是 $R^{n×d}$，n 是预先设定的最大句长，d 是词向量维度。

Multi-Head Attention、Add & Norm 和 Feed-Forward & Norm 一起组成了一个编码器模块。一个编码块输出的 O 作为下一个编码块的输入 X，如此循环，直到第六个编码块输出为止。这里六个编码块的参数全部不同，后面有其他模型如 albert，尝试了全部编码块的参数共享，可以在不降低指标的情况下减少模型权重，从而减少计算量。

经过六个编码块后的输入标记为 C，后面会输入解码器中，用于参与计算。

4. 解码器

右边为 Transformer 的解码器模块的结构，其与编码器模块相似，但是存在一些区别：

解码器包含两个 Multi-Head Attention 层。第一个 Multi-Head Attention 层采用 Masked 操作，也就是需要把预测的未来部分给遮盖住。第二个 Multi-Head Attention 层的 K、V 矩阵使用编码器的编码信息矩阵 C 进行计算，而 Q 则是上一个解码器模块的输出。最后用 softmax 层计算下一个翻译单词的概率。

1）解码器的第一个 Multi-Head Attention

解码器模块的第一个 Multi-Head Attention 层采用了 Masked 操作，因为在翻译的过程中是按顺序翻译的，即翻译完第 i 个单词，才可以翻译第 $i+1$ 个单词。通过 Masked 操作可以防止第 i 个单词知道 $i+1$ 个单词之后的信息。下面以"我是中国人"翻译成"I am a Chinese"为例，来了解一下 Masked 操作，如图 4.23 所示。

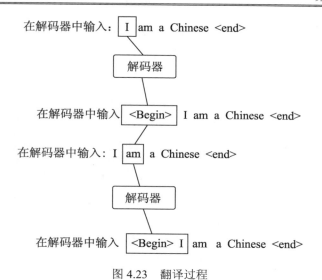

图 4.23　翻译过程

在解码的时候，需要根据之前的翻译求解当前最有可能的翻译。首先根据输入"<Begin>"预测出第一个单词为"I"，然后根据输入"<Begin> I"预测下一个单词"am"。

解码器可以在训练的过程中使用 Teacher Forcing 技巧及并行化训练，即将正确的单词序列（<Begin> I am a Chinese）和对应输出（I am a Chinese <end>）传递给解码器。那么在预测第 i 个输出时，就要将第 $i+1$ 之后的单词掩盖住。注意，masked 操作是在 Self-Attention 的 softmax 之前进行的，下面用 0、1、2、3、4、5 分别表示"<Begin> I am a Chinese <end>"。

这里再解释一下为何使用 Teacher Forcing。虽然网络结构图里在解码阶段显示的是使用上一时间步预测的结果作为当前时间步的输入来循环预测一整句话，但是这是在推断阶段使用的，在训练阶段我们是知道正确结果的，所以每一步预算时使用的并不是真的上一步的预测结果，而是上一步所在位置的真实结果。相比生成整个句子之后再跟标签正确的结果做比对，使用 Teacher Forcing 的好处是可以快速地收敛模型。

（1）计算解码器的输入矩阵和 Mask 矩阵。输入矩阵包含"<Begin> I am a Chinese"（0、1、2、3、4）5 个单词的表示向量，Mask 矩阵是一个 5×5 的矩阵，如图 4.24 所示。如图 4.25 所示，单词 0 只能使用单词 0 的信息，而单词 1 可以使用单词 0、1 的信息，即只能使用之前的信息。

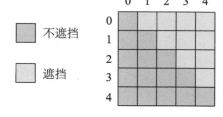

图 4.24　Mask 矩阵

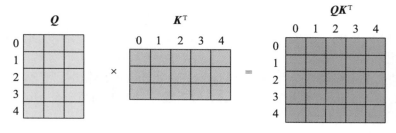

图 4.25　自注意力打分

（2）通过输入矩阵 X 计算得到 Q、K、V 矩阵，然后计算 Q 和 K^T 的乘积 QK^T，如图 4.26 所示。

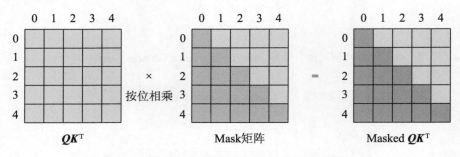

图 4.26　与 Mask 矩阵相乘得到 Mask 的注意力打分矩阵

（3）在得到 QK^T 之后需要计算注意力百分比权重，如果直接计算就会用到未来的信息，所以需要进行 Mask 操作，而前面设置的 Mask 矩阵就在这里起作用。Mask 操作就是把 Mask 矩阵直接跟 QK^T 按位相乘，被遮盖的位置全部置为 0，其过程如图 4.27 所示。

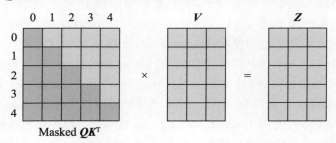

图 4.27　Mask 的注意力权重与 V 相乘得到的最终结果

得到 Mask QK^T 之后，在 Mask QK^T 上进行 softmax 操作，每一行的和都为 1。而单词 0 在单词 1, 2, 3, 4 上的 Attention score 都为 0，如图 4.28 所示。

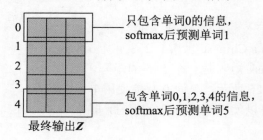

图 4.28　输出 Z 的分析

（4）使用 Mask QK^T 与矩阵 V 相乘，得到输出 Z，则单词 1 的输出向量 Z_1 只包含单词 1 的信息，如图 4.2 所示。

（5）通过上述步骤就可以得到一个 Mask Self-Attention 的输出矩阵 Z_i，和编码器类似，通过 Multi-Head Attention 拼接多个输出 Z_i，然后线性映射得到第一个 Multi-Head Attention 的输出 Z，Z 与输入 X 的维度一样。

2）解码器的第二个 Multi-Head Attention

解码器模块的第二个 Multi-Head Attention 变化不大，与第一个 Multi-Head Attention 的主要区别在于 Self-Attention 的 K、V 两个矩阵不是使用上一个解码器模块的输出计算的，而是使用编码器编码信息矩阵 C 计算的。

根据编码器的输出 C 计算得到 K 和 V，然后根据上一个解码器模块的输出 Z 计算 Q（如果是第一个解码器模块，则使用输入矩阵 X 进行计算），后面的计算方法与前面一致，不再赘述。这样做的好处是在解码的时候，每一个单词都可以利用编码器中的所有单词的信息（这些信息不需要遮盖）。

5．利用softmax预测输出单词

解码器模块最后一部分是利用 softmax 预测下一个单词，通过前面的网络层可以得到一个最终的输出 Z，因为 Mask 的存在，使得单词 0 的输出为 Z_0 只包含单词 0 的信息，如图 4.28 所示。

softmax 根据最终输出的矩阵的每一行预测下一个单词。

与编码器一样，解码器是由多个解码器模块串联而成的。

6．Transformer总结

Transformer 最大的创新点在于，使用全并行的类似 DNN 的网络结构附带上位置信息来代替以往 NLP 任务常见的 RNN 结构，其余的如注意力、残差连接、归一化、深层网络和编码解码结构等，全部都是原来已有的模型先验模块。Transformer 最核心的贡献就是发扬了自注意力的价值，其实自注意力之后的网络结构类似于一个自动化学习后的图模型 GNN。

虽然 Transformer 也比较热门但是不如只用了 Transformer 的编码器的预训练模型 BERT 热门，因为 Transformer 是 seq2seq 的结构，适用的 NLP 任务并不多，而 BERT 更像一个语言模型，基本上适用全部的 NLP 任务。

4.6 NMT 前沿研究

NMT 的传统模型 seq2seq 方案的应用已经相当频繁，而且不仅是 NMT 问题，其他如神经网络纠错和文本摘要等凡是输入一个序列再输出一个序列的场景都可以使用这个方案。最经典的两个模型就是双向 LSTM+Attention 和 Transformer，前面已经讲过了，至于一些变体，限于篇幅这里就不讲了，下面讲述一下 NMT 现在研究的热点方向。

4.6.1 NMT 的新方向 1：多语言交叉翻译

4.5 节详细讲解了自提出以来就受到持续关注的 Transformer 模型，其实它也是一个相对通用的框架，可以适用于很多 NLP 任务，并不是只限定于 NMT。

对于双语翻译问题，因为受限于没有外部知识、领域知识和上下文知识等问题，导致现在的双语翻译虽然已经达到了相对可用的水平，翻译准确率也比几年前有大幅提升，但是却进入了一个瓶颈期，很难只通过双语训练语料来提升翻译水准。这里简单解释一下，很多时候不是只依赖源语言的语句来翻译目标语言，还需要源语言和目标语言所在环境或领域的相关知识才能让翻译内容恰到好处。而现在的深度学习进行双语翻译可以达到不错的效果，本质上是利用了以往翻译人员的背景知识，因为语料本身都是人工进行的翻译。只是模型只能基于频率给出相对合理的选择，但是不可能反推出这些语料背后的知识。

因此，为了提升翻译质量，引入外部的知识库是一个有意义的方向，但引入外部知识涉及知识的定义和设计以及收集等问题，所以现在其只能作为一个研究方向，还没有里程碑式的结果出现。不过不只是翻译，多数 NLP 任务也遇到了外部知识不足的问题。

在不过于增加模型或训练复杂性的情况下还有什么方法可以提升翻译性能呢？

现在主流的方向有两个，一是全文翻译，也就是不再是一句一句地翻译。因为文章往往都是有主题的，无论是新闻还是论文等，每种主题本身都可能会有一些领域知识，每篇文章又可能全新地引入一些新的知识点等，这种情况下如果只是基于句子翻译，那么最终拼凑出来的文章往往会牛头不对马嘴，每句话看着挺通顺，但合起来就完全不知所云。而全文一起翻译则有可能解决这个问题。

二是多语言翻译 MNMT（Multilingual Neural Machine Translation），多语言翻译主要是解决两个问题：一是多语言翻译可以理解为一种交叉迁移学习，也可以理解为一种多目标学习，这样可以提升多数语言对的翻译效果；二是可以处理少语料的场景。例如某个相对冷门的语言 A，A 与英文的互相翻译语料相对较多，但与中文的语料相对较少，而中文与英文的互相翻译语料比较充足，这样就可以利用英文作为中间状态来大幅提升语言 A 到中文的相互翻译效果。当然，不使用 MNMT 也可以先翻译为英文，再从英文翻译为中文，但这样必然会有信息损失，效果也难以保证最佳。

MNMT 还有另外一个好处，就是可以设计为统一模型处理所有的语言对翻译，这样可以将其部署到低资源环境如手机中。

在本节内容编写的过程中，Facebook 公布了一个多语言翻译模型 M2M-100。

该模型的翻译效果比使用英文作为中间语言进行翻译的效果，在 BLEU 指标上平均提升了 10%。M2M-100 总共使用 2200 种语言进行训练，比之前最好的以英语为中心的多语言模型多 10 倍，对于低资源、少语料语言的翻译效果提升更加显著。

建立多对多 MNMT 模型的最大障碍是训练数据，即不同语言之间直接翻译的高质量数据，而不是把英语作为中间语言。然而现实情况是，相比法语和中文的直接翻译数据，中文和英文以及英语和法语的翻译数据更易获取。此外，训练所需的数据量与支持语言的数量成正比，例如，如果每种语言需要 1000 万个句子对，那么 10 种语言就需要 1 亿个句子对，100 种语言需要 10 亿个句子对。

多语言翻译在应用场景上其实也比较常见，例如我们现在市面上见到的翻译机，其实都属于多语言翻译场景，因为我们出国旅游不一定只会去说英文的国家，其他国家如日本、泰国、韩国等都是热门地点，但却对应多种语言。所以中文翻译为多种语言、多种语言翻译为中文的需求是未来的刚需，因为即使是外文专业人才也不可能同时掌握太多种外语。

下面介绍 MNMT 的技术方案。先简单回顾一下 NMT。

给定一个并行语料 C，其由一系列双语句子对组成 (x, y)，对这个 NMT 模型来说训练目标是对数极大似然：

$$L_\theta = \sum_{(x,y)\in C} p(y \mid x;\theta)$$

$x=\{x_1, x_2, \cdots, x_n\}$ 是一个输入的句子:

$y=\{y_1, y_2, \cdots, y_n\}$ 是 x 对应的翻译结果。

θ 是需要训练的参数集,在给定输入句 x 的条件下输出 y 的概率为:

$$p(y \mid x;\theta) = \prod_{j=1}^{m} p(y_i \mid y_{<j}, x_{1:n};\theta)$$

m 是翻译结果 y 的词数,y_j 是当前生成的词,$y_{<j}$ 是 j 之前生成的结果。

网络结构是前面讲过的编码器-解码器结构,流程是先分词,把词转为 one-hot 向量,然后转为 Embedding 向量,最后输入网络,如果是 RNN 结构,则会有注意力机制,如果是 Transformer 结构,则是自注意力。最终,基于 Encoder 计算出上下文信息,再结合解码器预测出的上一个词或之前预测出的所有词的信息预测当前的词。

我们先定义一下 MNMT 的训练语料。一个 MNMT 模型的目标就是一个模型可以同时翻译 S 种源语言到 T 种目标语言,也就是有 $L=S\times T$ 种翻译组合。第一个语言对就是 $(\text{src}_l, \text{tgt}_l); l\in L$,当然 X 与 Y 的语言应该是不同的,同一种语言自身是不需要翻译的,也就是说,虽然 X 和 Y 都包含某些语言,但是最终的组合数量比 L 少一些。

MNMT 的训练目标就是最小化全部语言对翻译损失的平均值,如图 4.29 所示。

$$L_\theta = \frac{1}{L}\sum_{l=1}^{L} L^{C(\text{src}_l), C(\text{tgt}_l)}(\theta)$$

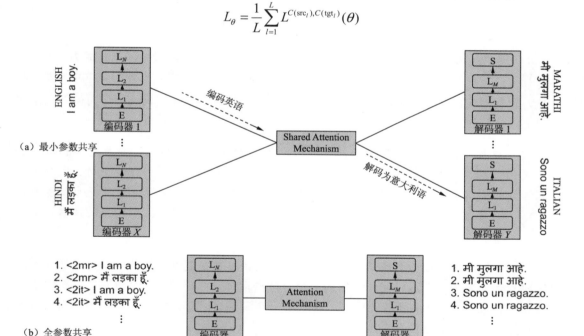

图 4.29　两个 MNMT 架构对比

下面介绍 MNMT 的模型设计过程。MNMT 模型间的归类主要以参数共享程度而定,基于参数共享程度的多少,MNMT 模型主要分为 3 个类别,如表 4.4 所示。

表 4.4　3 种MNMT模型设计框架对比

最小参数共享	全参数共享	可控参数共享
编码器和解码器分开，只共享注意力权重	共享编码器、解码器、注意力权重	可控分享
参数量巨大，与语言对成正比	模型简单，参数量非常少	模型设计比较复杂
不同的编码器、解码器适配不同的语言	语言标记用来指示目标语言	
缺乏zero-shot翻译能力	有zero-shot能力	适用于zero-shot
可分解	不可分解	
模型不受限	模型能力受限	有可能是数据驱动模型架构
不太受欢迎	当前比较热门	慢慢变得热门起来

1. 最小参数共享

最典型的最小参数共享模型就是每个语言都有一个对应的编码器或解码器，对于源语言就是编码器，对于目标语言就是解码器，编码器之前对于每种语言还有各自独立的词嵌入。共享的部分就是注意力计算模块，所有语言都使用同一套注意力计算参数，如图 4.29（a）所示。

注意力计算公式如下：

$$e_{ji}^{vu} = a(s_{j-1}^{v}, h_i^u)$$

u 是编码器的第 u 步的隐藏状态输出，v 是解码器的第 v 个词的隐藏状态输出，这里只是计算了一个注意力打分，全部的注意力需要 s_{j-1}^{v} 与所有的 h 计算完之后用 softmax 进行归一化，再与对应的 $h_{1:n}$ 点乘，也就是基于注意力权重对 $h_{1:n}$ 进行加权求和从而得到上下文信息 C。

🔔注意：这里假设编码器和解码器内部使用的都是 RNN 结构。当然，如果是 Transformer 结构，核心逻辑也是相同的。在编码器和解码器内部计算自注意力时，完全不共享，只有在计算解码器的第二个自注意力部分是共享的。虽然这里是自注意力的计算方法，但是涉及的就是正常的相互注意力，不过 RNN 结构里的注意力是一个一个地进行计算的，而 Transformer 里是一起进行计算的。

虽然这样的设计模型参数量非常巨大，但是与语言数是线性关系，就是每增加一个源语言时只需要增加一个编码器，每增加一个目标语言时只需要增加一个解码器，比双语翻译模型要强很多。对于双语模型来说，每增加一个源语言时就需增加 T 个模型，而每增加一个目标语言时就需增加 S 个模型，是一个几何级增长关系。

如果语言数量比较多，如几十种甚至上百种时，那么对应的需要设计几十个或上百个编码器-解码器也是很笨重的，所以这样的设计并不受欢迎。现在主流的研究方向都是下面两种共享方式。

2. 全参数共享

全参数共享的设计能让模型的参数量非常少，就是同一个编码器接收所有 S 种源语言，同一个解码器输出全部 T 种目标语言，注意力机制也只有一套。也就是 MNMT 模型结构跟双语翻译的模型结构是完全相同的，只是适配的语言多了而已。

同一个编码器接受所有 S 种源语言的输入，如何确认是哪种语言呢？最直接的方案就是使用一个非常大的词库，将所有语言的词库都合并到一起，这样每种语言的每个词都有一个唯一的编号，本质上就把多语言翻译问题合并为双语翻译问题，多语言其实也就是词的不同，如果把词统一到一个大词库里就相当于多语言被视作一种语言。输入语言可以基于输入单词属于大词库不同的序号来标识，但输出哪种语言是不知道的，所以把想要翻译的目标语言作为一个标识输入，每个输入前面都添加一个标签，以标识需要翻译为哪种语言，如图 4.29（b）所示。

但这个方法有个缺陷，就是当语言比较多或每种语言的词表比较大时，在推断的时候 softmax 矩阵就会非常大，计算量就会大增，当然内存占用也会很大。

应对方法有粗暴版和轻柔版。粗暴版就是每种语言都维护自己的词库，输入语言基于各自的词库进行嵌入，也就是映射到词向量。编码器只需要输入语义即可，不需要知道具体是哪种语言的哪个词，所以对模型来说依然不需要标识出输入语言的种类。不过一些实验者喜欢把语言类别也作为一个 tag 输入网络。输出时就基于想要的目标语言的词库的映射参数进行 softmax 计算即可。这样可以节省大量的 softmax 无效计算。

轻柔版就是使用词的子串甚至字符向量来代替词向量。例如，英文只有 26 个字符，如果使用字符向量来代替词向量，那么对于英文来说词表的大小就极大地被降低了。当然，为了词义尽量完整，一般不会这么"粗暴"，英文的子串，如"pre"/"post"等基本意义相对比较固定，基于子串的向量化既能降低词表又能比字符保留更多的词义。但这在输出目标词时也是基于词的子串输出的，有时候会组合错误，需要做额外的检测。

对于词库的整合方案或是独立方案并没有实验证据表明它们在性能指标上有明显的区别。

对于编码器-解码器内部组件的选择，有人对比过 RNN（如双向 LSTM）、CNN、和自注意力（Transformer），结论是在多数场景中自注意力都比 RNN 和 CNN 好，原因就是 Transformer 的 BERT。至于为什么自注意力在翻译场景中的效果比 RNN 和 CNN 好，笔者是这样猜想的，因为自注意力直接关注全局信息，在信息无损的情况下增加对自己有用的信息部分；而 RNN 和 CNN 逐层都有信息损失，即使可以通过反复训练学习捕获到相对位置的信息但不够直接，信息损失也难以避免。

全参数共享对于翻译问题而言更像是一个黑盒，但可以在使用最少参数量的情况下达到相对不错的翻译效果，某些语言对可以超过双语模型，某些可以接近，并非全方位的超越。因为参数是全共享的，已经是最少的，不可能再少了。

对于语料比较多的双语，这种混合翻译模型对指标的提升并不多，甚至会降低，但对于语料比较少的语言，其指标就很有较大的提升。这种提升在冷门语言翻译为热门语言的提升比从热门语言翻译为冷门语言要大。此外，当混合模型使用的语言超过 50 种时，翻译质量会逐渐下降。

3. 可控参数共享

前面两种选择其实都是比较极端的，全参数共享基本上硬压缩了参数，当一些语言区别比较大时，如果还使用同样的参数处理则会导致信息损失。而对于最小参数共享，如果连注意力层的参数也不共享，那么就是 N 个双语翻译模型，会导致参数量太大，不方便训练和部署。其实这两者之间还是有不少的调节空间，如一些比较相似的语言就可以共享一套词库和编码器，区别较大的语言就可以分开。

这种设计因为没有统一标准，所以变化范围比较大，但是编辑器已经广泛地接受使用多语言间共享参数比较有效，即对于编码器，只负责把输入源语言编码为一种隐藏表示，具体是什么语言其实关系不大。共享参数还具有降低过拟合、减少参数量、增加少语料语言翻译效果等好处。

对于解码器，因为其直接负责目标语言的输出，如果参数全部共享则可能会互相产生一些干扰，直接影响结果的准确性，所以可以考虑使用分离的模式。注意力机制的逻辑也类似，如果解码器不共享，那么注意力共享其实也会产生干扰。Graeme Blackwood 等人研究了共享注意力参数和不共享注意力参数。他们的研究表明，目标语言专用注意力比全注意力参数共享和完全不共享的表现更好，因此，设计一个强大的解码器是极其重要的。目标语言专用的注意力就是注意力层数与目标语言的数量相同，都是 T 个，而所有的源语言则共享这些注意力层。如果是完全不共享，则是 $S \times T$ 对双语模型。全共享就是前面讲的两种设计方案。

对于自注意力 MNMT 模型，Sachan 和 Neubig 探索了各种参数共享策略。结果表明，共享解码器的自注意力模块和编码器-解码器的交叉注意力模块（即解码器第二个自注意力部分）参数对于相似性不大的语言是有正向贡献的。通过共享解码器中的自注意力和交叉注意力模块，解码器有可能学习到更好的目标语言表示，能与源语言更好地对齐。有人进一步提出了一种产生通用表示的机制，而不是单独的编码器和解码器，以最大限度地实现参数共享。他们还对不同的语言使用了对语言有感知的嵌入、注意力和识别器。这有助于以一种间接的方式控制参数共享的数量。

本节简要介绍了多语言翻译模型的情况，多语言翻译对语料的依赖太大，模型设计也非常麻烦，下一节介绍翻译问题的另一个热点——全文翻译，即整篇文章翻译。

4.6.2　NMT 的新方向 2：全文翻译

前面讲过，大多数 MT 模型都是建立在很强的独立性假设上，基于短语的统计翻译模型假设句子内各局部不相关，当今流行的 NMT 模型就是假设句子间不相关。这样的假设显然是不正确的，之所以有相关文章甚至书籍存在，就是为了把一件事说清楚，但通过一句话根本不可能说清楚。从语言学的角度来看，这些假设在实践中也是无效的，因为任何一篇文本都不可能只有一个句子，做出这个假设，意味着希望忽略文本背后的全文结构，能翻译出满意的结果。虽然这个问题在机器翻译中已经存在了几十年，但是试图解决机器翻译中全文通畅的问题的研究工作仍处于起步阶段，还有更多的研究有待开展。

在 SMT 中，为了缓解独立假设的问题，一般会进行多阶段处理，先进行单句的翻译，然后基于全文的顺序和结构等重新调整句子的顺序和用词等。

而对于 NMT 来说，由于之前基于单句的翻译获得了巨大成功，延长了面对这个问题的时间，直到基于单句的翻译进入瓶颈期才慢慢成为研究热点。

NMT 解决前后呼应问题的思路与 SMT 不同，一般不会像 SMT 那样显式地专门留一个步骤去解决通畅问题，而是通过调整网络让其能够在正确的端到端的训练中同时学习到如何呼应前后文。

比较常见的方法有加大输入的长度,本来只输入一句话,现在把整篇文章都输入,但这样做的弊端其实很明显,就是文章的长度可能是无限的,例如网络小说,动辄几千万字,而这样的网络基于现有内存和算力,一次输入几千个字就差不多到极限了。

另外类似 XLNET 的思路属于输入增强型,就是上一句处理结束后,中间得到的一个隐藏状态表示并不抛弃,而是与下一句的词向量序列一起再输入,这样就可以离前文更远一些。我们可以把句子作为一个单位,想象成一个基于句子的 RNN 结构。后面的句子需要用到前面哪些内容可以通过网络训练自动得到,这种结构在不增大模型的情况下,理论上可以看到非常远的前文。不过这只是理论上,就好像 RNN 结构无论怎么优化也不如 Transformer 的自注意力结构,原因就是不断地迭代之后信息必然有损失。而且这种大循环结构内部的处理其实还是正常的句子翻译结构,内部并没有对后续的信息传递做太多的处理,所以信息损失得更多。

还有比较常见的结构就是记忆网络或者说缓存,就是在处理前文时,把处理的中间结构保存到一个网络里,在处理后文时,每处理一句都去遍历一下这个网络,把有用的信息提取出来。本质上这种设计逻辑跟句子级别的 RNN 差不多,还是想办法把前文的信息传递下来,供后面需要的句子使用。

无论哪种模型,核心思路其实比较简单,就是尽量把更多的信息输入网络,这样后文才能兼顾到前文的内容,也就是以哪种方式可以在计算量和内存占用都尽量小的情况下辐射到更多的文章内容。至今为止,无论哪种模型可以兼顾到的文章长度都是有限的,超过这个长度的内容就无法顾及了。

后面我们介绍几个具体的全文翻译模型。

4.6.3 层级 RNN

腾讯 AI 实验室的 Longyue Wang、Zhangpeng Tu 和 Andy Wang 等人在 2017 年发表的论文 Exploiting Cross-Sentence Context for Neural Machine Translation 中提出了层级 RNN。其核心逻辑跟 RNN 结构类似,这里的命名就是层级 RNN,句子级别就是正常的 RNN,句子之上还有一个大的 RNN,用于处理句子间的信息传递,如图 4.30 所示,第一层叫句子级 RNN,第二层自然就叫文档级 RNN 了。

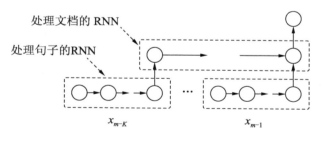

图 4.30 层级 RNN

给定一个句子 x_m 等待被翻译,现在想办法将同文档该句子之前 K 个句子的信息提取为一个上下文向量 C,C 的输入是 $\{x_{m-K}, \cdots, x_{m-1}\}$。

1. 句子级RNN

对于句子 x_k，句子级 RNN 接受这个句子的词向量序列作为输入 $\{x_{1,k}, \cdots, x_{N,k}\}$，然后生成隐藏状态：

$$h_{n,k}=f(h_{n-1,k}, x_{n,k})$$

$f()$ 是激活函数，$h_{n,k}$ 是第 n 时刻的隐藏状态。最后一个隐藏状态 $h_{N,k}$ 保存着 x_k 整句话的信息，可以代表整句话的概括向量 $S_k=h_{N,k}$。

把全部 x_k 之前的 K 个句子处理完之后就可以得到 K 个句子的概括向量，作为文档级 RNN 的输入。

2. 文档级RNN

把上面生成的 K 个概括向量的序号改为 $\{S_1, \cdots, S_k, \cdots, S_K\}$ 并输入网络里。

$$h_k=f(h_{k-1}, S_k)$$

h_k 表示第 k 刻时间的隐藏状态，这个状态包含之前所有句子的信息，与句子级别的 RNN 类似，最后一个时刻的隐藏状态也包含全部 K 个句子的信息。

$$D=h_K$$

此时，我们就可以使用这 K 个句子的信息作为下一句话 x_m 翻译时的上下文信息输入。具体如何使用这个前文信息 D，Longyue Wang 等人在论文中设计了 3 种方法。

1）用作初始化

把 D 作为当前处理 x_m 句子的编码器和解码器的初始化向量，在没有前文 D 向量时，处理第一个词之前的编码器是没有信息的，state 只能使用随机初始化，有了 D 就可以直接把 D 作为 state 输入编码器中。

对于解码器的初始化 state，没有 D 时的计算方式是：

$$s_0=\tanh(W_s h_N)$$

h_N 就是编码器最终的一个隐藏状态输出。

有了 D 就改为：

$$s_0=\tanh(W_s h_N+W_D D)$$

3 种使用 D 的方案如图 4.31 所示。

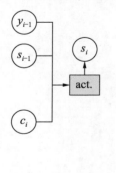
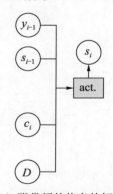
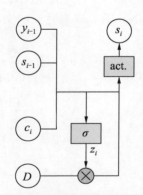

（a）标准解码器　　　　（b）附带额外信息的解码器　　　（c）附带门控额外信息的解码器

图 4.31　3 种使用 D 的方案

2）作为额外信息输入

如图 4.31（a）所示，在正常的解码器的第 i 时刻的隐藏状态的计算是：

$$s_i = f(s_{i-1}, y_{i-1}, c_i)$$

y_{i-1} 是上一时刻解码器的预测输出值，也就是翻译的上一个词，c_i 是用注意力计算出来的当前句子的上下文全局信息。现在有了前文的信息 D，计算公式修改为：

$$s_i = f(s_{i-1}, y_{i-1}, c_i, D)$$

c_i 随时间步的改变而改变，而 D 是不变的，这样解码器就有 4 个输入，适配起来比较简单，直接把 c_i 和 D 合并，即只需要修改与其相乘的参数矩阵大小即可，如图 4.31（b）所示。

3）带门控的额外输入

上一种方案虽然设计简单，但是信息太多可能会带来较多的干扰。例如 LSTM 就不是把所有信息都累积起来往下传播，而是每一步都会过滤一些信息。为了减少这些干扰，可以像 LSTM 一样加上一个门控，用当前的信息计算出一个与 D 的某些信息的相关度，然后过滤一下信息再进行正常的解码操作。

$$z_i = \sigma(U_z s_{i-1} + W_z y_{i-1} + C_z c_i)$$

这就是一个门值：

$$s_i = f(s_{i-1}, y_{i-1}, c_i, z_i \otimes D)$$

经过门值过滤之后再输入信息进行正常计算，整个流程如图 4.31（c）所示。

我们再来看一下最后的实验结果，MT0x 是 3 个数据集，评估指标是 BLEU。MOSES 是一个得分最高的 SMT 模型，NEMATUS 则是几乎全方位超过了 MOSES 的 NMT 模型，当然这是 2017 年发表的论文数据，现在基于 Transformer 或 BERT 的句子级 NMT 模型的指标应该会更高一些，但这篇论文的设计依然有价值，实验结果如图 4.32 所示。

#	System	MT05	MT06	MT08	Ave.	△
1	MOSES	33.08	32.69	23.78	28.24	
2	NEMATUS	34.35	35.75	25.39	30.57	
3	+Init$_{enc}$	36.05	36.44†	26.65†	31.55	+0.98
4	+Init$_{dec}$	36.27	36.69†	27.11†	31.90	+1.33
5	+Init$_{enc+dec}$	36.34	36.82†	27.18†	32.00	+1.43
6	+Auxi	35.26	36.47†	26.12†	31.30	+0.73
7	+Gating Auxi	36.64	37.63†	26.85†	32.24	+1.67
8	+Init$_{enc+dec}$+Gating Auxi	**36.89**	**37.76**†	**27.57**†	**32.67**	+2.10

图 4.32　实验结果

Init 就是把前文信息 D 作为初始化使用，Init$_{enc}$ 是给编码器初始化，Init$_{dnc}$ 是给解码器初始化，Init$_{enc+dec}$ 是对编码器和解码器都进行初始化。

Auxi 是作为第二种方案，Gating Auxi 是第三种方案。可以看到，门控方案比非门控方案的指标稍稍高一点，说明我们前面描述的先验是正确的，过滤一些噪音信息可以提升准确率。

初始化方案和门控方案两者可以互相配合，达到最高的指标，如图 4.33 所示。

单纯看指标其实看不出来单句翻译和全文翻译的区别，下面举个例子对比一下，如

图 4.33 所示。

Hist.	这 不 等于 明着 提前 告诉 贪官 们 赶紧 转移 罪证 吗？
Input	能否 遏制 和 震慑 腐官？
Ref.	Can it inhibit and deter corrupt officials?
NMT	Can we contain and deter the *enemy*?
Our	Can it contain and deter the **corrupt officials**?

图 4.33　翻译示例

　　图 4.34 中输入的是我国台湾地区使用的繁体字语句，Hist 是前文，Ref 是参考的人工翻译标签，NMT 是基于单句的翻译，完全没考虑前文信息，把"腐官"翻译为了 enemy，而在 Longyue Wang 等人的论文中则可以正确地翻译为 corrupt officials。

4.6.4　记忆网络

　　由 Sameen Mauf 和 Gholamreza Haffari 发表的 Document Context Neural Machine Translation with Memory Networks 论文就用了我们提到过的另一种方法——记忆网络，用记忆网络来保存前文的信息，以供下文进行关联提取。

　　所谓记忆网络，我们大概解释一下。就如字面意思，记忆网络最大的功能就是把以前的信息保存下来，在网络里如何实现这样的功能呢？就是设置一个矩阵，类似嵌入矩阵，每个向量代表一条记忆，如前文某个句子的表示，这个矩阵的长度就是记忆条数，表示最多保存多少个句子。

　　句子的表示是如何得到的并不是记忆网络的重点，重点是记忆网络如何更新这个记忆矩阵。这就涉及具体的业务场景，现在看到的多数场景其实是不更新的，例如阅读理解场景，记忆网络里保存的就是文章的所有句子的表示，然后基于不同的问题反复提取这个网络里的信息。例如上一节案例的场景，这个矩阵的长度就是 K，可以保存前文 K 句话的表示，在计算当前句的翻译时记忆网络完全不变，在计算下一句时再重复前面的过程，在记忆网络中预先保存好将要翻译的句子之前的 K 个句子的表示（Representation，经常是一个一维向量）。

　　继续看论文，这里的设计跟上一节有一些不一样，上一节其本质上还是一个正常的句到句的翻译，只是在进行翻译的过程中把从源语言前文提取的特征表示向量附带上用于辅助计算目标语言的输出。这里不只依赖源语言的上下文，还依赖目标语言的上下文。

　　例如，有一篇文章 d，有 $|d|$ 个句子，定义为 $\{x_1, \cdots, x_{|d|}\}$，然后把这些句子翻译为目标语言，有同样多的输出句子，定义为 $\{y_1, \cdots, y_{|d|}\}$。

　　为了达到全文翻译的通畅性，同样考虑了文章其他的句子信息，不过这里考虑的是全文信息，就是当前句子之外的所有源语言的句子，而不是只有前面几个句子。定义如下：

$$f_\theta(y_t; x_t, x_{-t})$$

　　x_{-t} 就是文档中除 x_t 之外的所有句子集合。这里还考虑了目标语言之间的相关性，被定义为另一个函数：

$$g_\theta(y_t; y_{-t})$$

对于当前的翻译目标 y_t，其他的翻译结果也被用于评估当前翻译结果的通畅度，在训练阶段，目标语言的上下文比较方便获取，因为标签是已经存在的，而在推断阶段有两种用法，一是只考虑已经翻译过的句子，二是先不考虑这个打分函数，只依赖 f_θ 把目标生成，然后反过来进行重新调整。

这样对于全文翻译的概率就是：

$$P(y_1, \cdots, y_{|d|} \mid x_1, \cdots, x_{|d|}) = \exp \sum_t f_\theta(y_t; x_t, x_{-t}) + g_\theta(y_t; y_{-t})$$

这个公式就像 CRF 的概率公式，同样是两个函数，一个是观测状态到隐藏状态的打分函数 $f_\theta(y_t; x_t, x_{-t})$，另一个是前后隐藏状态到当前隐藏状态的打分函数 $g_\theta(y_t; y_{-t})$。当然，此类问题的常规解决方法是先进行特征工程，然后使用因子分解求概率。这里可以直接用神经网络去自动学习打分函数，然后用 softmax 估计最终的概率。

目标函数就是：

$$L = \arg\max{}_\theta \prod_{d \in D} \prod_{t=1}^{|d|} P_\theta(y_t \mid x_t, y_{-t}, x_{-t})$$

D 是全部文档，d 是其中的某个文档，每个文档都是双语的 $d = \{(x_t, y_t)\}_{t=1}^{|d|}$。上面两个打分函数并没有分开建模，而是使用同一套神经网络同时建模两个打分函数。

对于输入的数据 y_{-t}，其在推断阶段是不知道的，即使在训练阶段知道信息，但直接使用正确的 y_{-t} 信息作为输入，当使用未来的信息预测现在的信息时将会出现泄露问题，所以使用了笔者前面提过的多次计算策略，就是先完全作为一个基于句子的双语翻译 $P(y_t|x_t)$，生成目标之后，再基于生成的目标计算 $P(y_t|x_t, y_{-t}, x_{-t})$。

当然理论上这个过程应该会进行多次，这有点像推荐系统排序模型中的重排序。所谓重排序，就是如果我们基于独立性假设计算出来的打分进行排序，则这个独立性的假设其实是不正确的，例如某用户比较喜欢小米手机，所以小米手机打分就比较高，但如果整页列表里全部都是小米手机，甚至是同一款手机，那么用户还有可能会选择吗？在用户选择之后，剩下的展示位就浪费了，所以需要重排序，重排的时候需要把已经排好前后顺序的商品信息输入网络，但重排之后的前后信息会发生改变，这样前面的重排其实就失效了，需要再一次重排，好在这个过程会慢慢收敛，不会无限地排下去，同时也会有工程判断，如果变化较小时，就认为稳定了可以不再重排，但是前几次的变化是较大的，也是不能省略的。

网络结构如图 4.34 所示，左边两部分就是记忆网络，保存的是预先生成的源语言的上下文信息（左下）和目标语言的上下文信息（左上）。

翻译的过程依然是一个词一个词地生成：

$$P_\theta(y_t \mid x_t, y_{-t}, x_{-t}) = \prod_{j=1}^{|y_t|} P_\theta(y_{t,j} \mid y_{t,<j}, x_t, y_{-t}, x_{-t})$$

$y_{t,j}$ 是第 t 句话的第 j 个词，$y_{t,<j}$ 是第 t 句话的第 j 个词之前的所有词。这里的 y_{-t}，x_{-t} 分别是用记忆网络里的信息表示的。

前面解释过，记忆网络其实就是一个矩阵，不过有的设计可能会有索引，最终成为一个键值对（key-value）结构。当然，即使是 key-value 结构，也不会像 NoSQL 数据库那样基于 key 的准确匹配，然后获取 value，而是用 key 里的向量，类似于注意力的机制去计算各个 value 的占比，然后合并出一个相关内容的向量。当然，如果没有 key 的设计，那么 key 与 value 的值是一样的。运行过程依然是基于所有的 key 值与检索的向量进行相关度打分，最后算出一个类似注意力权重的百分比，基于这个百分比与 value 值点乘，也就是相乘之后相加，最终得到一个相关信息向量。

$$c_t^{\text{src}} = \text{MemNet}(M[x_{-t}], h_t)$$

$M[x_{-t}]$ 表示在源语言记忆网络中去除 x_t 这句话的向量，所有的向量就是一个矩阵。h_t 就是在翻译 x_t 这句话时，编码器网络输出的隐藏状态，或者是单向 RNN 的最后一个输出，或者是 Transformer 之类的自注意力之后的合并向量。这里的 MemNet 过程完全可以替换成注意力机制，因为计算过程基本一致。

$$c_t^{\text{trg}} = \text{MemNet}(M[y_{-t}], s_t + W_{\text{at}} h_t)$$

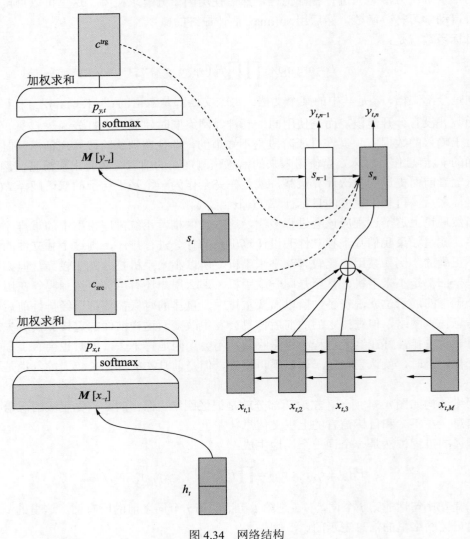

图 4.34 网络结构

$M[y_{-t}]$ 表示在目标语言记忆网络中除去 y_t 这句话的其他向量，其还是一个矩阵。s_t

是解码器在解码第 t 句话时的隐藏状态，这里的隐藏状态向量的计算方式与 h_t 是相同的，而且与记忆网络的计算一样，也是提前计算好的，并非在当前解码时顺便计算的。这两个相关信息向量就可以代替前面概率计算过程中的 x_{-t} 和 y_{-t}。

$$P_\theta(y_t \mid x_t, y_{-t}, x_{-t}) = \prod_{j=1}^{|y_t|} P_\theta(y_{t,j} \mid y_{t,<j}, x_t, c_t^{\text{src}}, c_t^{\text{trg}})$$

具体一些，这两个相关信息向量有两种使用方式。

一是在计算解码器下一步的隐藏状态时参与计算：

$$s_{t,j} = \tanh(W_s \bullet s_{t,j-1} + Ws_j \boldsymbol{E}_T y_{t,j} + W_{sc} \cdot c_{t,j} + W_{sm} \bullet c_t^{\text{src}} + W_{st} \bullet c_t^{\text{trg}})$$

$\boldsymbol{E}_T$ 是词向量的嵌入矩阵，$\boldsymbol{E}_T y_{t,j}$ 就是目标语言第 t 句第 j 个词的词向量。这里的 $s_{t,j}$ 用于预测生成 $y_{t,j+1}$。因为 Sameen Mauf 和 Gholamreza Haffari 在论文里的整套公式给的不一定是同一时间步，所以需要自己去校正、理解。

二是参与最终单词的输出计算：

$$y_{t,j} = \arg\max \operatorname{soft}\max(W_y r_{t,j} + W_{ym} c_t^{\text{src}} + W_{yt} c_t^{\text{trg}} + b_r)$$

这里忽略了一步，$r_{t,j}$ 就是由 $s_{t,j-1}$ 与全部的编码器输出 h_t 计算出的注意力上下文 c 计算而出的结果。

现在主体的计算已经表述完了，剩下的记忆网络里的内容即内部每条句子的向量表示如何得到呢？最简单的思路就是用一个 RNN 处理每句话，把每句话最后一个时间步的输出作为句子的表示向量。再复杂点就可以使用双向 RNN，当然使用自注意力 Transformer 模块也可以。这里的方法类似于双层 RNN，每层 RNN 又都是双向的，第一层处理句子把双向 RNN 的各自最后一个隐藏状态拼接后作为第二层 RNN 的输入，第二层处理文档，也是双向的，然后把每个时间步的双向最终输出拼接到一起，作为当前句子的向量。也就是第一层处理词向量时，只取最后一个时间步的向量表示为句子向量。而在第二层处理句向量时则每一个时间步的输出都保留，作为各自对应句子的最终表示。这样其实就是让每一句附带上其他所有句子的信息。

因为这个模型的设计用到了未来的信息，所以不能在一次计算过程中全部实现，理论上需要多次计算，Sameen Mauf 和 Gholamreza Haffari 在论文中只使用了两次，先使用非全文翻译的句句模式训练一个编码器-解码器模型，然后用这个模型作为记忆网络内句向量及解码器的最终隐藏状态 s_t 的提取器，再基于这个模型的结果去训练新的带有记忆网络的模型。

下面看一下实验结果，如图 4.35 所示。

	Memory-to-Context						Memory-to-Output					
	BLEU			METEOR			BLEU			METEOR		
	Fr→En	De→En	Et→En	Fr→En	De→En	Et→En	Fr→En	De→En	Et→En	Fr→En	De→En	Et→En
		NC-11 NC-16			NC-11 NC-16			NC-11 NC-16			NC-11 NC-16	
S-NMT	20.85	5.24 9.18	20.42	23.27	10.90 14.35	24.65	20.85	5.24 9.18	20.42	23.27	10.90 14.35	24.65
+src	21.91†	6.26† 10.20†	22.10†	24.04†	11.52† 15.45†	25.92†	**21.80**†	6.10† 9.98†	21.50†	23.99†	11.53† 15.29†	25.44†
+trg	21.74†	6.24† 9.97†	21.94†	23.98†	11.58† 15.32†	25.89†	21.76†	**6.31**† 10.04†	21.82†	24.06†	**12.10**† 15.75†	25.93†
+both	**22.00**†	**6.57**† **10.54**†	**22.32**†	**24.40**†	**12.24**† **16.18**†	**26.34**†	21.77†	6.20† **10.23**†	**22.20**†	**24.27**†	11.84† **15.82**†	**26.10**†

图 4.35　实验结果

这里主要的实验对象是法语与英语的互相翻译。Memory-to-Context 就是让从记忆网络中提取的全文信息参与到解码器下一个隐藏状态的计算中：

$$s_{t,j} = \tanh(W_s \bullet s_{t,j-1} + W_{sj}E_T y_{t,j} + W_{sc} \cdot c_{t,j} + W_{sm} \bullet c_t^{\text{src}} + W_{st} \bullet c_t^{\text{trg}})$$

Memory-to-Output 就是让从记忆网络中提取的全文信息参与到最终输出的计算中：

$$y_{t,j} = \arg \max \text{soft} \max(W_y r_{t,j} + W_{ym}c_t^{\text{src}} + W_{yt} \bullet c_t^{\text{trg}} + b_r)$$

METEOR 是另外一种评估方法。

+src 表示只使用源语言端的记忆网络，+trg 表示只使用目标语言端的记忆网络，+both 表示两边都使用。实验结果显示，源语言端和目标语言端的全文信息之间没有明显的优劣，逻辑也比较简单。句句翻译的缺陷是缺少了全文的信息依赖，而翻译的两端全文包含的内在信息是差不多的，所以用哪边区别不大。两边一起使用时发现指标还是有一些提升的，为什么呢？理论上源语言端的信息应该是完整的，因为目标语言端的信息完全来自源语言端。对于这一点，笔者的理解是这样的，句向量提取的过程其实是比较"粗暴"的，可能造成了部分信息丢失，虽然目标语言端的信息来自源语言端，但是翻译是基于词粒度进行的，所以信息保留相对完整，因而在进行句向量提取时，在某些场景中可以对源语言端的全文信息做一定的补充。

4.7　大模型时代的神经机器翻译

神经机器翻译（NMT）在近年来取得了显著进展，特别是大模型的出现，使得翻译质量得到了极大的提升。本节将介绍大模型在神经机器翻译中的应用。

4.7.1　使用 BERT 进行神经机器翻译

BERT 虽然主要用于理解任务，但是通过适当的调整，也可以应用于神经机器翻译。以下是利用 BERT 进行翻译任务的示例代码：

```python
from transformers import BertTokenizer, EncoderDecoderModel
from transformers import Trainer, TrainingArguments

# 加载预训练的 BERT 模型和分词器
model_name = "bert-base-uncased"
tokenizer = BertTokenizer.from_pretrained(model_name)
model = EncoderDecoderModel.from_encoder_decoder_pretrained(model_name,
model_name)

# 准备数据
def encode(examples):
    inputs = tokenizer(examples['input_text'], truncation=True, padding=
'max_length', max_length=128)
    targets = tokenizer(examples['target_text'], truncation=True, padding=
'max_length', max_length=128)
    return {'input_ids': inputs['input_ids'], 'attention_mask':
inputs['attention_mask'], 'labels': targets['input_ids']}
```

```
# 省略了加载和预处理数据的部分代码

# 设置训练参数
training_args = TrainingArguments(
    output_dir='./results',
    num_train_epochs=3,
    per_device_train_batch_size=8,
    per_device_eval_batch_size=8,
    warmup_steps=500,
    weight_decay=0.01,
    logging_dir='./logs',
)

# 创建 Trainer 对象并开始训练
trainer = Trainer(
    model=model,
    args=training_args,
    train_dataset=train_dataset,
    eval_dataset=eval_dataset,
)

trainer.train()
```

通过上述代码，可以加载预训练的 BERT 模型，并在翻译数据上进行微调。经过训练后的模型能够高效地进行文本翻译。

4.7.2　使用 ChatGPT 进行神经机器翻译

下面通过一个具体的例子来说明 ChatGPT 在 NMT 中的应用。

可以向 ChatGPT 输入句子："The quick brown fox jumps over the lazy dog."

然后发送一个提示语，如："请将以上英文句子翻译成中文。"

ChatGPT 的翻译结果："敏捷的棕色狐狸跳过了懒惰的狗。"

在这个例子中，大模型展现了其在处理翻译任务中的优势。通过统一的框架，大模型能够高效地生成准确且自然的译文。

同样，也可以通过代码进行机器翻译，示例如下：

```
import openai

openai.api_key = 'your-api-key'

def translate_text(text, target_language):
    response = openai.Completion.create(
        engine="text-davinci-003",
        prompt=f"请将以下文本翻译成{target_language}: {text}",
        max_tokens=100
    )
```

```
        return response.choices[0].text.strip()

# 示例文本
input_text = "The quick brown fox jumps over the lazy dog."
translated_text = translate_text(input_text, "中文")
print(f"翻译结果: {translated_text}")
```

通过上述代码，可以调用 ChatGPT 对文本进行翻译。ChatGPT 基于其强大的语言生成能力，能够生成高质量的译文。

大模型在神经机器翻译任务中展现了其在处理复杂语言结构和生成自然译文方面的强大能力。通过本节的学习，读者可以掌握如何利用大模型进行文本翻译，从而更高效地完成翻译工作。

4.8 小　　结

本章介绍了 NMT 任务的编码器-解码器结构、经典的 GRU+注意力模型和最新的 Transformer。

NMT 是 NLP 任务中最早突破商用的模型，原因并不是模型设计得好，而是训练语料足够多。因此，如果想要像 CV 领域一样拓展 NLP 领域的前沿边界，那么应该考虑如何低成本地增加标签训练语料或利用大量无标签的语料，而不是想办法设计更精巧的模型。

然后介绍了 NMT 领域比较前沿的两个研究方向——全文翻译和多语言翻译。因为现阶段句子级别的翻译已经遇到了瓶颈，单纯的基于句内的信息已经难以继续提升翻译质量，使用更广的上下文就是很自然的事了。而多语言翻译也是现实场景很常见的需求，同时也可以解决一些缺乏互相翻译语料的语言之间的翻译问题。

最后通过两个示例介绍了如何使用 BERT 和 ChatGPT 模型进行机器翻译。

下一章讲解文本纠错技术，这也是一个在工业界比较常见的技术。因为凡是涉及与用户交互的场景，如搜索、对话和输入法等，用户都有较大概率出现输入错误，如果不进行自动纠正，那么用户体验会比较差。

第5章 文 本 纠 错

本章讲解文本纠错的相关内容。纠错在工业界的实现偏工程，本章并不是只讲解与深度学习相关的内容，因为纠错的深度学习方法与翻译非常类似，可以查找一下近年纠错比赛中获奖的网络模型，几乎都是从神经机器翻译（NMT）模型中转化过来的。纠错的工程实现是与很多环节相结合完成的，比较有学习价值。

5.1 纠 错 概 述

纠错是分词和 NER 之后又一个偏向中文特有的 NLP 任务，当然与 NER 一样，英文并非没有纠错，只是英文的错误类别相对中文来说较少，情况也没有中文复杂。英文错误最多的是字母拼写错误，要么多一个字母，要么少一个字母或换成了别的字母。例如，将 bag 写成了 bcg，这属于 non-word spelling error，即单词错误，因为某个或某几个字母拼写错误而导致最终的词不是一个正确的英文词汇，即不在词表里。这种情况的判断依据比较简单，只要这个词在词表里搜索不到，那么就可以认为出错了，然后尝试纠正。当然，除了搜索类一次性交互场景外，在写文章之类的场景不会自动进行纠正，因为有很多新词或者简写的情况，如果纠错时把正确的词替换成了作者不想要的词，那么体验反而不好，因此只是标识出来以示提醒。

英文里还有少数情况即虽然一个词的某个字符拼错了，但是错误的拼写形成了一个存在的词，这叫 real-word spelling error，即真词错误。例如，sun glasses 写为 son glasses，在这种情况下，判断错误比单词错误的情况复杂一些，但对于错误的纠正方法是一样的。还有一种情形是单词是对的，但组合或用法错了，处理起来也相对复杂一些，逻辑与中文情形很像，只是英文的这种情形不如中文多，因此我们以中文为基准进行讲解，如果明白了中文的逻辑，英文的拼词错误问题处理起来也就不太困难了。

为什么中文的纠错比英文复杂？

因为中文不存在写错的字，只要是在词表中的字那么都是正确的。常见的错误有同音字、同形字等，还有方言的混淆音和混淆字等。另外，中文的主流输入法是拼音输入法，输入时同样会引起错误。如果是笔画或五笔输入法，则会表现为同形字的错误。

总之，因为中文的构词比较复杂，而且存在输入方法和方言的多样性，最终导致输入的错误也非常多样。

5.1.1 中文错误的主要类型

1. 词本身的错误

❏ 同音字词，如"配副眼睛-配副眼镜"。

- 拼音错误，如"拼风 pinfeng-屏风 pingfeng"。
- 形似字错误（笔画、五笔、二笔），如"高梁-高粱"。
- 混淆音字词和方言（l-n/f-h/yie-ye/iou-iu/u-v），如"流浪织女-牛郎织女，打战片-打仗片，晚良-晚娘"。

2．语法错误

多字或少字，字词顺序颠倒，如"周伦杰-周杰伦"，"想象难以→难以想象"，属于用词错误。

3．知识错误

知识错误如名人的人名错误、身高信息错误等，不再详细介绍。

5.1.2　纠错的应用场景

纠错都有哪些应用场景？为什么要纠错？

1．输入法

输入法对纠错的需求是最强烈的，因为现在输入法占比最高的是拼音输入法，而拼音输入法只能表达汉字的读音，汉字的读音重复的又非常多，即使是同音词也非常多，所以导致拼音输入法的重码率非常高。另外就是输入时的手误，或者方言引起的错误，导致拼音输入法的正确率也不高。因此判断一种输入法好用与否的关键就是语言模型的好坏和纠错能力的高低。

2．通用搜索

凡是涉及用户输入的场景，都会产生大量的错误，原因涉及拼音问题、输入法问题、方言问题、手误问题或者是不认识某些字等。因此，搜索场景对用户查询的纠错也是非常依赖的。

3．垂直领域搜索

垂直类搜索也存在同样的问题，如电商搜索比通用搜索更依赖纠错。正常情况下，如果对返回的结果不满意，那么可以换个词再搜，或者往后多翻几页查看搜索结果。而电商搜索却不一样，如果用户对搜索结果不满意，那么用户可能会到其他卖家下单，这直接会影响卖家的收入，所以电商搜索对纠错的依赖性更高。

4．智能问答

智能问答其实也是一种变相的搜索，只是由返回所有结果让用户自己选择的方式变为直接返回一个语句，也就是答案。商家经常想增加用户黏度而给问答引擎增加一些个性化设置，让用户多跟引擎聊几句，因而使用了偏向聊天的风格。

诸如此类，凡是涉及用户输入的场景其实都或多或少对纠错有依赖。当然在有些情况下不纠错也是可以的，只是会降低用户体验。

5.1.3　纠错的两类方案和噪声信道模型

纠错场景主要有两大类解决方案。

□ 通过对错误识别、候选集召回和错误纠正（候选集排序）三个模块逐一处理，最终识别并纠正错误。

这个方案偏工程化，其优点是效果可控，每个环节都可以加入大量的控制逻辑，从而避免出现意外情况。但缺点是上游的错误会累积到下游而导致错误的传播，同时无法端到端地进行训练，即没有中间状态的样本，不方便判断每个模块的效果好坏。

□ 类似于 NMT 的统一模型，也就是神经机器翻译模型，如果输入一句可能存在错误的句子，那么模型会直接输出一句对应的正确句子。

这个方案的优点和缺点正好相反，最关键的一点是不可控，经常会有修改正确的词语出现。本来是正确的词语被修改成另外一个词语后虽然也是正确的，但是换了一种说法或用词，例如"学习使我快乐" → "学习让我快乐"，看着好像没什么问题。在用户交互场景中，如果修改用户输入的错误或不合理的内容以提升用户体验，那么用户还是能接受的，但是，如果把用户输入的正确内容也改了，则会让用户非常不满意，甚至有可能让本来还不错的返回结果变得更差，这样用户的接受度就会更低。

工业界对纠错问题的处理还是非常保守的，一般是在尽量少地修改用户输入的内容的前提下提升用户体验。因此 NMT 的纠错模型虽然一直有人研究，但在现实场景中应用的比例并不大。

纠错整体上可以认为是一个噪声信道模型：一个正确的输入（用户大脑中设想的内容）经过通道（输入法等）的传输变为包含噪声（错误）的输出，如图 5.1 所示。

$$I = \arg\max P(I\,|\,O) = \arg\max \frac{P(O\,|\,I)P(I)}{P(O)} = \arg\max P(O\,|\,I)P(I)$$

I=Input，O=Output

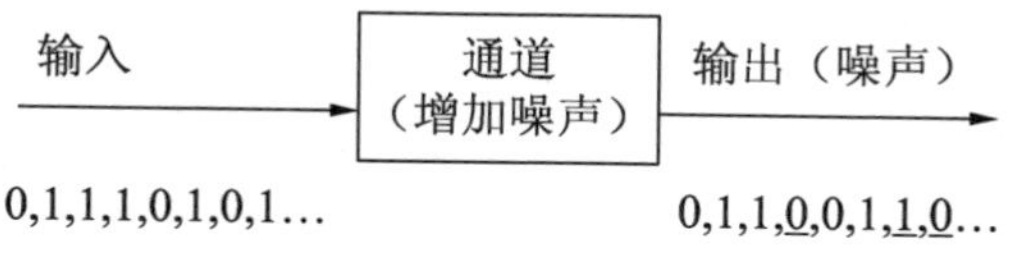

图 5.1　噪声信道模型

这里的公式推导比较简单，使用了贝叶斯公式，因为 $P(O)$ 输出已经确定，所以概率也就固定了，对结果也没有影响。$P(I)$ 是输入的概率，在纠错场景中其实就是语言模型。$P(O|I)$ 就是正确的输入变为错误的输入的概率。对于一些常用字词，可以大致统计出每个字词的各种错误的概率，但这样的语料非常稀缺，因为既要有错误，又要把错误标注出来并改为正确的，成本非常高。因此把所有的字词都统计出可靠的概率并不容易，更多的场景是使用大量的先验知识去代替。英文一般使用编辑距离，如根据一次错误或两次错误召回一些对应的词，然后基于语言模型计算概率最高的情况。而中文一般使用混淆集，根据同音或同形字召回候选字，然后使用语言模型排序，从中寻找最准确的。

下面我们先介绍英文纠错，中文拼音纠错的问题与其非常类似。

5.2 英 文 纠 错

我们先看英文的 non-word spelling error，首先发现一个词在词表中没有被搜索到，说明这个词有一定的概率是错的。如果同时需要进行 NER 识别，也就是判断这个词表之外的词是否为一个新词，那么需要与 NER 模型联合判断。例如，使用 NER 模型判断这个词是属于人名或地名之类的实体词会有一个概率，然后基于错误纠正方法召回一些与这个词最相似的词，然后通过结果计算概率，比较两边的概率并取一个相对较高的值，这样就可以认为是值所对应边的结果。

当然也可以把 NER 模型与错误识别模型进行联合训练，或直接使用融合模型，不过这样的语料并不好找，因此还没看到相关的探索。

那么对于一个词表外的词如何进行错误纠正呢？

5.1 节已经介绍过，对于大多数方案来说，一种是基于偏工程的流程化处理，即先识别错误再召回候选集，然后排序并选择最优结果，5.1 节介绍的噪声信道模型就是排序的依据。

另一种是 NMT 的统一模型。我们先介绍流程化方案。英文拼写错误的识别比较简单，只要是 OOV，就可以认为有可能是错误，需要做候选词召回。对于英文单词的拼写错误，最常见的召回方法是基于编辑距离的召回。

这里解释一下，识别出错误之后为什么不直接纠错而是进行召回呢？我们来看噪声信道公式：

$$I = \arg\max P(O|I)P(I)$$

要想计算出正确输入的最大可能性，就得先知道有哪些可能的正确输入，只有基于正确的输入，才能计算语言模型概率 $P(I)$ 和正确到错误的概率 $P(O|I)$，而正确输入就是这里召回的候选集。

我们先介绍一下什么是编辑距离。

5.2.1 编辑距离

最小编辑距离（Minimum Edit Distance，MED）是由俄罗斯科学家 Vladimir Levenshtein 在 1965 年提出的，因此也将其命名为 Levenshtein Distance。编辑距离的具体定义为：两个字符串之间的编辑距离就是一个字符串 w_1 需要修改多少次才能变为另外一个字符串 w_2，例如，abc→abd，只需要修改最后一个字符，那么编辑距离就是 1，对于 abc→afg 则需要修改后面两个字符，那么编辑距离就是 2。

具体而言，修改其实包含以下几种不同的情况：

（1）Insertion（插入型）：少输了字符，字符串 a 比字符串 b 少了某个字符，如 hello → hllo，这也属于编辑距离为 1 的情况。

（2）Deletion（删除型）：多输了字符，其实插入型反过来就是删除型，如 hello→helloo，这种编辑距离也为 1。

（3）Substitution（替换型）：中间某个字符输错了，如 hello→hallo，其编辑距离为 1。

（4）顺序不对：如 hello→ehllo，这种情况下编辑距离的定义并不统一，有的定义为 1 次修改，有的定义为 2 次修改，1 次修改就是把两个字符交换一下即可，2 次修改就是没有交换这个操作，只是先修改第一个字符，再修改第二个字符，如 hello→eello→ehllo，这里定义为 2。

在纠错场景中，ed 大于 2 的概率非常低，根据统计，80%的错误其编辑距离为 1，19%的错误其编辑距离为 2，大于 2 的概率只有 1%，所以针对这种情况可以忽略，并非不想让体验更好而覆盖编辑距离大于 2 的错误，而是随着支撑范围变大，其代价会以几何级的速度增加。

下面介绍编辑距离的计算方式。上面讲的几种情况都比较简单，如果随意给定两个字符串，如何准确计算它们之间的编辑距离呢？

其实编辑距离的计算方法属于一个动态规划算法。它与"最长公共子串"这个动态规划的经典问题逻辑非常相似。

基于动态规划逻辑，现在有两个字符串 a 和 b，要求出它们之间的编辑距离，那么可以使用划分子问题的思路去解决。

我们可以从后往前判断，也可以从前往后。如果两个字符串的最后一个字符相同，那么 ab 的编辑距离就等于 ab 去除最后一个字符之前的字符串之间的编辑距离。

我们首先定义 ld(a, b)为 ab 之间的编辑距离，a[-1]为字符串 a 的最后一个字符，a[:-1]为字符串 a 去掉最后一个字符之前的全部字符。这个定义方式与 Python 的数组概率基本是相同的。

上面的逻辑用定义的符号表示如下：

$$\text{ld}(a,b)=\text{ld}(a[:-1], b[:-1]); \quad \text{if} \quad a[-1] \quad \text{is} \quad b[-1]$$

如果这个定义方式与 Python 的数组概率不相同会怎样呢？那么可能有 3 种情况：第 1 种是最后的两个字符发生了替换型错输；第 2 种是 a 少输了一个字符；第 3 种是 a 多输了一个字符。具体是哪种情况需要测试一下，最终哪种类型的编辑距离最短就认为是哪种错误。测试结果如下：

$$\text{ld}(a,b)=\min(\text{ld}(a[:-1], b[:-1]), \text{ld}(a, b[:-1]), \text{ld}(a[:-1],b))+1; \quad \text{if}\, a[-1]!=b[-1]$$

这里的+1 表示已经发生了错误，必然需要一步操作，也就是编辑距离至少为 1 才能让最后的这两个字符相同。其中的三项分别对应的是最后一个字符的不同是替换型错误、插入型错误或删除型错误。

然后往下求解，直到剩最后两个字符或一个空字符串和剩余字符串。两个字符的情况要么是替换型，要么是相同的。对于空字符串与剩余字符串，其编辑距离就是剩余字符串的长度。这样肯定是可以得出结果的，但属于穷举式的方法，即暴力遍历所有可能的组合而进行求解，其中有很多重复的计算，因此效率较低。

如果可以把中间所有可能的计算预先计算好，当进行对比时则不需要再进行计算了，只需要查询前面计算好的结果就行，这样就能避免大量的重复计算，从而提升效率。

以 xxc 和 xyz 为例，通过矩阵记录计算好的结果，如图 5.2 所示。

图 5.2 中的 0 代表空字符串，当某一边为空字符串时，编辑距离就是另一边字符串的长度。可以直接得出结果，如图 5.3 所示。

	0	x	y	z
0				
x				
x				
c				

图 5.2　矩阵记录

	0	x	y	z
0	0	1	2	3
x	1			
x	2			
c	3			

图 5.3　与空字符串的对比

下面计算剩下的字符。先对比 xxc 中的 x 和 xyz 中的 x，两个字符是相同的，是不是可以直接得到编辑距离为 0 的结论呢？答案是可以的。不过按照算法这里依然需要走前面的流程，即对比 $a[:-1]$ 和 $b[:-1]$，就是两个空字符串（图 5.3 中 0 对应的位置），这里可以直接查到前面的计算结果为 0。

开始计算 x 与 xy，先对比 x 与 y，这两个是不同的字符，所以需要寻找 3 种子串的最小值 $\min(\mathrm{ld}(a[:-1],b[:-1]), \mathrm{ld}(a,b[:-1]), \mathrm{ld}(a[:-1],b))$，其对应 0 与 x、x 与 x 及 0 与 xy。可以看出，对应图 5.3 中目标位置的左上、左和上三个位置的值，直接找到最小的那个值然后加 1 即可，如图 5.4 所示。

然后计算出 x 与 xyz 之后的编辑距离，结果如图 5.4 所示。按此计算出所有的编辑距离之后的矩阵，如图 5.5 所示。最终的结果就是图 5.5 中右下角的那个值，即 2。

	0	x	y	z
0	0	1	2	3
x	1	0	1	2
x	2			
c	3			

图 5.4　第一行的计算

	0	x	y	z
0	0	1	2	3
x	1	0	1	2
x	2	1	1	2
c	3	2	2	2

图 5.5　全部的结果

5.2.2　编辑距离的使用

了解了编辑距离的概念并且知道了计算方法，那么编辑距离具体怎么使用呢？

基于编辑距离的召回有如下两个方案。

1）使用暴力枚举法

使用暴力枚举法就是尝试所有编辑距离为 1 的输入。例如，看到一个词"hallo"，发现这个词是 OOV，如果用肉眼看，可能会直接猜到正确的词应该是"hello"，但机器不知道，只能尝试 3 种错误的可能性。这里先尝试插入型错误，那么就意味着少一个字符，而这个词共有 6 个字符，那么就有 7 个间隙，逐一尝试所有 a~z 的字符——"ahallo/bhallo/challo/…halloy/halloz"。再尝试删除型错误，这种方法的遍历项就少很多，就是逐一尝试删除每个字符——"allo/hllo/halo/hall"，然后尝试替换型错误。中间每发现一个在词表内的词即认为是候选词，就将其添加到候选集中。一般使用暴力法不会尝试编辑距离为 2 的情况，因为要处理编辑距离为 2 的情况，暴力遍历的数量太多了，如替换型错误，基于编辑距离为 1 的条件就是 26×6=156 个遍历项，而对于编辑距离为 2 的条件，那么就是 $26^2 \times 6 \times 5 = 20280$ 个遍历项。

　　只处理编辑距离为 1 的情况足够了吗？基本上是够用了，这个先验就是假如一个单词写错了，肯定是基于某个正确的词修改其中的某个字符而变为现在的错词，那么错一个字符的概率肯定大于错两个字符的概率，错两个字符的概率肯定大于错三个字符的概率。

　　这个先验也是有统计数据支撑的，统计显示，在拼写错误问题中，只有 1 个字符出错也就编辑距离为 1 的情况占 80%，而 2 个字符出错的情况占 19%，这两项错误的概率是 99%。所以只处理 1 个字符的错误也是可以满足多数场景的。当然，如果想让用户体验更好，就得兼容 2 个字符的错误。此时方案 2 就是一个更好的选择。

　　2）使用 BK-Tree 搜索

　　使用 BK-Tree 直接搜索与错误字词编辑距离在 2 以内的正确单词。

　　至于什么是 BK-Tree 我们下一节讲解，这里先来看一个示例。

　　假设现在发现一个 OOV 的单词 acress，现在无论是通过暴力枚举法还是 BK-Tree 搜索法召回了 7 个候选词以及对应的错误字符和类型，如表 5.1 所示。

表 5.1　错误单词的候选集

错　　误	候　选　词	纠正字符	错　误　字　符	错　误　类　型
acress	actress	t	-	deletion
acress	cress	-	a	insertion
acress	caress	ca	ca	transposition
acress	access	c	r	substitution
acress	across	o	e	substitution
acress	acres	-	s	insertion
acress	acres	-	s	insertion

现在我们要开始排序，找到最有可能正确的词，计算方式就是前面表述的噪声信道模型，先计算不同词的 $P(I)$，如表 5.2 所示，这里使用的是 uni-gram 也就是单词的词频概率，如果想提升效果，也可以使用 bi-gram 甚至 tri-gram。

表 5.2　不同词的词频概率

词	词　　频	$P(\text{word})$
actress	9321	.0000230573
cress	220	.0000005442
caress	686	.0000016969
access	37 038	.0000916207
across	120 844	.0002959314
acres	12 874	.0000318463

表 5.3　正确词发生对应错误的概率

候　选　词	纠　正　字　符	错　误　字　符	$x \mid w$	$P(x \mid word)$
actress	t	-	a | ct	.000117
cress	-	a	a | #	.00000144
caress	ca	ac	ac | ca	.00000164
access	c	r	r | c	.000000209
across	o	e	e | o	.0000093
acres	-	s	es | e	.0000321
acres	-	s	ss | s	.0000342

然后需要计算 $P(O|I)$，如表 5.3 所示，这里给出了正确词到错误词的统计条件概率，但多数场景可能无法得到精确的统计值，只能依靠先验并基于编辑距离给出一些武断值，例如，首字母发生删除型错误并且编辑距离为 2 的概率，可能会小于其他类型的编辑距离为 1 的概率。

$$I = \arg \max P(O|I)P(I)$$

这样就可以得到最终的排序结果，如表 5.4 所示，最终原输入词为 across 的概率最大，在搜索场景中可以直接给出基于猜测的正确词的搜索结果。

表 5.4　最终的排序结果

候选词	纠正字符	错误字符	$x \mid w$	$P(word)$	$P(x \mid word)$	$10^9 * P(z \mid w)P(w)$
actress	t	-	c | ct	.000117	.0000231	2.7
cress	-	a	a | #	.00000144	.000000544	.00078
caress	ca	ac	ac | ca	.00000164	.00000170	.0028
access	c	r	r | c	.000000209	.0000916	.019
across	o	e	e | o	.0000093	.000299	2.8
acres	-	s	es | e	.0000321	.0000318	1.0
acres	-	s	ss | s	.0000342	.0000318	1.0

5.2.3　BK-Tree 结构

顾名思义，BK-Tree 是一种树形的数据结构。树结构经常用来加速搜索，例如 B+Tree 等。MySQL 的索引结构使用的就是 B+Tree。BK-Tree 也是一种树形结构，主要用于进行编辑距离查找，也可用于相似字符串的查找（其实还是编辑距离，因为编辑距离更少的字符串一般也更相似）。

现在，让我们看看 BK-Tree 结构。与所有其他树一样，BK-Tree 由节点和边组成。BK-Tree 中的每个节点代表字典中的一个单词，并且节点的数量与字典中的单词数量完全相同。注意，有些索引树的中间节点是不包含数据的，在搜索过程中必须搜索到叶子节点才能得到结果。而 BK-Tree 是中间节点，也包含数据，这里对应的就是单词，当然 BK-Tree 一般是进行范围搜索的，所以多数情况下需要搜索到叶子节点才能结束。边包含一些整数权重，可以告诉我们从一个节点到另一个节点的编辑距离。假设有一个从节点 u 到节点 v 的边缘

有一些边缘权重 w，那么 w 是将字符串 u 转换为 v 所需的编辑距离。

考虑字典集合：{"help", "hell", "hello"}。这个字典集合的 BK-Tree 结构如图 5.6 所示。

BK-Tree 中的每个插入都从根节点开始。根节点可以是字典中的任何单词。因为基于编辑距离或相似度的目标搜索一般都是范围搜索，所以即使中间节点被命中也不会中止，所有的搜索除非没有子树满足，其他情况都是需要探索到叶子节点为止的，这样基于词频优化树结构的效果就很弱，所以可以基于任一单词作为根节点。

BK-Tree 中的每个节点都只有一个具有相同编辑距离的子节点。如果新的节点与根节点的编辑距离与已有的节点发生冲突，如 a 与 root 的编辑距离为 2，而 root 已经有了一个编辑距离为 2 的子节点 b，这时就发生冲突了。那么这个子节点 b 将被作为一个子树重复上面的插入过程，也就是 a 将以 b 为子树的根节点重新计算编辑距离然后插入，如果再次与 b 的子节点 c 发生冲突，那么将继续重复上面的过程，直到找到某个不再产生冲突的父节点为止。

例如，在图 5.6 的词典中添加另一个单词 shell。现在 Dict = {"help", "hell", "hello", "shell"}，计算 shell 与当前的 BK-Tree 根节点的编辑距离是 2，发现其与 hello 相同，也就是发生冲突。根据规则，需要把 hello 作为新的根节点，重新计算编辑距离，然后作为 hello 的子节点插入。

因此，现在我们不是在根节点 help 处插入 shell，而是将它插入碰撞节点 hello。现在新的节点 shell 被添加到树中，它的节点 hello 作为其父节点，edge-weigth 为 2（编辑距离），如图 5.7 所示为插入后的 BK-Tree。

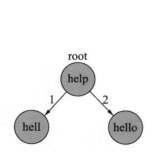

图 5.6　三个节点的 BK-Tree

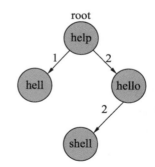

图 5.7　加入 shell 之后的 BK-Tree

到现在为止，我们已经了解了如何构建 BK-Tree，那么如何才能找到拼写错误的单词最接近的正确单词呢？

BK-Tree 成立条件的几个公式如下：

$$ld(x,y)=0 \text{ 当且仅当 } x=y$$

ld 就是编辑距离，上面的公式表示在 x 和 y 两个字符串完全相同的情况下编辑距离才为 0。

$$ld(x,y)=ld(y,x)$$

上面公式表示 x 与 y 的编辑距离等于 y 与 x 的编辑距离，其实就是从 x 修改到 y 和从 y 修改到 x 的编辑距离是一样的。

下面是关键公式。

$$ld(x,y)+ld(y,z)>=ld(x,z)$$

　　直观地看有点像三角不等式，两边相加必然大于第三边。字符串 x 改到 y，然后再改到 z，两步编辑数量之和必然是大于直接从 x 改到 z 的。但下面需要基于这个公式进行搜索。

　　首先，我们标记错误单词，也就是搜索词为 err。

　　然后，我们需要限定一下编辑距离的上限，也就是不能任意搜索结果。如果编辑距离没有上限或上限很大，那么几乎所有的单词都可以匹配上，因为一个单词的平均长度是 6，最大编辑 6 次可以修改为任意一个单词。纠错场景一般是 2，我们定义这个值为 T。

　　如果要搜索这棵树，肯定不能全局遍历，否则就没有树结构的价值了。那么如何进行选择呢？直观上看，肯定是要与每个节点进行编辑距离的计算，然后根据已经计算好的子节点与当前节点的编辑距离进行路径选择。我们定义当前节点为 root，root 的某个子节点为 sub，这个子节点 sub 与 root 已经计算好的编辑距离即 sub 到 root 的边的权重为 L。注意，这里的 root 不一定是树的根节点，任一节点都可以，因为搜索过程是一个迭代过程，每次都需要基于当前节点及其子节点来判断后续搜索的路径。

　　至此，我们可以应用前面给出的公式，基于已经计算出的边权重计算出两个编辑距离来限定目标节点的范围。

$$ld(err, root)=D, ld(root, sub)=L, ld(err, sub)=t$$

下面三项用于定义变量名。

$$ld(err, root)+ld(root, sub) \geqslant ld(err, sub) => t \leqslant D+L$$
$$ld(err, sub)+ld(sub, root) \geqslant ld(err, root) => t \geqslant D-L$$
$$ld(root, err)+ld(err, sub) \geqslant ld(root, sub) => t \geqslant L-D$$

由后两个公式推出：$t \geqslant |D-L|$，为了与第一个公式对齐就去掉了绝对值：

$$t \in D-L, D+L$$

如果限定 $t=T$，那么变换不等式可以得到 L 的范围：

$$L \in D-T, D+T$$

　　因此，不是迭代它的所有子节点，而是迭代它的子节点的编辑距离在指导范围内 "$D-T, D+T$" 的节点，在很大程度上降低了复杂性，如图 5.8 所示。

　　下面演示一下搜索过程。例如，我们现在有如图 5.8 所示的 BK-Tree，有一个拼写错误的单词 oop，编辑距离限制为 2。

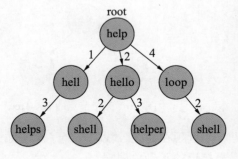

图 5.8　示例 BK-Tree

- 迭代 1：检查根节点的编辑距离。LD("oop" -> "help")= 3，这样就需要迭代其编辑距离范围在 "$D-T, D+T$" 即 1,5 的子节点。

- 迭代 2：从最大可能的编辑距离中开始迭代，当前的树中没有与 help 编辑距离为 5 的子节点，最大的就是 loop 编辑距离 4。现在我们再次对比拼写错误的单词 oop 与 loop 的编辑距离，LD("oop", "loop")= 1。

　　这里 $D = 1$，即 $D \leqslant T$，就是说 loop 这个词本身也是符合要求的，所以将 loop 添加到预期的正确单词候选集中，然后继续搜索其子节点，编辑距离在 "$D-T, D+T$" 即 1～3 的范围。

- 迭代 3：现在我们处于节点 troop。再次检查拼写错误的单词 oop 与 troop 的编辑距离，LD("oop", "troop")= 2，即 $D \leqslant T$，因此再次将 troop 添加到预期的正确单词候选集中。

❑ 迭代 4：loop 子树搜索结束了，继续搜索 hello 和 hell。

如此迭代，最终发现再没有与 oop 编辑距离小于或等于 2 的节点了。

因此，最后我们只找到与拼写错误的单词 oop 编辑距离为 2 的两个单词，即 {"loop", "troop"}。这两个词作为召回候选，可以继续上一节做过的概率计算，找出概率最大的那个词作为纠正结果。

对于 non-word spelling error 因为可以查到准确的错误位置，所以召回可以只针对错误的单词，计算语言模型的概率也可以只计算错误单词位置的 uni-gram、bi-gram 等。但对于 real-word error 就稍微麻烦一些。

当找不到不在词表中的单词时，有两种纠错方法，一种是怀疑每个词都有可能是错的，对每个词进行编辑距离召回，然后依然使用 Viterbi 或最短路径算法找出概率最大的那个链条，如图 5.9 所示。这种方案的优点是召回率比较高，基本上所有的错误都能找到，但问题是可能会把一些不常用的词改为常见的词，也就是跟 NMT 模型一样把正确的语句给修改掉。同时，因为要对每个词尝试纠错，所以计算量也比较大。

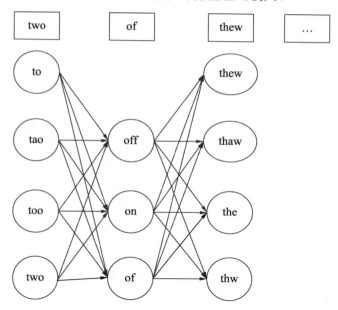

图 5.9　real-word error 纠错

另一种方法就是先通过局部语言模型概率，如通过 bi-gram 和 tri-gram 找出整句中概率突降的位置，怀疑这里有错误，就针对这里局部的一个或几个单词进行尝试召回，如果只是一个单词，那么直接计算局部概率找到最大的即可，如果是多个单词，依然是使用上面的最短路径算法，找到让全句概率最大的那个链条。

示例如表 5.5～表 5.7 所示，作为演示不用完整地计算整句的噪声信道模型概率，只要看一下表 5.7 中所示的 bi-gram 词频就可以找出句中的错误，前面 6 个词的词频都是正确的，只有后 3 个词"food lunch spend"两两间的词频都是 0，所以肯定有错误，然后就可以针对后面的词进行尝试纠错了。

表 5.5　一句话中每个词的词频

i	want	to	eat	chinese	food	lunch	spend
2533	927	2417	746	158	1093	341	278

表 5.6　一句话中两个词的词频

	i	want	to	eat	chinese	food	lunch	spend
i	5	827	0	9	0	0	0	2
want	2	0	608	1	6	6	5	1
to	2	0	4	686	2	0	6	211
eat	0	0	2	0	16	2	42	0
chinese	1	0	0	0	0	82	1	0
food	15	0	15	0	1	4	0	0
lunch	2	0	0	0	0	1	0	0
spend	1	0	1	0	0	0	0	0

表 5.7　一句话中的bi-gram

	i	want	to	eat	chinese	food	lunch	spend
i	0.002	0.33	0	0.0036	0	0	0	0.00079
want	0.0022	0	0.66	0.0011	0.0065	0.0065	0.0052	0.0011
to	0.00083	0	0.0017	0.28	0.00083	0	0.0025	0.087
eat	0	0	0.0027	0	0.021	0.0027	0.056	0
chinese	0.0063	0	0	0	0	0.52	0.0063	0
food	0.0014	0	0.014	0	0.00092	0.0037	0	0
lunch	0.0059	0	0	0	0	0.0029	0	0
spend	0.0036	0	0.0036	0	0	0	0	0

　　虽然这个方案避免了计算量巨大并且容易改掉正确用词的弊端，但是非常容易漏掉一些错误，因为概率突降不一定是错误，一些不常见的用词方式都会导致概率突降。当然，可以控制触发的阈值进行调节，但最优的阈值还是比较难确定的。

5.3　拼音纠错

　　前面讲过了英文的拼写错误的纠正方法，真词错误的纠正与中文纠错有些类似，也有基于形似和音似的召回，然后基于语言模型的概率通畅度来排序，具体细节就不展开讲了。
　　拼音纠错则与英文的拼写错误有些类似，但二者也有区别。
　　拼音一般不会直接作为最终输出，所以直接针对拼音进行纠错的场景大部分是输入法，对于搜索场景，有时候用户没有方便的输入法时也会使用拼音，但不属于主流。
　　另外，拼音错误的检测无法基于类似英文单词一样的 non-word，通过查询其是否在词表中进行判断。因为拼音只是作为中文输入和发音的一种辅助工具，其本身没有对应的正确词表，即使有，但拼音本身的重码率非常高，错了可能也发现不了。

5.3.1　拼音输入法

在讲拼音纠错之前，我们先简单介绍一下拼音输入法的相关内容。

在搜狗输入法出现之前的拼音输入法如智能 ABC 和紫光拼音等，其实现逻辑相对简单，就是有一个中文词表及拼音索引，如"你好"的拼音就是"nihao"。当用户输入一串字符时，拼音输入法就会完全让用户选择要输入的字，例如你输入的是"nanjingshichangjiangdaqiao"→"南京市长江大桥"，第一次弹出的字词就是"南、南京、南京市、难"等，如果你选择了"南京市"，那么后面会继续弹出"长、长江"等字词，如果你选择了"南京"，后面就会弹出"市、市长"等字词继续让你选。

这种输入模式很麻烦，但实际上如果你熟悉了各个拼音的位置可以盲选的话，输入速度还是很快的，曾经就有新闻报道过一个女生完全记住了每个拼音对应的词的编号，完全盲打，可以达到每分钟 200 字以上的输入速度。

稍微智能一点的输入法，就是基于词频预先猜测出一个默认词，如果这个词是用户想要输入的词就无须再修改，如果不是，那么就得继续去找到对应的标号选择。对于完全是基于 uni-gram 的词频，如果输入的是多个词的拼音，那么最终猜出正确词的概率就会降低，也就是说不能正确地把拼音断开。因此当时人们的输入习惯是不输长句，多数是一个词一个词地输入。

直到搜狗输入法的出现才打破了这个习惯。其实搜狗输入法最开始做的改变也不多，只是引入了类似 HMM 的 Viterbi 解码算法，如图 5.10 所示。

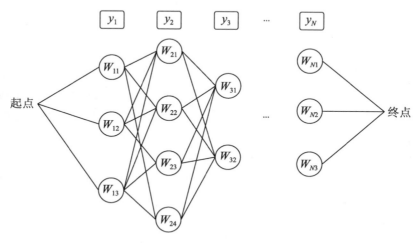

图 5.10　拼音断词

拼音断词的原理是把所有断词方式下面对应的每个词作为召回候选，然后基于 bi-gram 词频计算最终的分值，找出概率最大的那种拼音断词方式及其下面对应的词作为最终默认的选择。

以上是客户端本地的实现逻辑。在远程云端，因为存储空间没有限制，可以使用 tri-gram

或 4-gram 作为概率计算打分函数，甚至可以直接使用神经网络语言模型。例如我们现在使用的百度输入法或搜狗输入法，在输入一串拼音之后会发现一个与默认选择不同的候选词句，同时其边上带有一个云标签，这就是云端计算的结果。

云端不仅计算资源多，而且可以收集到的用户语料也非常庞大，因此用户体验和准确性也提高很多。

就是这样的改变，让当时的拼音输入法产生了巨大的变革。因为对于用户经常输入的一些词句，这种基于全句的概率推测可以达到 80%甚至 90%的情况下让用户无须修改，用户体验感一下子提高了。

我们回来继续讲拼音纠错，随着移动互联网的发展，手机拼音输入法也是非常高频的一个 App。所以这里简单了解一下手机拼音输入法的两种方式，一种是类似 PC 端的全键盘，26 个输入字母，一种是 9 宫格的拼音输入。对于拼音输入法的 9 宫格形式，多数输入法是不纠错的，为什么？逻辑很简单，就是因为 9 宫格的一个按键本身已经对应了 3~4 个字符，这样导致重码率进一步提升，即使不纠错，召回量也非常大了，如果再进行纠错，那么召回量是不可控的，这样用户的体验就会下降。另外，9 宫格输错的概率也不高。

然而，对于 26 键的场景拼音输入法触发纠错的概率也不是很大，因为需要满足一些条件，首先对于用户输入的字符串要进行猜测断词，因为用户输入拼音时不一定都是完整地拼写，有时只会输入声母，为了提高用户体验，支持这个特性之后，基本上无论用户进行多么奇怪的输入，多数情况下都可以猜测出一句话来。除非某些输入是常见的错误，如方言等，否则不会进入纠错逻辑。

拼音纠错更多的是用户已经输入了一串拼音，如搜索场景，或者是基于同音和近音字的反向拼音召回。

5.3.2 拼音的错误类型

拼音的输入错误跟英文相似，例如 nihao 输错了，写成了 nuhao，这种场景的候选词召回就会使用与英文相同的编辑距离。当然，因为拼音组成方式的特殊性，如声母、韵母等，导致拼音的拼写多样性远比英文低，所以产生了一种专用的编辑距离——拼音编辑距离，其实逻辑与英文的编辑距离是一样的，只是限制了错误的种类。例如，在英文中，sin 可能是任意正确的单词转移过来的，可以是 son/sun/din 等，但拼音不会。例如，han 只可能是由 hao/hang 等输错一个字符变换的，不可能是 hin/hoo 之类的词的变换。

混淆音字词，这个类型主要是方言 l-n/f-h/yie-ye/iou-iu/u-v 等拼音的混淆。例如：

❏ gu|a→ai|wu 挂物（怪物）攻城奖励、s|en→un|zi 森子兵法→孙子兵法；

❏ 前后鼻音：打战片→打仗片；

❏ u-v 不分：鲁政俏佳人→律政俏佳人；

❏ l-n 不分：晚良→晚娘；

❏ 平翘舌：甑（zèng）嬛传→甄嬛传；

❏ 多音字、同音字：迟暮刚宪→赤木刚宪，豌豆夹→豌豆荚，徐铮→徐峥。

拼音纠错其实还是中文纠错的一部分，即基于拼音错误的可能性做候选词召回，并不是独立的纠错种类。

5.4　中文纠错

前面介绍过，中文全部错误都属于真词错误，所以无法基于字词本身是否正确来检测错误的位置，只能跟英文的拼词错误问题一样，要么全文都怀疑是错的，尝试召回纠错，基于全句的最短路径寻找概率最大的链条来决定最终的纠正结果，要么使用语言模型的各种工具来检测可能出现错误的位置。前者的弊端是计算量大并且结果不可控，类似于 NMT 纠错模型，所以使用并不多。后者涉及错误检测，错误检测的方法有很多，但各有优缺点。

5.4.1　错误检测

最常见的错误检测方法就是使用 n-gram 方法，其优点是实现简单，容易理解，弊端就是阈值不好定，并且只能解决局部词语组合的错误，如果是一些远距离依赖和前后不匹配的错误则是无法发现的。

例如，"在那次火灾中，他身上的皮肤很多部分都'浇'了。"，句中的"浇"其实应该是一个同型字错误，对应的字应该是"烧"。但使用 bi-gram 会发现"都浇"和"都烧"都不常见，但也不属于没有出现过的组合，所以无法判断对错。

针对此类错误的检测，就得用一种相对传统的 NLP 技术——句法分析或依存句法分析。

句法分析在纠错场景的用法之一其实类似分词的作用。例如出现错误的句子"女人比那人爱吃零食"，句法分析（分词）之后的结果是"女人/比/那/人/爱/吃/零食"，一共有 5 个散串，散串就是单字，就是没匹配上词语关系的元素。

正确的句子"女人比男人爱吃零食"在句法分析（分词）之后的结果是"女人/比/男人/爱/吃/零食"，只有 3 个散串。只要发现有散串，就可以认为其中有可能出现错误，则可以进行召回并尝试纠正。

句法分析和分词进行错误检测同样存在 NER 面临的问题，就是错误传播，如果分词本身发生了错误，那么后面纠错部分是不大可能把这个错误再纠正回来的。

例如，原句"王青水你好"被写成了"王青水泥好"，那么分词之后可能出现"王青 / 水泥 / 好"，这种情况就会导致错误无法被纠正，因为"水泥"是一个词，不会被认为是错误的。

因此句法分析这种检测方法一般都是与其他检测方法配合使用，并不会单独使用。此外，句法分析这种方法并不能解决前面说的远距离匹配问题，能解决这个问题的是依存句法分析，如图 5.11 所示。

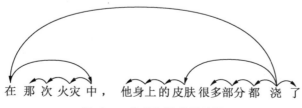

图 5.11　依存句法分析结果

"在那次火灾中，他身上的皮肤很多部分都'浇'了。"，这句话进行依存句法分析之后的结果如图 5.11 所示，可以发现，"浇"的修饰词是皮肤，皮肤与"浇"的搭配在统计中几乎不会出现，也就是概率接近 0，而皮肤与"烧"的搭配出现频率会高一些，这样就可以完成错误的纠正。

依存句法分析的方法与 n-gram 类似，只是不基于前后词的双字词统计，而是基于解析出来的语法树的搭配，例如前面的"皮肤"与哪些词进行搭配，从而统计搭配频率，最终基于语法搭配频率进行错误检测。

此外就是一些机器学习模型作为错误检测的识别器，例如，MaxEnt 的最大熵模型和支持向量机（SVM）等都可以作为错误检测识别器。如何使用呢？原理也比较简单，就是基于语句本身的特征来训练分类器，只是语料的特征完全需要人工建立特征工程。

如果不想建立特征工程，那么可以使用神经网络如 RNN 作为识别器。前面介绍过很多种面向不同任务的 NLP 模型，深度学习只是减轻了一些细粒度的特征工程工作量，如果要想进一步提升指标效果，很多有效的先验特征还是需要的，例如前面被多个任务多次使用的 bi-gram 信息等。

神经网络作为错误检测器有两种用法，一种是将其作为语言模型，直接基于前后字词来预测当前位置最高概率应该出现的是哪些字；另一种类似于序列标注，预测当前位置的字是否为错字。

当然，最终的效果还是类似的，如果发现当前字词没有出现在高概率字词列表中，则认为出错了，可以继续进行后续操作。

还有一种比较常见的错误检测方法是模式匹配。简单理解就是把常见的错误整理成一个错误词典，一旦在用户的输入中发现了错误表中存在的错误，则直接将其判定为错误。有些常见错误有对应的正确结果，这时候可以直接进行纠正，不需要进行召回和概率计算等操作。这种检测方案的好处是非常简单且易于实行，弊端是因为其是局部匹配，所以有可能与分词错误一样导致匹配错误。同时，因为是预先设定好的错误列表，所以这些错误只能是常见的错误，整体的错误识别召回率很低，因此一般都是与其他方法配合使用，不能单独使用。

举个简单的例子，假设你发现很多人把"你好"错输为"泥好"，当用户输入"水泥好贵"时，进行强制匹配并纠正后，就会把正确的词替换为错误的"水你好贵"。

因此模式匹配的一个好处是会进行场景限制，例如，只在用户输入的与错误完全匹配时才直接纠正，如果只是部分或局部匹配则只作为召回候选，不直接纠正。例如，在用户输入"泥好"时才直接替换为"你好"，否则只检测并召回，具体是纠正还是不纠正，以及要纠正到哪个字词则需要进行概率计算后取最优值。

模式匹配的另一个好处就是可以解决在整体语料情况下相对比较稀疏的输入，例如书名、人名和影视剧的名称错误，"甄（zèng）嬛传"→"甄嬛传"等。当然，这些名称也可以作为知识性错误基于外部知识库的支持来解决。不过使用模式发现策略比知识库的更新及时许多。至于模式如何发现，后面再介绍。

5.4.2 候选字词召回

如果检测出了错误字词，那么下一步操作就是找出这个错误字词对应的正确的字词。

为什么要找候选字词，不能直接把所有的字词尝试一遍呢？英文的编辑距离可以在每个位置上尝试所有字符，但这在中文场景中不现实。即使只进行中文错字的纠正，由于常见汉字有 3 000 多个，可以在计算机中输出的汉字更是多达 10 000 多个，如果每处错误都把所有的字都作为召回进行排序，那么计算量会非常大。而且基于正常的语言习惯先验，是可以排除 99% 的不可能是正确的字词，因此为什么还要做全量召回呢？

当然，基于先验的候选集筛选，如同音字和同形字是不可能覆盖全部正确的字词的，必然有些错误因为召回候选集的遗漏而导致纠错失败。基于这种问题的解决方案是尝试增加候选集的覆盖率，而不是使用"笨重"的全量召回。

每个字组成的常见的错误词都会建立一个候选集，也称作混淆集或者困惑集，用来发现错误时作为召回来源。所谓混淆，就是这些字词互相之间容易令人困惑，所以导致错误，如图 5.12 所示。

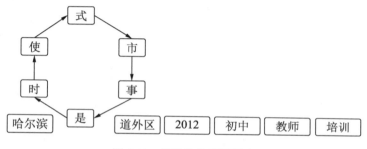

图 5.12　候选集的召回示意

每个汉字都有一个同音字困惑集，如"你：泥、昵、妮……"。每个汉字还有一个同形字困惑集，如"已、己、巳……"。同音，同形之外还有近似音的召回，如前面讲过的拼音编辑距离，就是用于做候选召回的。除此之外，用户常见的错误用法也会被整理为困惑集。

关于词的困惑集跟前面讲的模式匹配的逻辑基本是一样的，都是基于统计和用户行为发现而收集的错误映射。跟前面举的"你好"→"泥好"的例子一样，常用词经常会与前后字发生匹配而被拆散，不再成为对应的词，所以与字的困惑集一样，词的困惑集只作为检测后的候选召回，而不用于直接替换纠正。

5.4.3　错误纠正

检测出错误，然后进行候选字词的召回，最后是选择哪个候选字词作为正确项进行替换纠正。其实这就是一个基于概率分值的排序。

概率的计算依然是前面讲过的噪声信道模型，不过基于召回的候选字词没有正确词到错误词的统计条件概率，原因是没有足够能包含错误并且有对应正确标注的语料。

这样最终排序的依据就只有语言模型的概率了。

方法一是使用 n-gram 模型，跟错误检测的方法一致，但计算的不是原来语句的 n-gram 模型，而是使用候选字词替换后的 n-gram 模型，找到最大的那个作为正确项。这种方法的弊端是只能考虑局部信息，对于一些远距离的依赖关系是无法考虑到的。

方法二是使用 PPL（Perplexity，困惑度），这是一个与 n-gram 模型相关的指标，与前面的困惑集没有关系。

$$PPL(S) = P(w_1 w_2 \cdots w_n)^{-1/N} = \sqrt[N]{1 / P(w_1 w_2 \cdots w_n)}$$

$$= \sqrt[N]{\prod_{i=1}^{N} \frac{1}{P(w_i \mid w_{i-1})}} = -\frac{1}{N} \sum_{i=1}^{N} \log P(w_i \mid w_{i-1})$$

$P(w_i|w_{i-1})$一般使用的就是 bi-gram 值，当然也可以使用 tri-gram 等。这其实比 n-gram 稍好一点，就是当两个字被替换成一个词或一个词被替换成两个字时，因为词的数量发生了变化，单纯的 n-gram 是不好直接比较的，而 PPL 计算的是全句的概率，这样就可比了。但因为内部使用的还是 n-gram，所以远距离依赖依然无法考虑到。

方法三是使用神经网络对全句的通畅度打分，这个逻辑跟 PPL 类似，但其优点是如果调节好模型那么可以把远距离的依赖关系建模进网络，如 LSTM+注意力机制等。

方法四是 HMM，当一句话的错误多于一个时，使用 n-gram 就不太合适了，因为使用 n-gram 无法考虑全句的整体流畅度，而使用 PPL 是可以的，但错误较多时选字词的组合将会爆炸，PPL 就相当于 HMM 的 Viterbi 解码算法对应的暴力穷举法，这种场景使用最短路径或 Viterbi 算法比较好。

其他非神经网络方法，如 SVM，很多 ML 算法都可以为最终的句子流畅度打分，不过对于传统机器学习算法，其效果好坏的关键就是特征工程，而 NLP 场景的特征工程是相对烦琐的，所以此类方法只是在深度学习出现之前研究过一段时间，之后使用的就不多了。

总结一下，纠错的三个步骤是先进行错误检测，然后基于可能是错误的字词进行候选集的召回，最后基于召回的候选集进行概率计算并排序找到最优的一个组合作为纠正的正确结果。

5.5　中文纠错实践

5.4 节讲了中文纠错的流程及其方法，这一节我们再举一些具体的例子来加深读者的理解。

5.5.1　pycorrector 的纠错实现

pycorrector 是 Python 的一个纠错包，它的开发目的不是让用户直接将其作为纠错工具，可以看看其源码，里面的写法相对"偏学术"，它的目的是让用户将其作为学习纠错内容的资料包。

（1）直接基于常见错误库去查找，如果找到则可以基于错误库的映射直接替换为正确的词。至于是直接替换还是作为候选，是可以设置的。

（2）分词，分词之后，凡是连续的单字都可以作为错字的候选。

（3）基于 n-gram 语言模型进行错误查找。这里做了一些工作来平衡单独使用 n-gram 阈值不好定的问题，就是使用 bi-gram 和 tri-gram 的平均值，每个位置都有一个 bi-gram 值和 tri-gram 值，两者相加取平均作为这个位置的 n-gram 得分，然后对所有位置的值求一个方差，基于方差大小来判断是否触发阈值，当然这里还考虑了方差的正负值，距离均值向下偏差的方差，概率比均值更低。

上面三步其实都是在做错误检测。

（4）生成候选，为所有的疑似错字找到对应的同音字和同形字，召回后作为候选集。这里没有基于拼音的编辑距离进行召回。

（5）用 PPL 给全句的流畅度打分，找出得分最高的那个作为最终的结果。

以上是 pycorrector 的纠错流程。最终的纠错效果只能算一般，无法满足要求较高的场景，优化方向在三大块环节中都有较多的优化空间，例如检测可以引入一些机器学习模型，以及基于高频用户输入发现更多的错误模式等，召回和纠正环节同样如此。

5.5.2　拼音编辑距离召回及纠错示例

现在获取到一个用户输入"视屏"，中文词表里并没有这个词，基于字的 bi-gram 概率也很低，所以可以判断为输入错误。这是一个比较常见的搜索场景的用户输入。

开始纠错，由于是一个拼音输入错误，只进行同音、同形字词的召回是无法纠正这个错误的，所以必须要进行拼音编辑距离的召回，如表 5.8 所示。

表 5.8　拼音编辑距离的召回

拼　音	错　误　推　测	对　应　的　词
shuiping	ui→i	水平
chiping	ch→sh	持平
shiping		时评
shipin	in→ing	视频
siping	s→sh	四平
sipin		四品

前 5 个词的 4 个词的编辑距离都是 1，中间的词"时评"算是同音词，编辑距离为 0，而最后一个词的编辑距离是 2。这里为了演示，把一些 n-gram 概率低的召回组合过滤掉了，同音、同形字等召回的可能性还是很多的。

最终就可以基于词频或字的 bi-gram 计算出语言模型概率 $P(I)$，然后基于编辑距离进行概率降权后，最终"视频"的得分最高，所以正确结果应该是"视频"。

这里的降权其实相当于给一个先验正确到错误的条件概率 $P(O|I)$，因为我们没有这样的语料去统计出相对真实的条件概率，只能基于先验，认为编辑距离越小，条件概率越高，对其进行编辑距离越大，得分越低的"粗暴"设置。

其他三个编辑距离为 1 的词中，因为词频显然是不如"视频"高，而"时评"虽然编辑距离为 0，$P(O|I)$的概率值应该是最高的，但其词本身的词频太低，即 $P(O|I)P(I)$比"视频"低，因而被排除。

5.5.3　一个句子的纠错示例

5.5.2 节举的是一个词的错误纠正示例，现在有一句话"中山公园浓好蛙。"，是不是有错误？正确的是什么？我们可以尝试纠错看看结果。

先分词，分为"中山、公园、浓、好、蛙"，对于前面已经成词的我们默认为正确，后面有三个字是不成词的，针对这三个字进行召回并排序，如表 5.9 所示。注意这里不是针对字进行召回和计算 n-gram 概率，而是针对的词。如何针对词进行召回，我们前面只是顺带提过，这里具体讲解一下。其实也比较简单，就是把所有的单字组合方式都尝试作为一个词来召回。例如，在表 5.9 中，"浓好"被尝试作为一个词召回了两个结果"弄好、侬好"，"侬好"是上海话"你好"的意思。"浓好蛙"被作为一个词召回了一个结果，"好蛙"被作为一个词召回了一个结果。

然后计算全句的 n-gram 得分，表 5.9 中显示的 n-gram 分值是取负 log 后的，值越小对应的概率越大，最终"中山、公园、侬好蛙"的概率最大，可以作为最终的正确结果输出。细心的读者可能发现第二条的结果与第三条是相同的，为什么 n-gram 值不一样呢？这就是不同分词导致的，第二条的分词是"中山、公园、侬好、蛙"，基于词的 n-gram 分值自然不同。如果是基于字的 n-gram 分值肯定是相同的。

表 5.9　分词后召回并排序

	n-gram(中山公园浓好蛙) = 9414
浓好→弄好	n-gram(中山公园弄好蛙) = 11589
浓好→侬好	n-gram(中山公园侬好蛙) = 8743
浓好蛙→侬好蛙	n-gram(中山公园侬好蛙) = 8443
好蛙→好哇	n-gram(中山公园浓好哇) = 8793

5.5.4　错误模式的挖掘

对于错误检测和纠正有一个比较重要的方法就是模式匹配，在限定一些条件之后识别率和纠错正确率都可以很高，同时纠错的工程实现简单，计算成本也很低。但模式匹配唯一的问题是错误模式的建立，如果是基于语料库的统计，那么就需要大量的标注，跟没有准确的 $P(O|I)$ 统计值的逻辑是一样的，并没有这样的语料，即使有也不够多，不足以作为置信的概率统计值来源。同时对于最新的用户用词及其对应的错误，即使有了足够的标注语料也无法快速地跟上这些节奏，因为收集到足够的语料必定十分耗时，这样就必然不能实时收集到足够的最新词汇，如果使用人工去提取，那么成本就会非常高。

这个问题的解决方案就是去自动学习用户的错误输入模式。以搜索场景为例，要收集到用户的错误模式，一般是做用户数据收集的，在 Web 端只能通过 cookie 去收集，如果用户关闭了 cookie 功能，则无法搜集，不过现在使用 Web 浏览器的国内用户关闭 cookie 功能的比例不是很大。如果是 App 端，就比较容易了，可以把用户所有的历史行为都记录下来并上传到服务端。国家现在发布了保护用户隐私的法律，App 方不能随意地收集用户数据，如果要收集，必须与用户解耦，也就是某个用户的数据与他自己是不能关联的。例如，用户注册使用的是手机号，那么用户的历史行为是"abcdef…"，这个历史行为只能保存到客户端，也就是保存到用户手机里，不收集，如果要收集服务端信息，那么就要与用户的手机号解绑，也就是你知道有哪些用户有哪些特征，但不知道具体某个用户有哪些具体特征。

当然在推荐系统场景，必须知道用户的历史行为才能对用户进行推荐，这种场景就要先征求用户的同意。

假设出现一个新的热点词"甄嬛传"，现在搜索引擎是没这个词的，所以无法纠错，如果用户输入的是错误的，如"甄环传"或"真环传"等，那么搜索结果必然没有正确的或者比较少，用户体验自然不好。如果用户还想继续查找结果，那么就不得不纠正自己的输入，用户改为正确的输入"甄嬛传"，发现有了搜索结果。在执行搜索任务的过程中，搜索引擎可以基于这个逻辑来找到一些错误模式。

当然，上面的情况其实是比较理想的，在真实场景中，用户的输入历史不见得会这么直观和清晰。下面就是同一用户的三段历史输入：

A：

甄环传

孙俪

甄嬛传

孙茜

B：

哪里有甄环传普通话版下载

甄嬛传温太医扮演者

哪里有甄嬛传普通话版下载

C：

长痘痘怎吗办

痘立消膏

痘痘

长痘痘怎么办

大致的流程是：先收集用户的历史输入，然后进行模式匹配，也就是尽量匹配出正确的输入内容。

用户的三段输入分别发掘出了三个错误对，如表 5.10 所示。

❑ 甄环传→甄嬛传；

❑ 哪里有甄环传普通话版下载→哪里有甄嬛传普通话版下载；

❑ 长痘痘怎吗办→长痘痘怎么办。

表 5.10　发掘的错误对

甄　环　传	甄　嬛　传
哪里有甄环传普通话版下载	哪里有甄嬛传普通话版下载
长痘痘怎吗办	长痘痘怎么办

至于如何判断哪个输入是正确的，可以基于用户的单击行为来判断。理想情况下，对一个错误的输入，用户是不会进行点击的，直到更正输入之后，有了正确的结果，用户才会进行单击。因此可以基于数据统计来提高选择的准确性，简单说就是正确结果的点击率高，而错误结果的点击率则很低。

然后做差别对比，发掘出其中不同的部分，如图 5.13 所示。

下一步就是根据前后提供的贡献字词来尝试组合为错误模式。例如，在图 5.13 中，只有"甄环"→"甄嬛"同音的两个字的字形是不同的。要做模式匹配，肯定要基于用户频繁输入的模式来建立，要尽量附带上上下文以作为错误识别的限定，不能只把错误的字词标识出来。

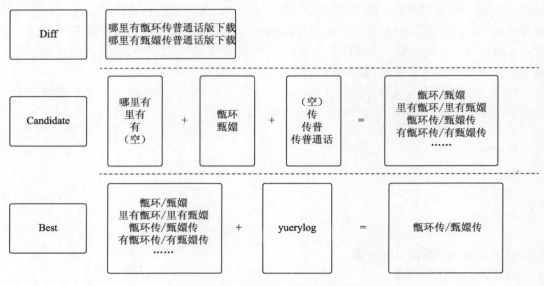

图 5.13　用户输入的模式挖掘

例如，一个人使用五笔输入法，总是把"已经"错输为"己经"，如果只发掘错误映射，即只把"已"→"己"的映射发掘出来，那么可以直接把所有用户输入的"己"全部替换成"已"吗？显然不可能。如果把所有的"己经"替换为"已经"则是相对准确的。

要附带一个合适的上下文也是不容易的，如果把全部的内容都附带上，如图 5.13 中的"哪里有甄环传普通话版下载"全部作为一个错误模式，那么适用范围就太小了，这么长的语料，其他用户的输入与其完全相同的概率太小。这样一个模式建立的价值就小了很多。

如果不能不附带上下文，又不能全带上，那么就要进行筛选，如图 5.13 所示，就提供了很多候选上下文作为候选集，如"甄环/甄嬛、里有甄环/里有甄嬛、甄环传/甄嬛传、有甄环传/有甄嬛传"。

有了候选集之后要选择最佳的，在程序的世界里就必须有一个打分的过程，也就是排序。那么如何排序呢？其实也比较简单，就是基于用户最终的单击页面里面的分词进行对比，寻找词频最高并且最长的共现词。

例如，发现用户点击的页面里基本都包含一个词"甄嬛传"，虽然也有一些"甄嬛传普通话版下载"等词，但是词频不如"甄嬛传"高。同时，作为"甄嬛传"的子串，"甄嬛"的词频必然是比"甄嬛传"高的，但我们需要寻找的是词频最高同时长度也最高的那个，所以可以认为"甄嬛传"才是最佳的那个目标词，错误模式就是"甄环传"。

类似的错误模式还有：模似考试→模拟考试，angle→angela，扑鱼达人→捕鱼达人，都是如此挖掘出来的。

上面介绍的是相对"精巧"的发掘方法，还有一种比较"暴力"的方法就是用户输入的查询如果匹配不上全词，就会匹配拆分之后的词，如前面用户输入的"哪里有甄环传普通话版下载"，这时是找不到完整匹配页面的，但做过分词之后，有可能匹配上"哪里有××传普通话版下载"，页面基于当前的热度，有可能显示包含"哪里有甄嬛传普通话版下载"

这项内容。这样用户就不会重新输入，而是直接点击，此时基于用户查询与他点击的页面就可以建立一个映射。具体流程是：第一，进行模式匹配，把错误与正确的对匹配出来；第二，进行做差别识别；第三，将错误模式召回；第四，选择最优模式，最终也能把类似的错误模式匹配出来。

　　此外还有一些不完全算是纠错的模式挖掘，如基于 suggestion 点击率来发掘映射。所谓 suggestion，其实是用户查询推荐，就是用户输入一部分查询之后，系统基于这个前缀把高频的完全词提示出来，以方便用户输入。这跟输入法的联想词类似，如图 5.14 所示。

图 5.14　搜索词推荐

　　对于拼音、英文或一些不常见的字词组合，有时候用户没有查询推荐提示而是直接进行搜索，这时就可以使用这种错误模式来匹配。例如，diany→电影、迪迦奥→迪迦奥特曼。

　　还有一些拼音简写，基于用户点击率进行映射，如 tbw→淘宝网、xlwb→新浪微博。

5.6　基于 NMT 的纠错简介

　　本节简单介绍一下纠错的神经网络模型。NMT 是翻译模型里经常见到的编码器-解码器架构。几乎所有的 NMT 模型都是可以用于 NMT 模式的纠错任务，每次纠错模型竞赛中最终获得大奖的几乎全部都是常见的 NMT 模型，唯一的区别只是在训练方式和额外的手工特征上。所以这里我们就不展开了。

　　对于纠错任务来说，如果它被看作一个翻译任务，那么所有的翻译模型都可以用于纠错任务，输入的就是一串可能附带错误的语句，输出的就是一个正确的语句。

　　这样做的好处有：端到端的模型结构，可以节省大量的特征工程工作，同时也可以减少很多错误，如 n-gram 阈值这样的超参数；理论上前面章节讲解的三段式纠错流程不易纠正"多字、少字、语法"等，NMT 模型都可以纠正。

　　基于 NMT 的纠错的坏处就是结果不可控。一个句子经过模型处理之后有两种问题，一是倾向于不修改，因为对于纠错任务来说，经常是某个字或词错了，相对整个句子来说覆盖的范围非常小，而这样训练出来的模型其实并不会对输入句子进行修改。就像训练的正负样本比例差异非常大，如 1:10，模型即使什么都没学到，把全部结果都预测为负，那么正确率也有 90%。纠错问题也一样，如果输入的 X 和 Y 绝大部分都是相同的，只有少量不同，那么很容易让模型习惯于不修改。二是倾向于修改正确的句子，正确的句子修改之后不一定会改错，可能只是针对某个词换一个同义词或相近的表述，但在某些场景中，如在用户可以看到自己输入的场景，用户发现自己的输入莫名其妙地被修改了，这是无法被接受的。

就因为上面两个原因，到目前为止，虽然基于 NMT 的纠错任务定义比基于三段式的纠错任务要简洁、清晰得多，但依然没有占据主流。

5.7 大模型时代的文本纠错

文本纠错是自然语言处理中的重要任务，旨在识别和纠正文本中的拼写和语法错误。本节将介绍大模型在文本纠错中的应用，并通过具体示例展示其强大的功能。

5.7.1 使用 ChatGPT 提示词进行文本纠错

下面通过两个具体的例子来说明 ChatGPT 在文本纠错中的应用。

可以向 ChatGPT 输入句子：他去上学的路上看到了一个美丽的公园。

然后发送一个提示语："请帮我纠正上面句子中的错误。"

ChatGPT 的输出结果：原文正确。

在这个例子中，句子本身没有错误，ChatGPT 能够识别并确认这一点，展示了其在文本纠错任务中的准确性和可靠性。

向 ChatGPT 输入句子：我喜欢吃苹裹。

然后发送一个提示语：请帮我纠正上面句子中的错误。

ChatGPT 的纠错结果：我喜欢吃苹果。

在这个例子中，ChatGPT 成功地将"苹裹"纠正为"苹果"，展示了其在识别和纠正拼写错误方面的适应能力。

5.7.2 使用 ChatGPT API 进行文本纠错

也可以通过调用 API 的方式，更高效地利用 ChatGPT 来实现文本纠错，下面是示例代码：

```
import openai

openai.api_key = 'your-api-key'

def correct_text(text):
    response = openai.Completion.create(
        engine="text-davinci-003",
        prompt=f"请纠正下面句子中的错误：{text}",
        max_tokens=50
    )
```

```
        return response.choices[0].text.strip()

# 示例文本 1
sentence1 = "他去上学的路上看到了一个美丽的公园。"
corrected_sentence1 = correct_text(sentence1)
print(f"文本纠错结果: \n{corrected_sentence1}")

# 示例文本 2
sentence2 = "我喜欢吃苹裹。"
corrected_sentence2 = correct_text(sentence2)
print(f"文本纠错结果: \n{corrected_sentence2}")
```

通过上述代码，可以调用 ChatGPT 对文本进行纠错。大模型在文本纠错任务中展现出了显著的优势，使模型在处理复杂文本时表现出色。

5.8　小　　结

本章首先讲解了英文的 non-word error 纠错，其判断依据比较简单，就是不在词表内的都认为是错的，召回策略就是编辑距离。对于词表内的错误就属于 real-word error，纠正方式与中文相同。

拼音纠错的逻辑跟英文纠错类似，主要是基于拼音的编辑距离进行纠错。

然后，本章介绍了中文纠错，因为中文错误的情况多种多样，所以没有绝对有效的纠错方法，对于多字、少字、语法本身错误等问题，纠正的难度还是很大的，整体上更加依赖相对传统的流程式，多个模块以合作的方式尝试纠正用户输入的简单错误。

理论上有可能可以全部解决错误的 NMT 式纠错，但是由于训练样本稀缺，训练困难以及其本身存在的缺陷，导致至今进展不明显。训练样本稀缺是非常关键的问题，中文分词任务就是因为训练语料不足，只能去研究如何融合多种语料进行学习。

本章最后通过两个示例介绍了如何使用 ChatGPT 提示词和 ChatGPT API 进行文本纠错。

第 6 章　机器阅读理解

本章开始介绍在 NLP 任务中比较有名但在工业界又不太常见的任务——机器阅读理解（Machine Reading Comprehension，MRC）。先介绍一下 MRC 以及其常见的语料库，之后讲解深度学习模型，其中会穿插一些依赖知识。

6.1　MRC 综述

MRC 这个方向与分词、纠错和命名实体识别等任务不同，这些任务大多都不是完全独立的任务，基本都是其他任务的前置或辅助。而 MRC 则是人工智能的阶段性终结任务，因为人工智能在定义上的评价标准就是与人沟通的能力，沟通的前提就是能理解人说的话，听和读对机器来说都一样，只是传感器不同而已，其内核都是 MRC。当然这只是人工智能定义时的设想，虽然现阶段的 MRC 名称上被称为"阅读理解"，但是本质上并没有"理解"这个过程，即使现在复杂的神经网络模型，本质上学习到的东西也只是基于训练数据的一种映射，也就是根据训练时训练样本的情况，学习如何基于给定的文章和问题映射出答案的位置。所以现阶段的 MRC 依然只能算是其他 NLP 任务的一部分，如信息检索和对话等。

6.2　MRC 数据集

每个任务都需要特定的数据集，阅读理解也不例外。下面分别介绍英文 MRC 语料中非常有名的斯坦福问答数据集（Stanford Question Answering Dataset，SQuAD），以及百度出品的 MRC 中文语料 DuReader 数据集。

6.2.1　SQuAD 数据集

我们先看一下 SQuAD 1.0 中的一个样本，如图 6.1 所示。

SQuAD 1.0 是一个比较常见的阅读理解语料库，包含 10 万个问题，超过 500 篇维基百科文章，每一个问题的答案都能在给定的文章中找到。同时其还有一个模型排名体系，就是不限时的模型竞赛。

关于排名，维基百科保留了一部分非公开的测试集，参与者提交模型，维基百科使用这部分测试集进行模型评估，得分高的就会进入排名。

```
⟨|Context →
  Architecturally, the school has a Catholic character. Atop the Main Building's gold
    dome is a golden statue of the Virgin Mary. Immediately in front of the Main
    Building and facing it, is a copper statue of Christ with arms upraised with
    the legend "Venite Ad Me Omnes". Next to the Main Building is the Basilica
    of the Sacred Heart. Immediately behind the basilica is the Grotto, a Marian
    place of prayer and reflection. It is a replica of the grotto at Lourdes,
    France where the Virgin Mary reputedly appeared to Saint Bernadette Soubirous
    in 1858. At the end of the main drive (and in a direct line that connects
    through 3 statues and the Gold Dome), is a simple, modern stone statue of Mary.,
  Question → To whom did the Virgin Mary allegedly appear in 1858 in Lourdes France?,
  Answer →
   Saint Bernadette Soubirous,
  AnswerPosition → 516 |⟩
```

图 6.1　SQuAD 的一篇文章+问题示例

因为 SQuAD 1.0 所有问题在文章里都能找到答案，所以想要模型得到高分其实有很多的技巧，但这些技巧仅对得分有帮助，对人工智能在阅读理解上的发展没有任何意义。所以 SQuAD 2.0 做了针对性的加强：

- □ 增加了大概 5 万个原文中找不到答案的问题，这些问题是通过众多人工设计的，所以也不会没有意义。
- □ 执行 SQuAD 2.0 阅读理解任务的模型不仅要能够在问题可回答时给出答案，而且要判断哪些问题是在阅读文本中没有材料支持的，并拒绝回答这些问题。

6.2.2　DuReader 数据集

DuReader 是百度发布的一个阅读理解数据集，同时也有排名体系。SQuAD 的两版（SQuAD 1.0 和 SQuAD 2.0）数据集都偏学术，多数是人造的问题和答案，而且很多问题也比较简单，在工业场景中无法直接使用这样的数据集开发模型。

因此百度基于自己的资源收集到了大量的真实问题，如用户搜索场景输入的查询及搜索结果的点击、在百度知道里发布的问题以及用户提交的回答。同时，问题的类型也变复杂了，不再是全部答案都在原文里，也不是要么有答案要么没有答案。DuReader 整理了 3个类型的问题，如图 6.2 所示。

	事实型	观点型	总计
Entity	14.4%	13.8%	28.2%
Description	42.58%	21.0%	63.8%
YesNo	2.9%	5.1%	8.0%
Total	60.1%	39.9%	100.0%

图 6.2　DuReader 的问题类型和比率

- □ Entity 是实体类问题，也就是问题的答案是一个对象，不一定是名词。例如"iPhone 11 是哪天发布的？"，答案是××月××日。Fact 就是事实型问题，这种发生过的事件，就是事实，所以就属于 Fact。如果问题是"你认为 iPhone 18 会哪天发布？"，那么现在还没有确定的答案，所以就是 Opinion 观点型。
- □ Description 是描述类问题，也就是问题的答案是一段描述文字。典型的就是 how/why 之类的问题。例如，"消防车为什么是红色的？"。同样，如果每个问题的描述是有官方答案的，如刚才的问题，那么就是 Fact 事实型，如果问的是"你为什么喜欢红色？"，那么就是个人的 Opinion 观点型。

- ❑ YesNo 是是非题，答案就是 Yes 或 No。跟前面 Fact 和 Opinion 两个类型一样，如果有统一的确定的答案，那么就是事实型，如果没有，那么就是观点型。当然有时候事实和观点不一定会区分得那么明确，如"39.5℃算高烧吗？"，这个问题的回答基本都是 Yes，所以算是 Fact 型。如果问的是"37.8℃算发烧吗？"，这个问题有人回答是，有人问题不是，这就是 Opinion 型，但温度并非离散数值，而是连续的，再高一点呢？有一个明确的 Fact 和 Opinion 的分界吗，明显没有，如图 6.3 所示。

Question	学士服颜色/ What are the colors of academic dresses?
Question Type	*Entity-Fact*
Answer 1	**[绿色, 灰色, 黄色, 粉色]**：农学学士服绿色，理学学士服灰色，工学学士服黄色，管理学学士服灰色，法学学士服粉色，文学学士服粉色，经济学学士服灰色。/ **[green, gray, yellow, pink]** Green for Bachelor of Agriculture, gray for Bachelor of Science, yellow for Bachelor of Engineering, gray for Bachelor of Management, pink for Bachelor of Law, pink for Bachelor of Art, gray for Bachelor of Economics
Document 1	农学学士服绿色，理学学士服灰色，...，确定为文、理、工、农、医、军事六大类，与此相应的饰色颜色为粉、灰、黄、绿、白、红六种颜色。
... Document 5	学士服是学士学位获得者在学位授予仪式上穿戴的表示学位的正式礼服，...，男女生都应着深色皮鞋。
Question	迈腾和帕萨特哪个好？/ Which car is better, MAGOTAN or PASSAT?
Question Type	*Description-Opinion*
Answer 1	迈腾稍微好点，具体看配置吧/ PASSAT may be better, but it actually depends on your custom options
Answer 2	两车性能基本一致，只是外形不同/ almost the same, just different in appearance
Document 1	虽然从审美的角度来看,帕萨特不见得有多落伍,但和采用了全新设计的迈腾相比...
... Document 5	迈腾稍微好点,但是迈腾那个变速箱真不如帕萨特。具体看配置吧,配置高的帕萨特感觉还是...
Question	智齿一定要拔吗/ Do I have to have my wisdom teeth removed
Question Type	*YesNo-Opinion*
Answer 1	**[Yes]**因为智齿很难清洁的原因，比一般的牙齿容易出现口腔问题，所以医生会建议拔掉/ **[Yes]** The wisdom teeth are difficult to clean, and cause more dental problems than normal teeth do, so doctors usually suggest to remove them
Answer 2	**[Depend]**智齿不一定非得拔掉，一般只拔出有症状表现的智齿，比如说经常引起发炎.../ **[Depend]** Not always, only the bad wisdom teeth need to be removed, for example, the one often causes inflammation ...
Document 1	为什么要拔智齿？智齿好好的医生为什么要建议我拔掉?主要还是因为智齿很难清洁...
... Document 5	根据我多年的临床经验来说，智齿不一定非得拔掉。智齿阻生分好多种...

图 6.3　DuReader 的样例

关于样本的组织方式，DuReader 与 SQuAD 也有很大的不同，SQuAD 是先给出一篇文章，然后提出多个问题。这其实就是"阅读理解"的模式。不过这样的数据并不"真实"，在现实场景中很少有人先给出一篇文章，然后针对这篇文章提一堆问题，除非是老师教学生。

DuReader 的组织方式完全是基于搜索场景的，就是先给一个问题，然后下面给出 5 个可能有答案也可能没有答案的文章。当然，这样的场景本质上应该算作 QA 任务，而不是 MRC 任务，但 QA 与 MRC 还是有很多相似部分的，数据集在某些方面也是可以通用的。

下一节介绍一个新的静态词向量——GloVe，其效果与 Word2vec 相差不大，或许在某些任务中 GloVe 会好一些。但二者的训练思路完全不同，我们本着通过具体技术来讲解算法迭代设计方法的思路进行讲解。

为什么很多基础知识不单独作为一个章节讲解，反而穿插到不同的章节里呢？这其实就是两种授课思路，单独拿出来属于循序渐进型，先学会全部的基础知识再往深层学习，这样的好处就是后面的内容完全依赖前面的内容，对学习方法上完全没有要求，但是这样的学习形式容易令人疲倦，因为大量的基础知识而不是具体问题是难以激发兴趣的。所以反过来，先讲解具体的、现实场景可能遇到的问题，再讲解相关的知识会更容易理解，很多案例授课、项目授课都是基于这样的思路。

6.3　常见的 MRC 模型

MRC 任务领域中的传统方法相对比较有限，在词向量出现之前，多是基于一些问题词与文档词之间的匹配外加各类特征工程实现的，效果都不好，所以这里略过传统方法直接进入深度学习方法。

6.3.1　词向量训练方法——GloVe

GloVe 也是一种词向量的训练方式，无论是 Word2vec 的 CBOW 还是 Skip-gram，都是利用前后词关系信息进行训练的词向量，这样可能会丢失一些远距离的信息。GloVe 就是基于这个思想，使用全局的统计信息来训练词向量。

GloVe 同样属于静态词向量，即不同的上下文同样的词的向量是一样的，这样导致一些多义词的词义会被平均，从而丢失了在当前上下文中的词义信息，因此动态词向量如BERT 才流行起来。不过动态词向量毕竟成本高昂，很多场景还是需要静态词向量的。虽然 GloVe 的设计初衷是克服 Word2vec 的缺点，但是最终的效果是二者各有所长，两种词向量没有明显的优劣之分。

但使用 GloVe 作为基础词向量的场景还是挺多的，下面具体介绍。

Word2vec 的原始先验是一个词与前后词肯定有关系。例如，一个句子如果把中间某个词盖住，我们大概可以猜出这个词应该是什么，即使猜得不准确，也能猜到这个词应该在什么范围内。例如“＿＿亲了小明一下”，这里大致就可以猜测横线处应该是人名，或者是代词。因此让前后的词预测中间的词，或用中间的词预测前后的词都是基于这样的原始先验。

而 GloVe 的原始先验也是这样的。如果一个词 a 跟词 b 经常一起出现，那么 a 跟 b 的关系就是密切的，可以用一个符号 p_{ab} 来表示；如果 a 跟另外一个词 c 不经常一起出现，那么 a 跟 c 的关系就是疏远的，可以用一个符号 p_{ac} 来表示。对于 abc 三个词，a 距离 b 近而距离 c 远，那么 p_{ab}/p_{ac} 的值就比较大。

多数介绍 GloVe 的文章会忽略一个问题，为什么不直接使用 p_{ab}、p_{ac} 来两两地量化向量关系，而用一个两者相除的式子 p_{ab}/p_{ac} 来量化 3 个词的关系呢？这其实是有一些先验的。如果要训练词向量，那么必然有一些量化的方法，如果只使用两个词的关系进行量化，那么 ab 和 ac 的两个关系都比较密切，但实际上肯定还有一个谁更密切的问题，如果只使用两对数据各自量化，那么不一定能体现出谁更密切，这样词向量表达词义的能力就会下降。

使用 3 个词两两比较更能体现出它们之间的关系，让词向量学习到更多的信息。当然，如果想量化 4 个词甚至 5 个词之间的关系，理论上是可以的，但是量化公式设计非常困难，而且 4 个词使用三词关系基本上也能包含这 4 个词之间的两两关系，也就是说，当大于 3 个词时，再多一个词新增的信息远比两个词到三个词的新增信息多。

如何定义两个词的亲疏关系呢？这里使用的是共现率，就是定义一个窗口，如 5 个词，在同一窗口中出现的词两两之间就算共现一次，在一个给定的语料库下统计所有共现次数。

定义 x_{ij} 表示词汇 j 出现在词汇 i 周围的次数总和。

$X_i = \sum_k |x_{ik}$ 表示所有出现在词汇 i 前后的词的总和。

亲密度就可以计算出来了，$p_{ij} = p(j|i) = \dfrac{x_{ij}}{x_i}$ 表示词汇 j 出现在词汇 i 上下文的概率，也就是它们的亲疏关系。

因为我们最终要训练词向量，w_i、w_j 和 w_k 分别为 i、j、k 这 3 个词的词向量。

前面的各种共现概率值都是统计出来的，都有结果。现在我们要通过词向量的计算得到跟统计值一样的结果，那么就需要找到一个词向量的计算方式，最终得到亲疏比例值 $\dfrac{p_{ik}}{p_{jk}}$。这个计算方式就是一个 f 函数。

$$f(w_i, w_j, w_k) = \frac{p_{ik}}{p_{jk}}$$

因为要让式子两边相等，所以目标函数就是最小化平方差：

$$J = \sum_{i,j,k}^{N} \frac{p_{ik}}{p_{jk}} - f(w_i, w_j, w_k)^2$$

现在要寻找一个合适的 f 函数，因为等式右边是一个值除以另一个值，但向量没有除法，所以可以用差来代替：

$$f(w_i - w_j, w_k) = \frac{p_{ik}}{p_{jk}}$$

因为等式右边是一个比例值也就是 scalar，而非向量，所以向量最终要进行点乘。

$$f((w_i - w_j)^\mathsf{T} w_k) = f(w_i^\mathsf{T} w_k - w_j^\mathsf{T} w_k) = \frac{p_{ik}}{p_{jk}}$$

指数函数可以把差变为除：

$$\exp(w_i^\mathsf{T} w_k - w_j^\mathsf{T} w_k) = \frac{\exp(w_i^\mathsf{T} w_k)}{\exp(w_j^\mathsf{T} w_k)} = \frac{p_{ik}}{p_{jk}}$$

这样分子和分母正好对应起来，可以分别让分子等于分子、分母等于分母：

$$\exp(w_i^\mathsf{T} w_k) = p_{ik}; \exp(w_j^\mathsf{T} w_k) = p_{jk}$$

可能会有读者觉得奇怪，前面本来就可以直接量化两个词关系，直接让 $g(w_i, w_k) = p_{ik}$ 就可以了，为什么要量化 3 个词的关系而最后得出的还是两个词的关系呢？

其实这个逻辑是不同的，前面我们已经分析了，之所以要量化 3 个词，是因为 3 个词之间互相关联导致的信息量比 2 个词要大，而现在基于 3 个词的关系简化出来的两两之间的关系公式比直接量化两个词要有意义。

如果要量化两个词的关系，那么直接进行点乘 $w_i^\mathsf{T} w_k = p_{ik}$ 就行了，为什么要加一个指数函数呢？

继续推导：

$$\exp(\boldsymbol{w}_i^\mathrm{T}\boldsymbol{w}_k) = p_{ik}$$

$$\boldsymbol{w}_i^\mathrm{T}\boldsymbol{w}_k = \log(p_{ik})$$

但这里有个问题，$\boldsymbol{w}_i^\mathrm{T}\boldsymbol{w}_k = \boldsymbol{w}_k^\mathrm{T}\boldsymbol{w}_i$ 而 $\log(p_{ik}) \neq \log(p_{ki})$，后式为什么不同呢？可以把定义的计算公式展开看，它们的分子是相同的而分母是不同的。这说明找到的映射函数 f 还有不足，来修正一下两个分母的不同。

$$\exp(\boldsymbol{w}_i^\mathrm{T}\boldsymbol{w}_k) = p_{ik} = x_{ik} / X_i$$

$$\boldsymbol{w}_i^\mathrm{T}\boldsymbol{w}_k = \log(x_{ik}) - \log(X_i)$$

$$\boldsymbol{w}_i^\mathrm{T}\boldsymbol{w}_k = \log(x_{ik}) - \log(X_i) + b_i + b_k$$

b_i 是与词 i 相关的一个偏置项，$\log(X_i)$ 也是与 i 相关的一个数值，所以将二者合并。简单理解就是两个分母不同，使用两个分母的平均值就相同了。

代回损失函数中：

$$J = \sum_{i,k}^{N} \boldsymbol{w}_i^\mathrm{T}\boldsymbol{w}_k - \log(x_{ik}) + b_i + b_k{}^2$$

此外，这样的损失函数可能会被频率很高的词带偏，因此要针对高频词做一些调整，即再乘上一个权重函数 $g(x_{ik})$。

$g(x_{ik})$ 函数需要满足以下条件：

❑ $g(0)=0$，即当词汇共现次数为 0 时，对应的权重应该为 0。

❑ $g(x)$ 必须是一个非减函数，这样才能保证当词汇共现的次数越大时，其权重不会出现下降的情况。

❑ 对于那些出现太频繁的词，$g(x)$ 可以不成正比地给它们增加权重，这样才不会出现过度加权。

综合以上 3 个特性，研究者提出了下面的权重函数：

$$g(x) = \begin{cases} (x / x_{\max})^{\alpha}, & \text{当} x < x_{\max} \\ 1, & \text{其他} \end{cases}$$

$x_{\max}$ 就是预先设定的阈值，如果频率超过这个值就直接置为 1，不再增加。

最后的损失函数为：

$$J = \sum_{i,k}^{N} g(x_{ik})\boldsymbol{w}_i^\mathrm{T}\boldsymbol{w}_k - \log(x_{ik}) + b_i + b_k{}^2$$

这样最终可以跟 Word2vec 一样每个词训练出一个向量，可以作为预训练词向量用于其他的 NLR 任务中。

6.3.2 Match-LSTM 模型

本节介绍 MRC 中非常经典的 Match-LSTM 模型，说其经典不是因为这个模型的指标效果有多好，而是因为它最先提出了一些先验模块和 MRC 的整体架构，其思路依然延续至今。

阅读理解模型类似机器翻译，有一个通用的结构，如图 6.4 所示。

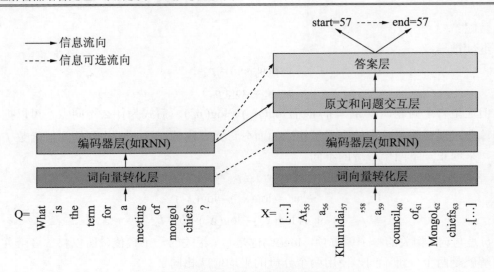

图 6.4 阅读理解模型的常见结构

Match-LSTM 结构类似 NMT 的编码器-解码器结构，不过多了几个模块，而且也不是像编码器-解码器这样编码器和解码器模块各有一个，而是有两个编码器模块，分别用于编码原文和问题。此外，Match-LSTM 多了一个交互模块，这个模块实际上是各种注意力的变种，这里的交互一般是基于原文经过编码器层编码后，与问题经过编码器编码后的交互信息，最后还有一个答案层，就是基于上一层的交互信息输出答案，也可以理解为答案层就是解码器层，如图 6.5 所示。

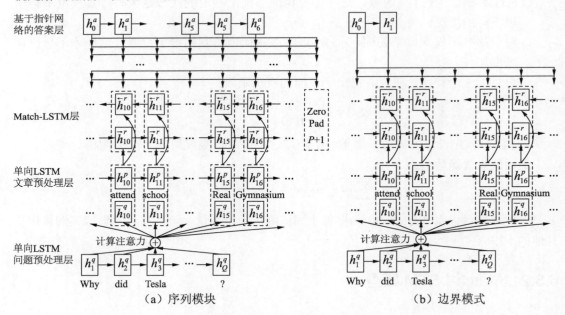

图 6.5 Match-LSTM 的网络结构

阅读理解模型的输出层有两种模式，一种是序列模式，如图 6.5（a）所示，另一种是边界模式，如图 6.5（b）所示。

序列模式输出答案的时候跟 NMT 模型类似，就是一个词一个词地输出，最终生成一句完整的答案，这个输出类似于 NMT 可以直接是目标词，也可以是一个位置序列，其中，每个位置对应的就是原文中的一个词。

边界模式输出答案时给出的是一个边界、起始位和结束位，对应的是原文中的某段文字。这样的假设是答案完全出现在原文中，但事实并非全部如此。如果是 SQuAD 1.0 则更适合，但实际问题经常不是这样的，对于答案不在原文中的情况，边界模式就无能为力了。

因此，Match-LSTM 给出了两种输出层的模型结构，分别如图 6.5（a）和图 6.5（b）所示。下面开始介绍模型细节。

首先，无论是 SQuAD 类型的阅读理解，一篇文章配多个问题，还是 DuReader 类型的一个问题配多篇文章，模型每次只能处理一篇文章配一个问题，也就是输入只有一个 Passage 和 Query。

现在假定模式输入一篇文章 $P \in \mathbb{R}^{d \times P}$ 和一个问题 $Q \in \mathbb{R}^{d \times Q}$。$d$ 就是词向量的维度，这表明 $\boldsymbol{P}$ 和 $\boldsymbol{Q}$ 经过词嵌入的转换，已经是一个词向量串了。d 后面的 P 和 Q 明显应该代表一个数字，二者分别代表文章 P 和问题 Q 的长度。

第一层被称为预处理层，也就是 MRC 通用框架里的编码器层，这里就是一个单向的 LSTM。

$$H^p = \overrightarrow{\text{LSTM}}(P), H^q = \overrightarrow{\text{LSTM}}(Q)$$
$$H^p \in \mathbb{R}^{l \times P}, H^q \in \mathbb{R}^{l \times Q}$$

这里的 l 是隐藏状态的长度。

第二层是 Match-LSTM 层，这一层的功能比较简单，就是基于文章的每一个词跟问题的所有词计算一个注意力权重，然后用这个权重乘以问题信息得到一个文章中对应这个词的问题的上下文信息。

$$G_i = \tanh(W^q H^q + (W^p h_i^p + W^r \overrightarrow{h_{i-1}^r} + b^p) \otimes e_Q)$$
$$G_i \in \mathbb{R}^{l \times Q}$$

$\otimes e_Q$ 是复制 Q 列的意思，可以观察一下，tanh 内部的两项和，前面的结果是一个矩阵，而后面的结果是一个向量，所以两边必须统一才能相加。这其实是在计算注意力，我们常见的注意力的计算方式主要是点乘，但前面讲注意力时介绍了常见的注意力计算方式有两种，一种就是乘法式，点乘 $s_{i-1} h_j$ 或带上一个权重相乘 $s_{i-1} W h_j$；另一种就是加法式，只是在前面写公式时使用的是两边向量拼接再乘权重 $v\tanh(W s_{i-1}; h_j)$，但拼接之后再与权重点乘的结果还是加法。另外，前面是两两词向量之间的注意力权重计算，而这里是一个词向量与一个矩阵间的注意力计算。原理其实一样，只是公式描述的角度不同，把矩阵拆开就是 Q 个向量与向量计算。

$$\alpha_i = \text{soft max}(\boldsymbol{w}^\top G_i + b \otimes e_Q); \alpha_i \in R^Q$$

注意这里 α 的维度是 l 维的。

$$W^q \in \mathbb{R}^{l \times l}, W^p \in \mathbb{R}^{l \times l}, W^r \in \mathbb{R}^{l \times l}; b^p \in \mathbb{R}^l, \boldsymbol{w} \in \mathbb{R}^l; b \in \mathbb{R}$$

$\overrightarrow{h_{i-1}^r} \in \mathbb{R}^l$ 是当前 Match-LSTM 层的上一时间步的输出，就是文章上一个词与所有问题词生成的上下文信息。

h_i^p 是文章当前需要处理的词。H^q 是问题经过编码器层的全部输出。

$$z_i = h_i^p; \alpha_i H^q \in \mathbb{R}^{2l}$$

$$\overrightarrow{h_i^r} = \overrightarrow{\mathrm{LSTM}}(z_i, \overrightarrow{h_{i-1}^r}) \in \mathbb{R}^l$$

Match-LSTM 层是双向的，上面是从左到右方向的进行计算，另一个方向就是把顺序反过来，跟 Bi-LSTM 的计算类似，这里就省略了。

$$\overleftarrow{h_i^r} = \overleftarrow{\mathrm{LSTM}}(z_i, \overleftarrow{h_{i+1}^r})$$

$$\overrightarrow{H^r} = \overrightarrow{h_1^r}, \cdots, \overrightarrow{h_p^r}; \overleftarrow{H^r} = \overleftarrow{h_1^r}, \cdots, \overleftarrow{h_p^r}$$

$$H^r = \overrightarrow{H^r}; \overleftarrow{H^r}$$

把每一个时间步双向的结果合并，最终得到的 H^r 就是下一层答案层的输入。

这里的答案层也是解码层，使用了 Pointer Network（指针网络），被命名为 Ans-Ptr，即答案指针。这里大概解释一下指针网络，就是在输出时并不预测每个位置对应的词表里的词的概率，其每个位置的输出就是预测的输入句子的位置概率。通俗讲就是指针网络的输出直接引用了输入的某些词。

例如，输入一个句子"她是个漂亮的女孩。"，正常的输出可能会基于输入的隐藏表达而基于整个词表预测输出哪个词。而指针网络输出的则只是一个序号，对应的就是输入句的位置，假设输出的是"7,8"，那么对应的就是"女孩"两个字。

我们继续看答案层的逻辑，先看序列式：

$$F_k = \tanh(VH^r + (W^a h_{k-1}^a + b^a) \otimes e_{(p+1)})$$

$$\boldsymbol{\beta}_k = \mathrm{soft\,max}(\boldsymbol{v}^\mathrm{T} F_k + c \otimes e_{(p+1)})$$

注意，因为序列式生成的长度是不定的，必须有一个标记作为结束符，所以输入并不是原句，而是在原句之后加入了一个结束标识，当指针网络预测到这个位置时就表明结束了。所以预测的序列范围不是 P 而是 $P+1$。这其实跟正常的序列生成的逻辑一样，如文本摘要，如果是单句生成，那么遇到标点符号就结束了，如果是多句，那么就要有一个明确的结束符。

$V \in \mathbb{R}^{1\times 21}, W^a \in \mathbb{R}^{1\times l}, v \in \mathbb{R}^1, c \in \mathbb{R}$ 都是可训练的参数。

h_{k-1}^a 是答案层上一时刻的隐藏状态输出，计算过程如下：

$$h_k^a = \mathrm{LSTM}(\boldsymbol{\beta}_k H^r, h_{k-1}^a)$$

这个过程转为数学概率表达：

$$p(a^m \mid H^r) = \prod_k p(a_k \mid a_1, \cdots a_{k-1}, H^r)$$

a^m 表示一串 a，a_k 是 $1 \sim (P+1)$ 中的一个数字，是通过前面 $k-1$ 个生成的序列标号预测的下一个标号。

$$p(a_k \mid a_1, \cdots, a_{k-1}, H^r) = \beta_{k,j}$$

概率就是上式得出的 $\boldsymbol{\beta}_{k,j}$，$\boldsymbol{\beta}_k$ 是一个 $P+1$ 维的向量，取其中概率最大的那个值的标号作为最终输出。

$$j = \mathrm{argmax}_j \boldsymbol{\beta}_{k,j}$$

损失函数：

$$J = -\sum_{n=1}^N \log p(a_n^m \mid p_n, Q_n)$$

这里 n 代表的是一个文章和问题对，N 代表训练样本的文章和问题对的总数。a^m 代表一个序列标号，而不是一个位置标号。

以上就是序列式的答案生成过程，再看边界式。其实边界式与序列式过程基本一样，唯一的区别是边界式只做两次预测输出就行了，所以不需要添加结尾的结束标识。

$$p(a^m \mid H^r) = p(a_s \mid H^r)p(a_e \mid a_s, H^r)$$

如上面的公式所示，如果多输出几个，公式跟序列式是完全一样的。

下面再来看看 Match-LSTM 的实验结果，如图 6.6 所示。

	l	$\lvert\theta\rvert$	Exact Match		F1	
			Dev	Test	Dev	Test
Random Guess	-	0	1.1	1.3	4.1	4.3
Logistic Regression	-	-	40.0	40.4	51.0	51.0
DCR	-	-	62.5	62.5	71.2	71.0
Match-LSTM with Ans-Ptr (Sequence)	150	882K	54.4	-	68.2	-
Match-LSTM with Ans-Ptr (Boundary)	150	882K	61.1	-	71.2	-
Match-LSTM with Ans-Ptr (Boundary+Search)	150	882K	63.0	-	72.7	-
Match-LSTM with Ans-Ptr (Boundary+Search)	300	3.2M	63.1	-	72.7	-
Match-LSTM with Ans-Ptr (Boundary+Search+b)	150	1.1M	63.4	-	73.0	-
Match-LSTM with Bi-Ans-Ptr (Boundary+Search+b)	150	1.4M	64.1	64.7	73.9	73.7
Match-LSTM with Ans-Ptr (Boundary+Search+en)	150	882K	67.6	67.9	76.8	77.0

图 6.6　Match-LSTM 的实验结果

Match-LSTM 是 MRC 里使用深度学习标准框架比较早期的模型，因此 baseline 还使用了 LR。Sequence 是序列式答案层，Boundary 是边界式答案层，Search 限定了边界式输出的两个位置之间的距离不能超过 15 个词，因为多数答案的长度都不超过 15 个词，如果超过的时候基本都是错的。b 表示编码器层使用双向 LSTM。en 是集成学习，就是训练了 5个边界模型，然后取边界不超过 15 的概率最大的那个模型的输出。

可以看到，边界模式的结果明显优于序列模式。在限定 15 个词为最长答案之后，指标又提升了一些。此外，尝试了把内部隐藏状态向量的维度由 150 增加到 300，结果显示指标提升了一点。然后在编码器层中使用双向 LSTM 代替单向 LSTM，指标又提升了一点，接着在答案层使用双向 LSTM，指标又提升了一点，最后使用了 5 个模型的集成学习，得到最好的指标效果。

虽然 Match-LSTM 提出的比较早，但是从中可以看到很多现在依然在使用的设计及先验经验。

6.3.3　DCN 模型

DCN 的全称为 Dynamic Coattention Networks。DCN 模型最早在 ICLR2017 上提出，介于两个经典模型 Match-LSTM 和 Bi-DAF 之间。Match-LSTM 已讲过，后面会讲 Bi-DAF。

前面在介绍 Match-LSTM 时说过，边界模式输出比序列模式的效果好，原因是，序列模式是一个词一个词地生成，容易导致答案的流畅度不足，而标准答案往往都是段落中的某一句话或几句话。

但边界模式也有弊端，就是如果起始位置选择的是错误的，那么后面无论怎么努力，结束位置也不可能正确。

关于这一点，其实理论上可以使用 Beam Search 算法来提高最终效果，基于起始位置和结束位置的综合概率最高，而不是基于贪婪算法直接选择概率最高的起始位置，但实验没有针对这个问题进行检测，因此效果未知。集成学习显示的最终指标的提升较大，本质上也有此方面的贡献。

而 DCN 使用了另一种思路，就是进行多次迭代，而不是一次就结束。

另一个问题就是 Match-LSTM 在计算文章与问题的注意力时，只基于文章的词向量计算注意力，也就是只有单向注意力，信息量可能不够，DCN 就提出了双向注意力的计算。

其实也是从这个模型开始，之后的 MRC 模型基本上都采用了双向注意力的设计。

DCN 的结构如图 6.7 所示，这个结构似乎跟前面介绍的 MRC 标准框架不一样。其实基本上还是一样的，只是视角的问题，DCN 的双向交互注意力层其实包含标准 MRC 框架里的两个编码器层和交互层，如图 6.8 所示，动态解码层就是答案层。

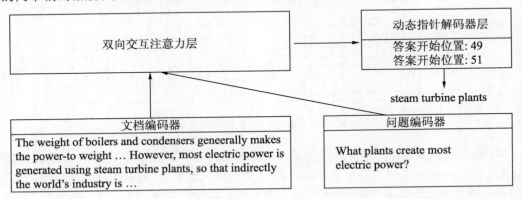

图 6.7　DCN 的结构

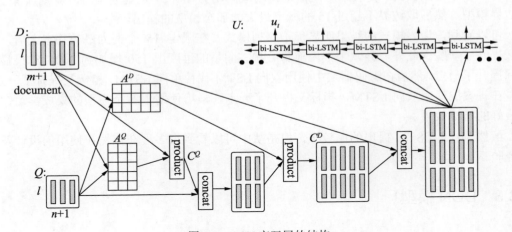

图 6.8　DCN 交互层的结构

首先依然是词嵌入操作，文章 $x_1^p, \cdots, x_m^p \in \mathbb{R}^{d \times m}$，$d$ 是词向量的维度，m 是文章的长度。问题 $x_1^Q, \cdots, x_n^Q \in R^{d \times n}$，$n$ 是问题的长度。

标准框架里的编码器操作这里使用的是单向 LSTM：

$$d_t = \text{LSTM}(d_{t-1}, x_t^P)$$

这样得到一个文章输出 $D = d_1, \cdots, d_m \in \mathbb{R}^{l \times m}$，$l$ 是隐藏状态的维度。

也得到一个问题输出 $Q' = q_1, \cdots, q_n$。

针对问题做了一个非线性变换，

$$Q = \tanh(W^Q Q' + b^Q) \in \mathbb{R}^{l \times n}$$

这一步操作是要让文章的编码空间和问题的编码空间相匹配。

下面文章和问题就开始进行交互了。

先是计算相互注意力，Match-LSTM 里使用的是加法注意力，这里就改用了乘法，而且是最简单的点乘。

$$L = \boldsymbol{D}^{\mathrm{T}}Q \in \mathbb{R}^{m \times n}$$

这个过程跟 Transformer 的自注意力计算很类似，先用点乘得到一个注意力矩阵，然后求 softmax，最后与 value 相乘得到上下文矩阵。因为自注意力是自己与自己相乘，所以计算 softmax 的方向从哪一方开始都一样。而这里不同的方向则代表不同的注意力。

问题到文档的注意力是基于查询方向归一化：

$$A^Q = \mathrm{softmax}(\boldsymbol{L})$$

文档对问题的注意力是基于 doc 方向归一化：

$$A^D = \mathrm{softmax}(\boldsymbol{L}^{\mathrm{T}})$$

问题的上下文信息：

$$C^Q = DA^Q \in \mathbb{R}^{l \times n}$$

文章的上下文信息把问题上下文也带上了：

$$C^D = Q; C^Q\ A^D \in \mathbb{R}^{2l \times m}$$

然后计算交互层的输出：

$$u_t = \mathrm{BiLSTM}(u_{t-1}, u_{t+1}, d_t; c_t^D) \in \mathbb{R}^{2l}$$

这里的双向 LSTM 只是简写，其实还是两个单向的 LSTM，分别用到了上一时间步和下一时间步的状态，不要因为同时输入上一时刻和下一时刻的状态而感到困惑。

下面讲解动态解码层，因为用到了高速公路最大输出网络（Highway Maxout Network），高速公路最大输出网络跟后面要介绍的高速公路网络（Highway Network）虽然名字很像，逻辑也类似，但二者还是有区别的。高速公路最大输出网络结构和动态解码层的结构如图 6.9 和图 6.10 所示。

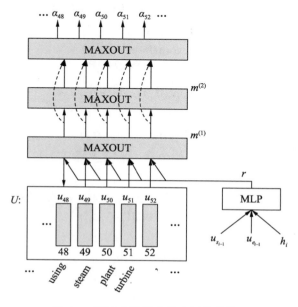

图 6.9　高速公路最大输出网络结构

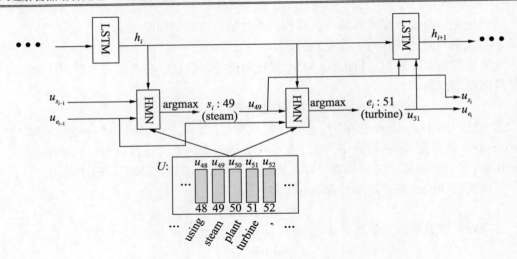

图 6.10 动态解码层的结构

其公式如下：

$$r = \tanh(W^D\, h_i; u_{s_{i-1}}; \boldsymbol{u}_{e_{i-1}}) \in \mathbb{R}^l$$

$W^D \in \mathbb{R}^{d \times 5d}$，$s_{i-1}$ 是取值范围为文章长度的标号，就是答案起始位置的序号，e_{i-1} 是结束位置的标号。$\boldsymbol{u}_{s_{i-1}}$ 是上一层输出的结果 u 中对应于答案开始位置的向量。$\boldsymbol{u}_{e_{i-1}}$ 就是结束位置对应的向量。那么 i 就是解码层的迭代次数，对应的 h_i 就是当前解码步对应的状态向量，如图 6.10 所示。

$$m_t^1 = \text{maxout}(W^1 u_t; r + b^1) \in \mathbb{R}^l$$

$$W^1 \in \mathbb{R}^{k \times l \times 3l}$$

u_t 还是上一层的输出，下标 t 其实表示上一层的全部输出都要进行这个计算，所以 t 的范围就是文章的长度，类似注意力权重的计算。所谓的 maxout 就是一个 max 操作，类似 CNN 的最大池化层。这里的 k 是哪来的呢？其是个超参数，类似于 Transformer 的多头注意力，把权重复制 k 份，取值最大的那个输出。

$$m_t^2 = \text{maxout}(W^2 m_t^1 + b^2) \in \mathbb{R}^l$$

$$W^2 \in \mathbb{R}^{k \times l \times l}$$

$$\alpha_t = \text{maxout}(W^3 m_t^1; m_t^2 + b^3) \in \mathbb{R}$$

$$W^3 \in \mathbb{R}^{k \times 2l}$$

$$s_i = \arg\max(\alpha_1, \cdots, \alpha_m)$$

s_i 就是当前迭代步输出的答案的起始位置。m 是文章的长度，即前面的每个 u_t 对应都会得到一个 α_t。

结束位置就是把上面公式中 s_{i-1} 的位置替换成 s_i 即可，同样输出 m 个。

$$e_i = \arg\max(\beta_1, \cdots, \beta_m)$$

上面迭代 h_i 的是一个单向 LSTM：

$$h_i = \text{LSTM}_{\text{dec}}(h_i, u_{s_{i-1}}; u_{e_{i-1}})$$

h_1 只能进行随机初始化。至于 s_i, e_i 的选择，可以随机给一个，也可以使用不包含 $u_{s_{i-1}}; \boldsymbol{u}_{e_{i-1}}$ 信息的方式计算出一个 s_i, e_i。

迭代什么时候停止呢？可以等到结果稳定后再停止，即前一步输出的 s_{i-1}, e_{i-1} 和当前一步输出的 s_i, e_i 的值相同。也可以通过固定步数进行终止，一般是两者结合使用。

下面看一下实验结果，如图 6.11 和图 6.12 所示。

Model	Dev EM	Dev F1	Test EM	Test F1
Ensemble				
DCN (Ours)	**70.3**	**79.4**	**71.2**	**80.4**
Microsoft Research Asia *	–	–	69.4	78.3
Allen Institute *	69.2	77.8	69.9	78.1
Singapore Management University *	67.6	76.8	67.9	77.0
Google NYC *	68.2	76.7	–	–
Single model				
DCN (Ours)	65.4	**75.6**	**66.2**	**75.9**
Microsoft Research Asia *	65.9	75.2	65.5	75.0
Google NYC *	**66.4**	74.9	–	–
Singapore Management University *	–	–	64.7	73.7
Carnegie Mellon University *	–	–	62.5	73.3
Dynamic Chunk Reader (Yu et al., 2016)	62.5	71.2	62.5	71.0
Match-LSTM (Wang & Jiang, 2016b)	59.1	70.0	59.5	70.3
Baseline (Rajpurkar et al., 2016)	40.0	51.0	40.4	51.0
Human (Rajpurkar et al., 2016)	81.4	91.0	82.3	91.2

图 6.11　实验结果

Model	Dev EM	Dev F1
Dynamic Coattention Network (DCN)		
pool size 16 HMN	**65.4**	**75.6**
pool size 8 HMN	64.4	74.9
pool size 4 HMN	65.2	75.2
DCN with 2-layer MLP instead of HMN	63.8	74.4
DCN with single iteration decoder	63.7	74.0
DCN with Wang & Jiang (2016b) attention	63.7	73.7

图 6.12　消融实验结果

这里重点与 Match-LSTM 做一下对比即可，可以看到，提升还是挺多的。其中，交互层的双向注意力计算、多次迭代以及 Highway Maxout Network 都起到了一定的作用，最后一行还把双向交互层替换成了 Match-LSTM 的单向交互，但 HMN 和多次迭代没有去掉，所以还是比 Match-LSTM 的得分高，如图 6.13 所示。

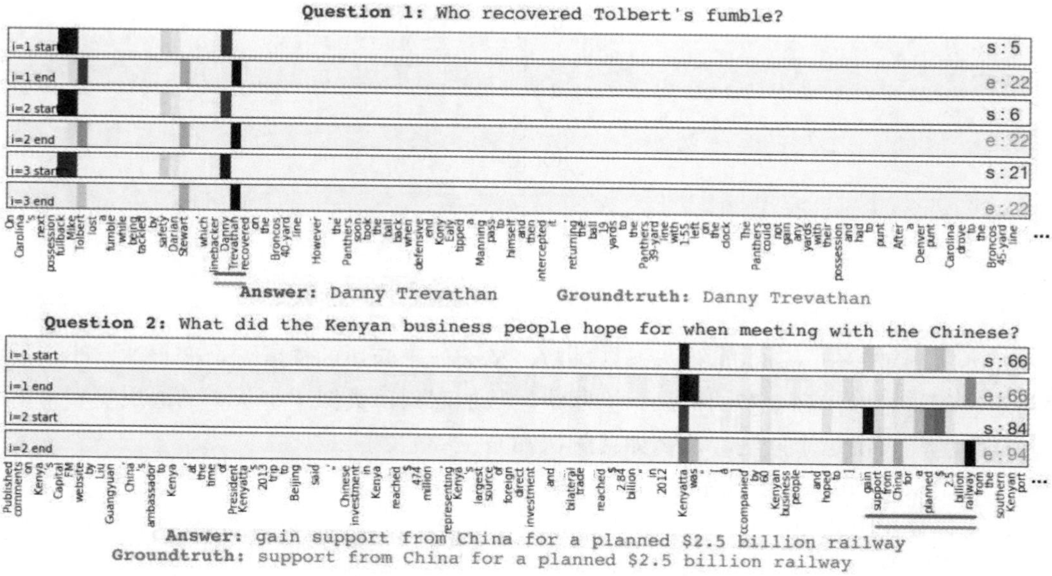

图 6.13　答案计算演示

根据 Question 2 显示，第一次给出的位置 66-66 完全错误，但并不影响后续对正确答案的搜索，所以随机选择首次答案的位置是可行的。

6.3.4　Highway Network 模型

因为 Bi-DAF 设计用到了 Highway Network（高速公路网络），所以下面先介绍一下 Highway Network。

Highway Network 与残差网络 ResNet 逻辑类似，提出时间也接近，最初都是为了解决 CV 领域里深度网络的训练问题，虽然我们是讲 NLP，但是 CV 领域的很多经验也可以应用到 NLP 里，例如前面讲过的注意力机制最初也是应用于图像领域，还有 CNN 和胶囊网络等。

自从 2012 年 AlexNet 有了历史性突破以来，直到 GoogLeNet 出现之前，主流的网络结构突破大致是网络更深（层数）和网络更宽（神经元数）。所以大家调侃深度学习为"深度调参"，但是网络增大之后带来的问题也很多，例如：

❑ 参数太多，如果训练样本不够多，则容易过拟合。

❑ 网络越大，计算复杂度越大，难以应用部署。

❑ 网络越深，梯度越往后穿越容易消失（梯度消失），难以优化模型。

关于梯度消失，我们在前面讲 LSTM 时讲过，在 RNN 领域的梯度消失主要是因为循环相乘，对于任何一个系数，当其小于 1 时，在反复相乘之后就会变得非常小，当其大于 1 时，反复相乘之后就会变得很大，就是梯度爆炸。在非 RNN 模型中，如果网络层数足够多，也会触发类似问题，如图 6.14 所示。

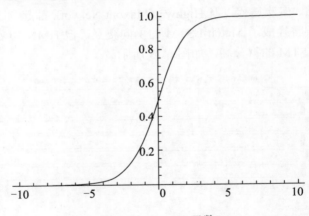

图 6.14　sigmoid 函数

此外，如果使用 sigmoid 作为激活函数，那么处于两边的梯度就会变得非常小，反向传播的过程将难以学到太多的信息。当网络层数加深后，类似于小于 1 的值反复相乘的逻辑同样会更加突出这个问题。那么如何解决呢？

❑ 对于 sigmoid，可以使用 ReLU 之类的函数来代替。

❑ 可以使用 BatchNormalization 之类的归一化操作。

❑ 尽量选择一个恰到好处的初始化参数，不过难度较大。

❑ 调整网络结构。

我们主要关注第 4 种方法，即调整网络结构，Highway Network 就是方法之一，另一个方法就是 ResNet。

Highway Network 的思想比较简单，或许是受到 LSTM 的启发，它也加入了门控控制来减轻梯度消失带来的问题。

对于一个正常的前向传播网络，一层连续的公式为：

$$y = H(Wx + b)$$

对于 Highway Network 一层，增加了两个门控：

$$y = H(W_h x + b_h) \bullet T(W_t x + b_t) + x \bullet C(W_c x + b_c)$$

表达的意思就是要么让 x 跳过这一层的处理直接流到下一层，要么就保留这一层的处理而忽略这一层的输入 x。当然多数情况下门控值并非 0 和 1，更多的是中间状态。两个门控是 LSTM 风格的，也可以只用一个门控来控制两个值，类似于 GRU 风格：

$$g = T(W_t x + b_t)$$
$$y = H(W_h x + b_h) \bullet g + x \bullet (1 - g)$$

消除梯度消失的原理跟 LSTM 基本相同，相当于每次都增加了一个直接连接到下一层，这样如果深度过深产生过拟合，那么模型会慢慢学习到并自动跳过这些多余的网络层从而避免过拟合，并且会加速训练。

Highway Network 的效果如图 6.15 所示，在网络层数加深之后，正常的网络损失越来越难以下降，而 Highway Network 则可以继续获得较好的效果，但在层数较少的时候反而会有反效果。

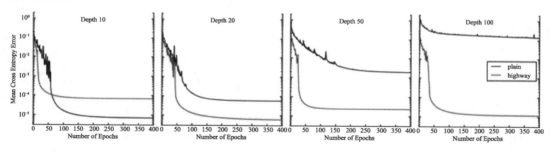

图 6.15　Highway Network 与正常的深度网络训练对比

关于残差网络，前面讲 Transformer 时也介绍过，Transformer 的每个自注意力 block 的最后都是使用的残差连接，如图 6.16 所示。

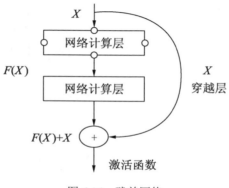

图 6.16　残差网络

虽然残差的概念与 Highway Network 的区别较大，但二者实际上都是控制跳跃思路的一种体现，就是要么让原输入 x 直接流下去，要么让本层处理对 x 进行一些补充和修正。

6.3.5　Bi-DAF 模型

Bi-DAF 模型借鉴了 Match-LSTM 的一些思想，其全称是 Bi-Directional Attention Flow，中文意思是双向注意流。这种双向注意力机制其实前面 DCN 已经实现过了，Bi-DAF 并不算原创，其结构如图 6.17 所示。

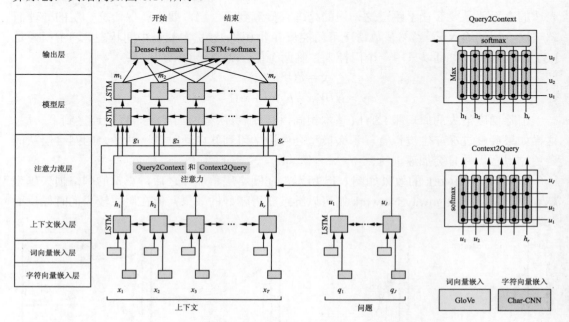

图 6.17　Bi-DAF 结构

Bi-DAF 结构一共分为 6 层，不过这 6 层依然没有脱离通用框架的 4 层结构。

第一层是字符向量嵌入层，属于通用框架中的嵌入层。每个字符映射为一个字符向量，然后每个词通过 CNN 提炼出一个输出的词向量。字符向量在很多 NLP 任务中都可以加入，甚至可以只使用字符向量代替词向量，主要好处就是没有 OOV 问题，不容易出现过黏合。

假设 $\{d_1, \cdots, d_T\}$ 为当前 MRC 任务的文章输入，$\{q_1, \cdots, q_J\}$ 为问题输入。

每个词基于字符向量都能转化为一个矩阵，然后经过 CNN+Max-Pooling，最终得到一个基于字符表征的词向量 $\boldsymbol{d}_t^{\mathrm{char}}$，文章的全部字符词向量合并为 $\boldsymbol{D}^{\mathrm{char}} \in \mathbb{R}^{c \times T}$，$c$ 是字符词向量的维度，问题则为 $Q^{\mathrm{char}} \in \mathbb{R}^{c \times J}$。

第二层是词向量嵌入层，它也属于通用框架的嵌入层。这里词向量直接使用的是预训练好的 GloVe 词向量。文章和问题向量分别为 $\boldsymbol{D}^{\mathrm{GloVe}} \in \mathbb{R}^{d \times T}$，$\boldsymbol{Q}^{\mathrm{GloVe}} \in \mathbb{R}^{d \times J}$。

每个词有两种向量，如何进行合并呢？

最简单的方法是直接拼接合并，不过这里使用的是高速公路网络，当然这里的高速公路的跳跃连接并非核心，核心只是一个线性变换。

$$\boldsymbol{D}^{\mathrm{wrd}} = HW(\boldsymbol{D}^{\mathrm{char}}; \boldsymbol{D}^{\mathrm{GloVe}}) \in \mathbb{R}^{d \times T}$$

$$\boldsymbol{Q}^{\mathrm{wrd}} = HW(\boldsymbol{Q}^{\mathrm{char}}; \boldsymbol{Q}^{\mathrm{GloVe}}) \in \mathbb{R}^{d \times J}$$

第三层是上下文嵌入层，其实就是编码器层，是一个双向 LSTM。

$$H = \mathrm{BiLSTM}(\boldsymbol{D}^{\mathrm{wrd}}) \in \mathbb{R}^{2d \times T}$$

$$U = \mathrm{BiLSTM}(\boldsymbol{Q}^{\mathrm{wrd}}) \in \mathbb{R}^{2d \times J}$$

这里的隐藏状态向量维度也是 d，其算是超参数，也可以不设置为 d。

第四层是交互层，这里命名为注意力流层，操作比 DCN 稍微复杂一些。

同样是文章与问题之间两两词计算相关矩阵，不过计算方式既不是 Match-LSTM 的加法式注意力，也不是 DCN 的乘法式注意力，而是将两者结合在一起。

$$s_{tj} = \boldsymbol{w}_s^{\mathrm{T}}[h_t; u_j; h_t \circ u_j] \in \mathbb{R}$$

$w_s \in \mathbb{R}^{6d}$，h_t 就是文章经过编码层后的第 t 个输出，u_j 就是问题经过编码层后的第 j 个输出。"$\circ$"就是按位相乘操作，不是点乘，没有最后的相加操作，最后输出的是 $\mathbb{R}^{2d}$ 向量。";"就是向量拼接操作。前面两个向量拼接与权重相乘就是加法式注意力计算，虽然后面是按位相乘，但是与前面的权重相乘后还要相加，属于乘法式注意力计算，相当于两种方法进行了加权求和。

这样得到一个相关性矩阵：$\boldsymbol{S} \in \mathbb{R}^{T \times J}$。

然后计算文章到问题的注意力，context-to-查询 attention（C2Q），Match-LSTM 的交互层只有这一方向，没有另外的方向。

$$a_{t:} = \mathrm{softmax}(\boldsymbol{S}_{t:}) \in \mathbb{R}^{J}$$

上面就是文章第 t 个词相对问题的注意力权重向量，每个词都有，从而组成一个矩阵 $\boldsymbol{u} \in \mathbb{R}^{T \times J}$。

$$u'_t = U'_{:t} = \sum_j a_{tj} U_{:j} \in \mathbb{R}^{2d}$$

这里的公式表述形式与前面稍有不同，就是用一个注意力权重与对应的词向量相乘，最后对所有乘以权重的问题词向量求和得到包含全部问题词信息的上下文向量 $U'_{:t}$，每个词都计算一次，最终 $U' \in \mathbb{R}^{2d \times T}$。

再反过来计算问题到文章的注意力，query-to-context attention（Q2C）。

$$b = \mathrm{softmax}(\max_{\mathrm{col}}(S)) \in \mathbb{R}^{T}$$

$\max_{\mathrm{col}}(\boldsymbol{S})$ 就是取 $\boldsymbol{S}$ 里值最大的那一列，也就是问题到文章的注意力并没有使用全部的注意力权重，而是只使用了最大的那个。

$$h' = \sum_t b_t H_{:t} \in \mathbb{R}^{2d}$$

因为 b 是基于列方向上最大相关得分得到的权重，所以对于不同的问题词的结果是相同的，从而 h' 每次也都是相同的。

然后就是这一层的输出：

$$G_{:t} = \mathrm{MLP}(h_t; u'_t; h_t \circ u'_t; h_t \circ h') \in \mathbb{R}(8d \times T)$$

h_t 是没经过交互层处理的上一编码层的文章的第 t 个词的输出。u'_t 就是前面 C2Q 层的第 t 个输出。MLP 就是一个简单的全连接线性变换层。当然，这里不进行变换直接拼接输出也是可以的。

第五层是模型层，第六层是输出层，它们都属于答案层。

$$M_1 = \text{BiLSTM}(G) \in \mathbb{R}^{2d \times T}$$

$$M_2 = \text{BiLSTM}(M_1) \in \mathbb{R}^{2d \times T}$$

$$p^1 = \text{softmax}(\boldsymbol{w}_1^{\text{T}} \boldsymbol{G}; M_1) \in \mathbb{R}^T$$

$$p2 = \text{softmax}(\boldsymbol{w}_2^{\text{T}} \boldsymbol{G}; M_2)$$

p^1, p^2 就是对应于起始位置和结束位置的概率。选择最大的那个值就是最终的结果。

损失函数：

$$L(\theta) = -\frac{1}{N}\sum_{i}^{N}(\log p_{y_i^1}^1 + \log p_{y_i^2}^2)$$

y^1, y^2 是真实样本的开始和结束位置，p_y 中的下标 y 指向量的第 y 个元素。

以上就是 Bi-DAF 模型的分析，下面再来看看实验结果，如图 6.18 所示。

	Single Model		Ensemble	
	EM	F1	EM	F1
Logistic Regression Baseline[a]	40.4	51.0	-	-
Dynamic Chunk Reader[b]	62.5	71.0	-	-
Fine-Grained Gating[c]	62.5	73.3	-	-
Match-LSTM[d]	64.7	73.7	67.9	77.0
Multi-Perspective Matching[e]	65.5	75.1	68.2	77.2
Dynamic Coattention Networks[f]	66.2	75.9	71.6	80.4
R-Net[g]	**68.4**	**77.5**	72.1	79.7
BiDAF (Ours)	68.0	77.3	**73.3**	**81.1**

图 6.18　Bi-DAF 的实验结果

实验数据集是 SQuAD 1.0。可以看出，效果超过了 Match-LSTM 和 DCN。

再来看一下消融实验，如图 6.19 所示。最后的集成模型虽然有进一步提升，但是代价比较大。不只是当前这个模型，所有的模型如果进行集成，代价都是巨大的，首先，推断的计算量提升了 N 倍，其次，训练时间也会同步增加，因此一般在工程实现中不太常见。

	EM	F1
No char embedding	65.0	75.4
No word embedding	55.5	66.8
No C2Q attention	57.2	67.7
No Q2C attention	63.6	73.7
Dynamic attention	63.5	73.6
BiDAF (single)	67.7	77.3
BiDAF (ensemble)	72.6	80.7

图 6.19　消融实验结果

可以看到，相对其他模块来说，去掉字符向量的影响是最小的，推测字符向量的贡献主要是进行一些 OOV 问题的缓解，以及对于词表里词频较小的词起一些作用，其他贡献较少。但相对的，如果去掉词向量，只保留字符向量，那么指标下降得会非常厉害。C2Q

注意力比 Q2C 注意力的贡献大。C2Q 和 Q2C 的两次注意力计算都是与主观先验相符的贡献，不过 C2Q 的贡献更大，推测场景是带着问题去原文中找答案，而不是带着原文去问题中找答案，所以 C2Q 的作用更大；Q2C 与 C2Q 贡献相差过大的原因可能是在 Q2C 的注意力计算中只使用了最大相关度，而不是基于每个词进行权重计算。

6.3.6　Ruminating Reader 模型

Ruminating Reader 模型基于 Bi-DAF 做了一些扩展，整体结构并未改变，只是在 Bi-DAF 基础上增加了一个融合计算层，如图 6.20 和图 6.21 所示。

Bi-DAF 的顶层结构其实还是属于标准的 MRC 结构，这里把最后一层答案根据 Bi-DAF 的命名分为了模型层和输出层。Ruminating Reader 则是又多了一个交互模块，里面包含三层，分别为注意力流层、特征提取层和交互层，注意流层的操作跟前面是一样的。

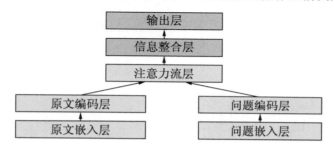

图 6.20　Bi-DAF 的顶层结构

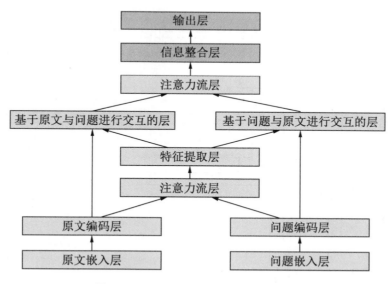

图 6.21　Ruminating Reader 的顶层结构

Ruminating Reader 模型的思路简单来说就是加深模型的深度来获得对内容更抽象的理解，以提升指标，这跟 Transformer 自注意力模型进行 6 次循环的逻辑是类似的，其细节结构如图 6.22 所示。

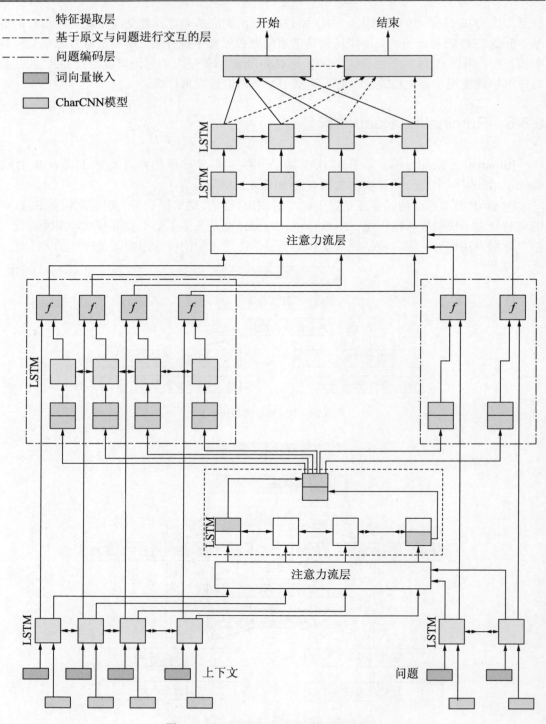

图 6.22 Ruminating Reader 的细节结构

因为 Ruminating Reader 是基于 Bi-DAF 扩展的，所以这两个模型前三层完全是一样的：

文章：$\{d_1, \cdots, d_T\}$。

问题：$\{q_1, \cdots, q_J\}$。

字符向量嵌入后经过 CNN+Max-Pooling 得到：

文章：$\boldsymbol{D}^{char} \in \mathbb{R}^{c \times T}$，$c$ 是字符词向量的维度，T 表示文章的词数。

问题：$\boldsymbol{Q}^{char} \in \mathbb{R}^{c \times J}$。

文章和问题的词向量嵌入分别为：$\boldsymbol{D}^{GloVe} \in \mathbb{R}^{d \times T}$，$\boldsymbol{Q}^{GloVe} \in \mathbb{R}^{d \times J}$。

通过 Highway Network 合并：

$$\boldsymbol{D}^{\text{wrd}} = HW(\boldsymbol{D}^{char}; \boldsymbol{D}^{GloVe}) \in \mathbb{R}^{d \times T}$$

$$\boldsymbol{Q}^{\text{wrd}} = HW(\boldsymbol{Q}^{char}; \boldsymbol{Q}^{GloVe}) \in \mathbb{R}^{d \times J}$$

双向 LSTM 编码层：

$$\boldsymbol{H} = \text{BiLSTM}(\boldsymbol{D}^{\text{wrd}}) \in \mathbb{R}^{2d \times T}$$

$$\boldsymbol{U} = \text{BiLSTM}(\boldsymbol{Q}^{\text{wrd}}) \in \mathbb{R}^{2d \times J}$$

然后是交互层，交互层的操作与 Bi-DAF 完全一样：

$$s_{tj} = \boldsymbol{w}_S^{\text{T}} h_t; u_j; h_t \circ u_j \in \mathbb{R}, \ w_S \in \mathbb{R}^{6d}$$

得到一个相关性矩阵 $\boldsymbol{S}$：

$$\boldsymbol{S} \in \mathbb{R}^{T \times J} 。$$

context-to-query attention(C2Q)

$$a_{t:} = \text{softmax}(S_{t:}) \in \mathbb{R}^J$$

得到注意力权重矩阵：

$$\boldsymbol{a} \in \mathbb{R}^{T \times J} 。$$

合并为上下文向量：

$$\boldsymbol{u}_t' = \boldsymbol{U}_{:t}' = \sum_j a_{tj} U_{:j} \in \mathbb{R}^{2d}$$

$$\boldsymbol{U}' \in \mathbb{R}^{2d \times T} 。$$

query-to-context attention（Q2C）：

$$b = \text{softmax}(\max_{\text{col}}(\boldsymbol{S})) \in \mathbb{R}^T$$

$$h' = \sum_t b_t H_{:t} \in \mathbb{R}^{2d}$$

最后输出：

$$g_t = G_{:t} = \text{MLP}(h_t; u_t'; h_t \circ u_t'; h_t \circ h') \in \mathbb{R}(8d \times T)$$

下面就是 Ruminating Reader 新增的处理，先是一个总结层：

$$\overrightarrow{s_T} = \overrightarrow{\text{LSTM}}(G_{:T}, \overrightarrow{s_{T-1}})$$

$$\overleftarrow{s_1} = \overleftarrow{\text{LSTM}}(G_{:1}, \overleftarrow{s_2})$$

就是一个双向 LSTM，输入 G，然后把两个方向的 LSTM 的最后一个状态拼接起来：

$$\boldsymbol{s} = \overrightarrow{s_T}; \overleftarrow{s_1} \in \mathbb{R}^{2d}$$

这个结果为 s，会在下面一层两个 Ruminate 处理中反复使用。先看 Query Ruminate：

$$z_i^q = \tanh(W_{qz}^1 s + W_{qz}^2 u_i + b_{qz})$$

$\boldsymbol{u}_i = \boldsymbol{U}_{:i}$ 就是第二层编成层问题的输出，对应于文章就是 H。

$$W_{qz}^1, W_{qz}^2 \in R^{2d \times 2d}; b_{qz} \in \mathbb{R}^{2d}$$

$$f_i^q = \sigma(W_{qf}^1 s + W_{qf}^2 u_i + b_{qf})$$

$$Q'_{:i} = f_i^q \circ u_i + (1 - f_i^q) \circ z_i^q; Q' \in \mathbb{R}^{2d \times J}$$

这里基本是一个 LSTM 操作，就是加一个门控协调最早期的信息和经过反复交互的信息，也有残差网络和高速公路网络的意思。

再进行 Context Ruminate 处理，为了增加位置信息，对 s 先进行一遍双向 LSTM 处理。先把 s 重复 T 次，因为上面 Query Ruminate 每次计算 z 和 f 时 s 都是同一个值，相当于把 s 重复了 J 次。这里重复 T 次得到一个矩阵：

$$S \in \mathbb{R}^{2d \times T}$$
$$S' = \text{BiLSTM}(S) \in \mathbb{R}^{2d \times T}$$

这里因为 $S_{:t} \in \mathbb{R}^{2d}$，所以双向 LSTM 的隐藏状态维度是 d。

$$z_i^d = \tanh(W_{dz}^1 s_i' + W_{dz}^2 h_i + b_{dz})$$

s_i' 就是刚才经过 Bi-LSTM 处理的 S' 的第 i 个向量。h_i 就是前面编码层文章的第 i 个向量。

$$f_i^d = \sigma(W_{df}^1 s_i' + W_{df}^2 h_i + b_{df})$$
$$D'_{:i} = f_i^d \circ h_i + (1 - f_i^d) \circ z_i^d \in \mathbb{R}^{2d}; D' \in \mathbb{R}^{2d \times T}$$

得到 Q' 和 C' 后再进行一次 Attention Flow 操作，最终得到 G'，这部分完全与上一个 Attention Flow 操作相同，所以公式就不列出来了。

最后的模型层和输出层为：

$$M_s = \text{BiLSTM}(G') \in \mathbb{R}^{2d \times T}$$
$$M_e = \text{BiLSTM}(M_s) \in \mathbb{R}^{2d \times T}$$
$$p_s = \text{softmax}(\mathbf{w}_1^T G'; M_s)$$
$$p_e = \text{softmax}(\mathbf{w}_2^T G'; M_e)$$
$$w_1, w_2 \in \mathbb{R}^{10d}$$

下面再来看一下实验结果，如图 6.23 所示。

可以看到，Ruminate Reader 比 Bi-DAF 的指标进一步提升了，不过这个观点提出时已经晚了，已经出现了一些更优的模型，其中 DCN+也是针对 DCN 进行的一些优化。

Model	Test	
	F1	EM
Match-LSTM[a]	73.743	64.744
Bidirectional Attention Flow[b]	77.323	67.974
Multi-perspective Matching[c]	77.771	68.877
FastQAExt[d]	78.857	70.849
Document Reader[e]	79.353	70.733
ReasoNet[f]	79.364	70.555
DCN+[g]	83.081	75.087
Reinforced Mnemonic Reader[h]	86.654	79.545
R-Net[i]	88.170	81.391
QANet[j]	**88.608**	**82.209**
Human Performance [k]	**91.221**	**82.304**
Ruminate Reader	79.456	70.639

图 6.23　实验结果

6.3.7　FastQA 模型

　　FastQA 模型的提出是比较有意思的，其作者认为现在的模型越来越复杂，为了很小的提升就增加大量的计算量（典型就是 Ruminate Reader），最终结果无法真正应用到商业项目中，所以其从另一个方向出发，设计了一个计算量消耗不大的模型，指标也可以接近 SOTA 水准。

　　当然对于计算量太大而无法商用的问题，笔者倒是有另一种理解。首先模型越复杂计算量越大，工程上线就越困难，这是必然的，但还要看模型的复杂度和影响力。例如，Transformer 和 BERT 的就影响非常大，虽然模型也非常复杂和笨重，但是使用的和研究的人多了，就会合力针对性地做出专门的优化，如各种专用、非专用的模型压缩方法。其次就是看模型复杂的形式，如果像 BERT 这样只是通过增加同一模型的层数，那么针对某些通用操作做相对底层的优化就可以实现性能的提升。

　　当然即使影响大、复杂度高的 BERT，在工业界实时场景的应用率依然不高，所以能用更简单的模型去解决问题才是工程实践的目标。

　　下面我们来看 FastQA 模型是如何设计的。

　　首先这里设计了一个词袋模型 BoW，其是完全基于特征工程的模型，作为 baseline。

　　问题：$x_1^q, \cdots, x_Q^q$

　　文章：$x_1^d, \cdots, x_D^d$

　　然后进行词向量嵌入和字符向量嵌入：

$$x_w^d = \boldsymbol{E} x^d$$

$\boldsymbol{E}$ 就是 Embedding 矩阵。

$$x_c^d = C(x^d)$$

C 是用卷积核宽度为 5 的 CNN 把字符向量提取为词向量的操作。

$$d = \left[x_w^d; x_c^d \right] \in \mathbb{R}^d$$

$$q = \left[x_w^q; x_c^q \right] \in \mathbb{R}^d$$

　　这一步与前面介绍的模型附带字符向量和词向量的区别就是没有用高速公路网络或其他门控方法进行合并，而且直接做了拼接。

　　拼接的优点就是简单，信息量保存完整，但其带来的问题是导致词向量维度翻倍，后面的计算量会增加。

　　使用门控方法合并的好处是尽量保留了有价值的信息，没有价值的抛弃，从而在后续的操作中减少了计算量，代价就是合并本身也需要一些计算量。

　　Type Matching 类型匹配层：

　　首先把问题映射为一个向量，其中包含 3 个部分，就是 3 个向量的拼接。核心部分就是问题类型，如"who""when""why""how""how many"等，对于"what""which"这样的问题附带上之后的第一个名词，例如"what year did…"，就把"year"带上，这称为 LAT。这个特征的先验是基于这样的观察，基本上所有的答案都与问题有较强的相关性。

　　然后是问题的首词和尾词。

$$u = \boldsymbol{q}_1; \boldsymbol{q}_Q; \boldsymbol{q}_{\text{avg}}$$

$\boldsymbol{q}_1$ 就是问题的首词词向量，$\boldsymbol{q}_Q$ 就是尾词，$\boldsymbol{q}_{\text{avg}}$ 就是前面取出来的 "who…when…what year" 等词的词向量平均，当然，如果只有一个词，则平均的结果就是它自己。这里笔者认为可以把全部问题的词向量平均也附带上，以减少信息损失。

然后就是处理文章，因为 FastQA 的限定范围非常小，只适用于 SQuAD 1.0 的问题必须是原文的一部分，所以这里把原文分为多个块，每个块就是一个答案可能出现的位置。那么每个块如何选呢？提出者没有给出明确的方法，只是限定了 10 个词的范围上限。其实推测其意也比较简单，因为答案要么是一个词，要么是一句话，所以每句话就是一个块，只有一句话大于 10 个词时才做区分，前 10 个词算一个块，后 10 个词算一个块，每个块都映射为一个向量：

$$h = \boldsymbol{d}_1^i; \boldsymbol{d}_D^i; \boldsymbol{d}_{\text{avg}}^i$$

$\boldsymbol{d}_1^i$ 就是第 i 块的第一个词，$\boldsymbol{d}_D^i$ 就是第 i 块的最后一个词，$\boldsymbol{d}_{\text{avg}}$ 就是第 i 块所有词的平均向量。

有时候答案周围的信息对推测出答案也有贡献。例如，"... president obama ..." 和 "... obama, president of..." 分别对应前文和后文对答案的价值，所以又额外增加了每个块前后各 5 个单词的平均向量：

$$h = \boldsymbol{d}_{\text{pre}}^i; \boldsymbol{d}_1^i; \boldsymbol{d}_D^i; \boldsymbol{d}_{\text{avg}}^i; \boldsymbol{d}_{\text{next}}^i$$

然后经过一些简单的变换就可以计算结果的范围：

$$u' = \tanh(\text{FC}(u))$$
$$h' = \tanh(\text{FC}(h))$$
$$g_{\text{type}}(s,e) = \text{softmax}(\text{FC}(h'; u'; u' \circ h'))$$

FC 就是一个全连接层：$\text{FC}(u) = Wu + b$，"∘" 还是按位相乘不求和操作。g_{type} 其实就是每个原文块包含答案的概率，s 和 e 就是文章块对应的开始和结束位置。不过单纯基于这个概率计算结果不合理，所以就增加了下面的特征。

❑ Context Matching 上下文匹配：这里包含两个特征，一是当前词是否在问题中出现过，二是当前词义与问题词义的相似度。

$$\text{wiq}_j^b = 1\left(\exists i : x_j^d = x_i^q\right)$$

如果文章的第 j 个词与问题中第 i 个词是同一个词，那么这个特征值就是 1。

❑ 第二个特征其实是在找当前这个词是否在问题中出现过，只是在很多场景中问题的用词会发生一些变化，如使用了同义词、换了一个说法之类等，因此，如果进行完全匹配，则命中率会很低，所以第二个特征就是基于词向量的语义相似度进行判断。

$$\text{sim}_{i,j} = v_{\text{wiq}}(d_j \circ \boldsymbol{q}_i), v_{\text{wiq}} \in \mathbb{R}^d$$

这里还是一个乘法相似度。

$$\text{wiq}_j^w = \sum_i \text{softmax}(\text{sim}_{i.})_j$$

上面式子的意思是对于文章第 j 个词与问题中所有的词求相似度，然后对这些相似度结果进行求和。

这里面的 softmax 其实就是把相似度基于当前文章块的所有词进行归一化。

$\text{sim}_{i.}$ 就是问题中第 i 个词与当前文章块中所有词的相似度向量，然后求 softmax，括号

外面的 j 表示下标取第 j 个值，其实就是经过概率化和归一化之后的相似度值，然后求和。

因为每个文章块的长度是不统一的，为了统一，只能以一些固定长度的窗口作为特征，这里使用的是每个文章块两边的 5 个、10 个、20 个词的特征均值。例如，一个文章块包含 12 个特征，其中一个是左边的 5 个词对应的 wiq^b 和 wiq^w 的均值，其他是左边的 10 个词、20 个词和右边的词的特征均值。这样每个文章块就多了 12 个特征，就可以基于这些特征计算出一个包含答案的概率，这里是作为前面类型匹配信息的补充特征。

$$g_{\text{ctxt}}(s,e) = \text{softmax}\left(w^{\text{T}}\left[\text{wiq}_{l5}^b; \text{wiq}_{l5}^w; \cdots; \text{wiq}_{r20}^b; \text{wiq}_{r20}^w\right]\right), w \in \mathbb{R}^{12}$$

$$g(s,e) = g_{\text{type}}(s,e) + g_{\text{ctxt}}(s,e)$$

上面就是完全基于特征工程生成的一个模型，特别简单，计算量非常小，权重数量也很少，我们把其他模型介绍完后看一下模型效果。

下面就是正式的 FastQA 结构，如图 6.24 所示。

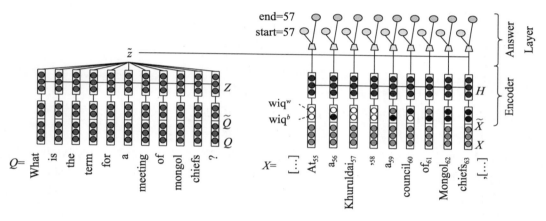

图 6.24　FastQA 结构

如果发现不了任何特别之处就对了，因为 FastQA 结构非常简单，就是一个双向 LSTM 连接答案层就结束了。它设计的初衷是在能达到一个良好的指标情况下模型尽量简单，当然，前面的 BoW 模型更简单，但因为是词袋模型，所以对于语句语义本身的信息全部都会有损失，而且答案范围只能依赖原文的切分情况，如果切得不合理与答案对不上，那么自然是不可能识别出答案的。

FastQA 也就是为了克服前面 baseline 的几个问题，用 Bi-LSTM 去提取语义信息，而答案层的使用也避免了对原文的硬性划分而导致找不到答案的情况。

编码层最前面的嵌入层跟 baseline 是一样的，都是词向量与 CNN 提取的字符词向量。baseline 的编码层就是一个全连接加 tanh，比较简单。

而 FastQA 的编码层就是一个高速公路网络。

$$d' = Pd, P \in \mathbb{R}^{n \times d}$$

$$g_e = \sigma(\text{FC}(d'))$$

$$d'' = \tanh(\text{FC}(d'))$$

$$\hat{d} = g_e d' + (1 - g_e)d''$$

得到 $D = \widehat{d_1}, \cdots, \widehat{d_D}$ 。

问题经过一个高速公路网络处理后得到 $Q = \widehat{q_1}, \cdots, \widehat{q_Q}$，不过这个现在先不使用这个值，等到了答案层的计算时才能被用上。

因为 FastQA 没有明确的交互层，要做交互就需要一些小技巧，在这里就是附带上了前面已经做过的一个特征，就是 wiq^b，wiq^w。这两个特征本来就是针对文章内的每个词做的，因为 baseline 把候选答案块映射到了一个向量上，所以这两个特征只能做求和平均，这里就不用了。

$$D' = \left\{ \left[\hat{d}_1; \text{wiq}_1^b; \text{wiq}_1^w\right], \cdots \left[\hat{d}_D; \text{wiq}_D^b; \text{wiq}_D^w\right]\right\}, D' \in \mathbb{R}^{(d+2)\times D}$$

对于问题来说没有对应的两个 wiq 特征，这里为了使用同一套编码层，所以维度要保持统一，问题词向量的 wiq^b,wiq^w 都置为 1。

$$Q' = \{\widehat{q_1}; 1; 1, \cdots, \widehat{q_Q}; 1; 1\}$$

然后经过双向 LSTM 处理。

$$H' = \text{BiLSTM}(D'), H' \in \mathbb{R}^{2d\times D}$$
$$U' = \text{BiLSTM}(Q'), U' \in \mathbb{R}^{2d\times Q}$$
$$H = \tanh(BH'), B \in \mathbb{R}^{d\times 2d}$$
$$U = \tanh(B'U')$$

这里矩阵 **B** 是用两个单位矩阵的拼接进行初始化的。

$$B = [I_d; I_d], I_d \in \mathbb{R}^d$$

这样对初始化的理解就是在刚初始化的阶段，H 其实就相当于把双向 LSTM 两个方向的每个时间步的输出加到一起。B 权重是可训练的，之后可以基于样本特征学习到如何进行加权求和从而得到信息量最多的结果。这里 B 权重问题和文章是不共享的，但初始化方式是一样的。

然后就是答案层。

$$\alpha = \text{softmax}(v_q U), v_q \in \mathbb{R}^d$$
$$z = \sum_i \alpha_i u_i$$

u_i 就是 U 的第 i 个向量。这类似注意力的计算，不过这里并没有注意力的查询，只有基于 kv 自己计算了。因为没有查询，所以只需要计算一次，得到一个通用的问题上下文向量 z。

$$s_j = \text{ReLU}(\text{FC}(h_j; z; h_j \circ z))$$
$$p_s = \text{softmax}(v_s s_.), v_s \in \mathbb{R}^d$$
$$e_j = \text{ReLU}(\text{FC}(h_j; h_s; z; h_j \circ z; h_j \circ h_s))$$

这里 h_s 就是上一步输出的起始位置对应的向量。

$$p_e = \text{softmax}(v_e e_.), v_e \in \mathbb{R}^d$$

这里还用上了 Beam-search。

前面说了 FastQA 没有明显的交互层，只是通过一些特征来近似达到交互的效果。为了探索交互层到底是不是必须的，是不是可以通过特征工程代替，这里设计的交互层稍微复杂了一些，分为两个部分，一是文章内部信息的交互，类似于自注意力，二是文章与问题的交互，这部分就比较常见了。

$$\beta_{j,k}=v_\beta(h_j \circ h_k)$$

这里就是一个相似度的计算，乘法式，不过跳过了 $\beta_{j,j}$ 与其自身的计算。

$$\beta_j=\text{softmax}(\beta_{j,\cdot})$$
$$h_j^{co} = \sum_k \beta_{j,k} h_k$$

这算是一个基于 h_j 的上下文向量了。

$$h_j^* = \text{FUSE}(h_j, h_j^{co}) = g_\beta h_j + (1-g_\beta)h_j^{co}$$

$$g_\beta = \sigma(\text{FC}(h_j, h_j^{co}))$$

这里的 FUSE 操作类似一个门控单元。

h_j 就是文章经过 Bi-LSTM 编码层之后的第 j 个输出，文章的每个词都会得到一个对应的 FUSE 结果 h_j^*。

$$h_j^{bw} = \text{FUSE}(h_j^*, h_{j+1}^{bw})$$

这里的 FUSE 用法类似于一个 RNN 单元，从后往前把前面得到的 h_j^* 处理了一遍。

$$\hat{h}_j = \text{FUSE}(h_j^{bw}, \hat{h}_{j-1})$$

把上一层得到的 h_j^{bw} 又从前往后处理了一遍。

然后是文章与问题的交互，这个就比较简单了：

$$\gamma_{i,j} = v_\gamma(u_i \circ \hat{h}_j)$$

这里与问题向量做交互的不是原来的文章词向量，而是经过文章内部交互层的输出。

$$\gamma_i = \text{softmax}(\gamma_{i,\cdot})$$

$$\hat{h}_j^{co} = \sum_i \gamma_{i,j} u_i$$

然后基于得到的向量输入原来的答案层就可以计算答案位置了。增加了交互层的模型被命名为 FastQAExt。

最后我们来看一下做了这么多逆主流操作之后的结果，如图 6.25 和图 6.26 所示。

Model	Test	
	F1	Exact
Logistic Regression[1]	51.0	40.4
Match-LSTM[2]	73.7	64.7
Dynamic Chunk Reader[3]	71.0	62.5
Fine-grained Gating[4]	73.3	62.5
Multi-Perspective Matching[5]	75.1	65.5
Dynamic Coattention Networks[6]	75.9	66.2
Bidirectional Attention Flow[7]	77.3	68.0
r-net[8]	77.9	69.5
FastQA w/ beam-size $k = 5$	77.1	68.4
FastQAExt $k = 5$	**78.9**	**70.8**

图 6.25　FastQA 实验结果

Model	Dev	
	F1	Exact
Logistic Regression[1]	51.0	40.0
Neural BoW Baseline	56.2	43.8
BiLSTM	58.2	48.7
BiLSTM + wiq^b	71.8	62.3
BiLSTM + wiq^w	73.8	64.3
BiLSTM + wiq^{b+w} (FastQA*)	74.9	65.5
FastQA* + intrafusion	76.2	67.2
FastQA* + intra + inter (FastQAExt*)	77.5	68.4
FastQA* + char-emb. (FastQA)	76.3	67.6
FastQAExt* + char-emb. (FastQAExt)	78.3	69.9
FastQA w/ beam-size 5	76.3	67.8
FastQAExt w/ beam-size 5	**78.5**	**70.3**

图 6.26　消融实验结果

实验结果需要与消融实验结果一起看。可以发现基本接近单纯的 Bi-LSTM 效果，wiq^b 特征特别有效，简单地增加这个特征就让指标提升了很多，wiq^w 比 wiq^b 更有效，这是符合先验的，不过提升的幅度并不高，或许使用的数据集是 SQuAD 1.0，答案可以明确地在文章中找到，而且语料库多数是自动生成的，导致用词变化不大。

同时使用 wiq^b, wiq^w 的 Bi-LSTM 就是 FastQA，进一步提升了指标。而且与前面介绍过的 Match-LSTM 和 DCN 相比其指标也是比较好的，只比 Bi-DAF 和 r-net 低一点儿。

在 FastQA 上继续增加交互操作，先只增加文章内的交互，结果表明也是可以提升指标的，这里给出了一个例子：

Where is Brittanee Drexel from?

The mother of a 17-year-old Rochester, New York high school student ... says she did not give her daughter permission to go on the trip. Brittanee Marie Drexel's mom says.

简单理解就是，虽然 LSTM 是长短时记忆单元，但是对于远处的依赖是很难把信息保留下来的，所以才有了 Transformer 的自注意力机制的流行。这里的逻辑是类似的，单纯用 LSTM 例子里后面的 mom 是很难保留前面的 mother 的信息的，但用自注意力机制则可以保留这个信息，对找出答案非常有帮助。

字符向量和 Beam-Search 对进一步提升效果的作用不大。

其实自深度学习之后，特征工程的价值慢慢被低估了，因为人们普遍认为特征工程的代价是高昂的，能让模型自动提取特征就让模型自动去提取，而深度学习又擅长自动提取特征。但这存在两个问题：一是自动做特征提取的计算量是高昂的，即使后面通过各种模型压缩方法可以把无效计算压缩掉，也不如特征工程压缩得极致；二是在深度学习算法的互相竞争中，如果完全基于大量的通用模型设计去解决问题，那么完全就是基于算力和数据量差异的竞争，而算法工程师的核心竞争力又在哪里呢？

当然除了特征工程之外也可以去修改模型，但对于深度网络来说，模型的设计其实也是一种特征、一种先验。最通用的模型就是全连接神经网络，理论上它可以解决所有问题，但没人用它去解决任何问题，因为它缺少特征（模型）设计。

不过反过来说，特征工程显然也是无法代替模型设计的，模型的特征自动提取适用于那些特别零碎和细节的特征处理，而手动特征工程和模型先验设计适用于大粒度、相对更突出的先验。

6.4　大模型时代的机器阅读理解

机器阅读理解（Machine Reading Comprehension，MRC）是自然语言处理中的一项关键任务，旨在让计算机能够像人类一样理解和回答文本中的问题。大模型的出现，使 MRC 的能力和准确性得到了显著提升。本节将介绍大模型在机器阅读理解中的应用，并通过具体示例展示其强大的功能。

6.4.1　使用 BERT 进行机器阅读理解

BERT 模型在机器阅读理解任务中表现出色，能够深入理解文本内容并提供准确的答案。以下是利用 BERT 进行机器阅读理解的示例代码：

```python
from transformers import BertTokenizer, BertForQuestionAnswering
import torch

# 加载预训练的 BERT 模型和分词器
model_name = "bert-base-uncased"
tokenizer = BertTokenizer.from_pretrained(model_name)
model = BertForQuestionAnswering.from_pretrained(model_name)

# 示例文本和问题
text = "床前明月光，疑是地上霜。举头望明月，低头思故乡。"
question = "诗人为什么低头思故乡？"

# 编码输入
inputs = tokenizer.encode_plus(question, text, add_special_tokens=True,
return_tensors="pt")
input_ids = inputs["input_ids"].tolist()[0]

# 获取模型输出
outputs = model(**inputs)
answer_start_scores = outputs.start_logits
answer_end_scores = outputs.end_logits

# 获取答案的开始和结束位置
answer_start = torch.argmax(answer_start_scores)
answer_end = torch.argmax(answer_end_scores) + 1

# 解码答案
answer
tokenizer.convert_tokens_to_string(tokenizer.convert_ids_
to_tokens(input_ids[answer_start:answer_end]))
print(f"答案: {answer}")
```

通过上述代码，可以使用预训练的 BERT 模型来回答文本中的问题，实现机器阅读理解任务。

6.4.2 使用 ChatGPT 进行机器阅读理解

ChatGPT 模型在生成任务中表现优异，同样能够应用于机器阅读理解任务。以下是利用 ChatGPT 进行机器阅读理解的示例代码：

```python
import openai

openai.api_key = 'your-api-key'

def answer_question(text, question):
    response = openai.Completion.create(
        engine="text-davinci-003",
        prompt=f"请根据以下文本回答问题：\n\n 文本:{text}\n\n 问题:{question}\n\n
答案: ",
        max_tokens=100
    )
    return response.choices[0].text.strip()

# 示例文本和问题
text = "床前明月光，疑是地上霜。举头望明月，低头思故乡。"
question = "诗人为什么低头思故乡？"
answer = answer_question(text, question)
print(f"答案: {answer}")
```

通过调用 ChatGPT 的 API，可以快速进行机器阅读理解，得到准确的回答。ChatGPT 在理解和生成语言方面的强大功能，使其在 MRC 任务中表现出色。

大模型在机器阅读理解中的应用不仅提升了回答问题的准确性和效率，而且还扩展了 MRC 的应用场景。未来，随着大模型的不断优化和发展，机器阅读理解技术将会变得更加智能和实用，将应用于更多的实际场景中。

6.5　小　　结

本章先介绍了两个相对基础的技术 GloVe 词向量和 Highway Network，作为 MRC 模型的准备，然后依次介绍了几个 MRC 领域非常经典的模型。最后通过两个例子演示了如何使用 BERT 和 ChatGPT 模型进行句法分析。

MRC 任务类似于中文的阅读理解，名称也几乎相同，就是给出一篇文章，然后基于这篇文章回答一些问题。不过这种形式在现实场景中不太常见，无论是搜索、对话还是其他 NLP 任务，都无法直接使用 MRC 技术解决问题，它更多是在一些场景的某个模块中发挥作用。例如，在搜索或 QA 中最后一步需要提取出合适的答案，此时才能使用 MRC 技术，后面在介绍 QA 问题时会详细介绍。

第 7 章 句 法 分 析

句法分析（Syntactic Parsing）是自然语言处理中的关键技术之一，它是对输入的文本句子进行分析以得到句子的句法结构的处理过程。对句法结构进行分析，一方面是语言理解的自身需求，句法分析是语言理解的重要一环，另一方面也为其他自然语言处理任务提供支持。例如，句法驱动的统计机器翻译需要对源语言或目标语言（或者同时为两种语言）进行句法分析；语义分析通常以句法分析的输出结果作为输入以便获得更多的指示信息。

7.1 句法分析概述

下面基于几种维度——常见的种类、句法分析在现代 NLP 任务中的作用和使用场景大致介绍一下句法分析。

7.1.1 句法分析常见的 3 个类别

句法分析其实属于语言学的一个子类，在算法领域只是借用了语言学的一些定义，所以不同的定义系统有很多，算法相关场景接触较多的有 3 种：短语句法分析、依存句法分析和语义依存分析。同时，因为依存句法分析对算法更友好，比如易于标注、直接面向语义、句法分析的准确率更高和词与词直接关联等，所以依存句法分析比其他两种更常见。后面会逐一介绍这 3 种句法分析。

7.1.2 句法分析在现代 NLP 任务中的作用

在深度学习出现之前，很多任务做句法分析是比较常见的。例如，机器翻译经常需要基于句法分析来调整句子结构，从源语言结构转换为目标语言结构。在阅读理解和人机交互场景中，经常需要在进行句法分析之后提取其中的关键词和辅助词等来理解语义。

句法分析任务与分词任务有些类似，它本身不构成 NLP 的最终任务，往往作为辅助手段来更好地实现其他任务（无论是翻译还是阅读理解等）。而现在深度学习领域比较偏好端到端的模型体系，所谓端到端，就是原始数据经过自动化处理后作为训练样本和标签，然后基于标签让模型自动学习如何提取特征和语义并映射到这个标签。这样做的好处非常明显，就是让算法工程师完全从琐碎的工作中脱离出来，只关注模型的设计和训练。

对于模型的设计，最通用、强大的模型是全连接，其理论上可以实现任何任务目标，但现实中几乎没有人使用全连接去实现任务，至少在 NLP 和 CV 任务中几乎没有，为什么？因为模型的通用性和专业性之间是矛盾的，越通用的模型其专业性上就越弱，而专项任务能力越强的模型越缺乏通用性。对于某个 NLP 任务来说，要实现更好的指标效果只能是专项模型，而专项模型必然需要大量的先验设计和特征工程。

当然，我们不排除未来有可能出现强人工智能，达到类似人脑的效果，既有一定的通用性，在专项领域又可以达到很高的水准。但现阶段通用性与专业性还是泾渭分明，存在矛盾。例如现在的热点领域 AutoML，简单理解就是自动探索模型设计去适配某个任务，但这个模型的探索空间必然不是简单的全连接宽度和深度的探索，必须加入很多先验设计候选才能让 AutoML 达到较优的效果。

而分词和句法结构就是语言的一个天然先验，要想完全忽略这些先验去开发模型，就是一种想用全连接完成 NLP 任务的思路。当然，要利用上这些天然的先验，不一定要求做分词任务或句法分析，借用某种先验和把这种先验作为任务目标是两个概念。例如，Transformer 的自注意力机制就有一些句法结构的信息。

7.1.3　句法分析的几个应用场景

句法分析的应用场景主要有以下几个。

1．文本相似度

文本相似度听着像是一个小任务，但其是 NLP 依然未解决的任务之一，即使用上 BERT，很多用词相同但顺序不同、用词不同但语义相同的文本都是不太容易算出相似度的。例如，"他把狼吃了"和"他被狼吃了"，如果基于词向量不一定能区分出二者的明显差别，如果使用句法分析则可以识别出两个句子中主语和宾语的不同。

2．电子商务搜索

电子商务搜索需要进行主体识别，实现方法不一定只有句法分析，但句法分析相对比较擅长识别句子的成分。例如"绿色连衣裙"，单纯分词之后进行相关性召回，搜索引擎不能区分出绿色更重要还是连衣裙更重要，有可能召回"绿色"和其他信息，这种结果用户是理解不了的。

3．关系提取

关系提取就是把句子的主语和宾语以及它们的关系提取出来。例如 abc 是 def 的父亲，那么 abc 和 def 就是两个实体，它们的关系就是"父子"。关系提取的主要应用是知识图谱。

4．纠错

纠错同样不一定要用句法分析，但句法分析是纠错工具之一。

此外，句法分析出来的结构关系是不是可以作为特征补充到词向量中，类似于 FastQA 中的补充特征？是不是可以提升下游任务的效果？这些问题，有兴趣的读者可以尝试一下。

7.2　短语句法分析

句法结构分析（Syntactic Structure Parsing）又称短语结构分析（Phrase Structure Parsing），也叫成分句法分析（Constituent Syntactic Parsing），其作用是识别出句子中的短语结构以及短语之间的层次句法关系。

我们可以先看一下短语句法分析的一个示例，如图 7.1 所示为序列化后的存储格式。这个比较好理解，就是任何一种结构化的数据结构，无论是树、图还是链表等，可视化时都可以用图表展现出来，带上一些连接线，如果是树就是父子关系，如果是图就是边，如图 7.2 所示。但最终保存到文件中肯定是不能以图像格式保存的，因为空间占用太大也不便于转换为数据结构，必须将其转换为序列化后的格式，如最省空间的二叉树结构是可以使用一个连续地址表示的。

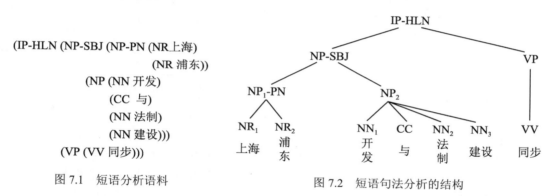

```
(IP-HLN (NP-SBJ (NP-PN (NR 上海)
                       (NR 浦东))
        (NP (NN 开发)
            (CC 与)
            (NN 法制)
            (NN 建设)))
        (VP (VV 同步)))
```

图 7.1　短语分析语料　　　　　图 7.2　短语句法分析的结构

一棵语法树不仅包括词性（part of speech），还包括短语（如名词短语、动词短语）和结构化的信息（如主语、谓语和宾语）。这些信息都是有用的先验，例如统计机器翻译中就需要使用结构化信息，根据不同的语言规定调整主、谓、宾的顺序。

如果给出一个句子，怎样才能得到短语分析后的结果呢？

对于任何一个 NLP 任务，一般是使用规则法（专家法）、基于统计的方法和神经网络法。

专家法是指手动设置各种特征条件，例如，如果谓语是"是"，如 abc 是 def，就形成一个 abc 是 def 的结构，如果核心词是 x，就形成以 X 为中心的多种结构。

短语分析也不属于热门方向，也没有使用神经网络法，因此我们只简单介绍一下基于统计的方法——PCFG。

PCFG 其实可以理解为一种树型结构的 n-gram，当然对于计算一个短语结构概率的场景更像是 PPL。

PCFG 的组成部分如下：

❑ 非终结符号集 N：树的非叶子节点如 S、NN 和 VP，叶子节点的直接父节点对应的往往是初性节点，而初性节点的父节点往往是短语结构节点。

❑ 终结符号集 Σ：树的叶子节点，也就是具体的字词，如我、吃、肉。

❑ 开始非终结符号 S∈N：是一个短语分析的树根节点。

- 产生式集 $\mathbb{R}$：从上一级到下一级可能发生的连接，例如动词短语"VP"可以生成动词"Vt"加名词"NN"的短语。
- 对于任意产生式 $r \in \mathbb{R}$，概率为 $p(r)$。

产生式形式 $X \rightarrow Y$

$$X \in N, Y \in (N \cup \Sigma), \sum_Y p(X \rightarrow Y) = 1$$

每种状态如"VP"到另外一个状态都有概率，"VP" → "Vt+NN"有一个统计概率，如果一种状态可以生成多种状态，那么生成这些状态的概率之和就是 1，即在给定条件下遍历所有可能事件发生的概率之和肯定是 1，如表 7.1 所示。

表 7.1　生成式集的概率示意

S→NP VP, 1.00	NP→astronomers,　0.10
NP→ NP PP, 0.40	NP→saw,　0.04
VP→ VP PP, 0.30	V→saw,　1.00
PP→P NP, 1.00	NP→telescopes,　0.1
VP→V NP, 0.70	P→with,　1.00
	NP→ears,　0.18
	NP→stars,　0.18

PCFG 算法其实跟 HMM（隐马尔可夫模型）类似，也有 3 个主要的问题。

HMM 的 3 个问题如下：

- 求概率：给定一个观测序列及其对应的转移概率矩阵，求序列的概率。
- 训练：把求概率使用的转移概率矩阵训练出来，如果只有语料没有隐藏状态标注，则需要使用 EM 算法，如果有了隐藏状态的标注则只需要进行统计即可。
- 解码：已知转移概率矩阵和观察序列，求解观测序列对应的隐藏状态序列。

PCFG 的 3 个问题是：

- 概率计算：给定一个句子并且已知句子的短语结构树，求这个结构的概率。主要的算法有内向算法和外向算法。
- 训练：跟 HMM 一样也是基于语料得到图 7.3 所示的各节点连接的概率。如果有标注语料，则同样是直接进行统计。例如，"VP" → "Vt NN"有多少个，"VP" → "其他"有多少个，二者结果相除就是概率。如果没有标注语料，那么还要使用 EM 算法。
- 求解：给定一个句子（相当于观察序列）还有节点的连接概率，求概率最大的那个短语结构树。

假设现在有一个句子"Astronomers saw stars with ears"，各种生成式集的概率如表 7.1 所示。如何计算这个句子的概率呢？

这个句子现在有两种短语结构，如图 7.3 所示。我们以 t_1 为例来计算。如果结构和每种转移概率都已知，则概率计算就比较容易了。所谓内向算法就是从下往上算，外向算法就是从上往下算，图 7.4 是从上往下算的，是内向算法。

根节点的概率都是 1，可以跳过。"S" → "NP"的概率是 0.1，"S" → "VP"的概率是 0.7，再往下"VP"→"V"的概率是 1.0，"VP"→"NP"的概率是 0.4，这样逐一往下相乘就可以得到最终结果。

$$P(t_1)=1.0\times0.1\times0.7\times1.0\times0.4\times0.18\times1.0\times1.0\times0.18=9.072\text{E-4}$$

这样的计算方式跟 n-gram 类似，但有几个假设条件：假设与位置无关；假设与上下文无关；假设与祖先无关。有了这样的假设条件，才能简单地直接相乘并得到最终的概率。

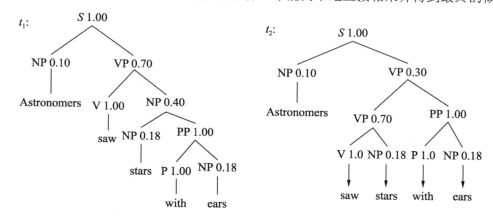

图 7.3　同一句子的两种短语结构

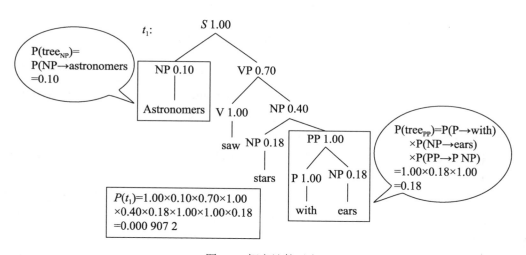

图 7.4　概率计算示意

短语结构概率计算到底有什么用呢？

最显著的一个作用就是消除歧义，如图 7.3 所示的两种结构就分别对应两个语义，第一个结构的核心词是"看"，意思就是"宇航员看见一些有耳朵的星球"，第二个结构的核心是后面整段动宾短语，意思是"宇航员用耳朵看星球"。当然我们知道第二种意思明显不对，但算法如何知道呢？

计算一下概率：

$$P(t_1)=9\text{E-4}$$
$$P(t_2)=1.0\times0.1\times0.3\times0.7\times1.0\times0.18\times1.0\times1.0\times0.18=6.8\text{E-4}$$

显然第一种概率更大，所以第一种才是正确的。这些概率只是用于演示，真实场景中的统计概率比图 7.5 中的小。

再如人工也不容易分辨出的歧义"咬死了猎人的狗"，如图 7.5 所示。结构一的语义是"一只狗咬死了猎人"，而结构二的语义是"什么东西咬死了猎人的狗"。当然，像这种情况即使通过概率得到一个唯一的结构也不一定就是正确的。

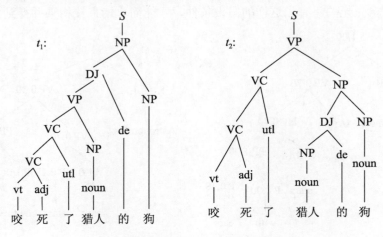

图 7.5　存在歧义的句子

7.3　依存句法分析

依存句法分析又称依存关系分析（Dependency Syntactic Parsing），简称依存分析，作用是识别句子中词汇与词汇之间的相互依存关系。

依存句法是由法国语言学家 L. Tesniere 最先提出的。他将句子分析成一棵依存句法树，描述出各个词语之间的依存关系，即指出词语在句法上的搭配关系，这种搭配关系是和语义相关联的。

在自然语言处理中，用词与词之间的依存关系来描述语言结构的框架称为依存语法（Dependence Grammar），又称从属关系语法。利用依存语法进行句法分析也是自然语言理解的重要技术之一。

在依存句法理论中，"依存"指词与词之间支配与被支配的关系，这种关系不是对等的，这种关系具有方向。确切地说，处于支配地位的成分称为支配者（Governor、Regent、Head），而处于被支配地位的成分称为从属者（Modifier、Subordinate、Dependency）。

依存语法本身没有规定要对依存关系进行分类，但为了丰富依存结构传达的句法信息，在实际应用中，一般会在依存树的边加上不同的标记。

依存语法存在一个共同的基本假设：句法结构本质上包含词和词之间的依存（修饰）关系。一个依存关系连接两个词，分别是核心词（Head）和依存词（Dependent）。依存关系可以细分为不同的类型，用来表示两个词之间的具体句法关系，如图 7.6 和图 7.7 所示。

举两个例子帮助大家直观感受一下依存分析，如图 7.6 和图 7.7 分别是两个句子，经过依存分析之后依然是一个树结构，根节点就是句子唯一的核心词。

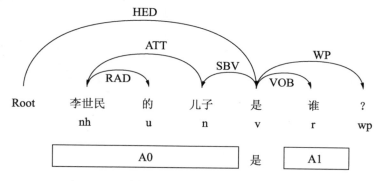

图 7.6　依存分析示例 1

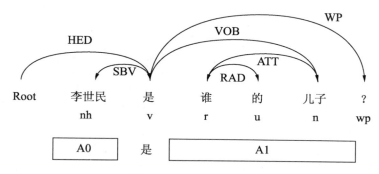

图 7.7　依存分析示例 2

依存句法分析成立有 5 个条件。

❑ 一个句子中只有一个成分是独立的。

❑ 句子的其他成分从属于某个成分。

❑ 任何一个成分都不能依存于两个或两个以上的成分。

❑ 如果成分 *A* 直接从属成分 *B*，而成分 *C* 在句子中位于 *A* 和 *B* 之间，那么，成分 *C* 或者从属于 *A*，或者从属于 *B*，或者从属于 *A* 和 *B* 之间的某个成分。

❑ 中心成分左右两边的成分互相不发生关系。

以上是标准依存句法分析定义中给出的限制，如果不满足这 5 个条件，则不是依存句法分析，而是其他的句法分析种类。其实上面的 5 个条件就是一棵树而不是图，每个节点都只与父节点连接，没有其他连接。

7.3.1　依存分析器的性能评价

依存分析跟 NER 类似，需要特殊的性能评估方法。通常使用的指标包括无标记依存正确率（Unlabeled Attachment Score，UAS）、带标记依存正确率（Labeled Attachment Score，LAS）、依存正确率（Dependency Accuracy，DA）、根正确率（Root Accuracy，RA）和完全匹配率（Complete Match，CM）等。

❑ 无标记依存正确率（UAS）：在测试集中找到正确支配词（包括没有标注支配词的根节点）所占总词数的百分比。

❑ 带标记依存正确率（LAS）：在测试集中找到正确支配词并且依存关系类型也标注正

确的词（包括没有标注支配词的根节点）占总词数的百分比。

❑ 依存正确率（DA）：在测试集中找到正确支配词中非根节点词占所有非根节点词总数的百分比。

❑ 根正确率（RA）：有两种定义，一种是测试集中正确根节点的个数与句子个数的百分比，另一种是指测试集中找到正确根节点的句子数占句子总数的百分比。

❑ 完全匹配率（CM）：测试集中无标记依存结构完全正确的句子占句子总数的百分比。

7.3.2　依存分析数据库及其工具

依存分析数据库及其工具主要如下：

❑ Penn Treebank：是一个项目的名称，项目目的是对语料进行标注，标注内容包括词性标注及句法分析。

❑ SemEval-2016 Task 9：中文语义依存图数据。

❑ StanfordCoreNLP：斯坦福大学开发的自然语言处理工具包，提供依存句法分析功能。

❑ HanLP：是一系列模型与算法组成的 NLP 工具包，提供中文依存句法分析功能。

❑ SpaCy：工业级的自然语言处理工具，遗憾的是不支持中文。

❑ FudanNLP：复旦大学自然语言处理实验室开发的中文自然语言处理工具包。

其中：信息检索包含文本分类和新闻聚类；中文处理包含中文分词、词性标注、实体名识别、关键词抽取、依存句法分析和时间短语识别；结构化学习包含在线学习、层次分类和聚类。

7.3.3　依存树库

句法分析的标记语料被称为树库，因为其每个句子的标签就是一个树形结构。依存句法分析的树库就是依存树库，如表 7.2 所示。

表 7.2　依存树库的关键标记定义

关 系 类 型	标　　签	描　　述	举　　例
主谓关系	SBV	subject-verb	我送她一束花（我←送）
动宾关系	VOB	直接宾语，verb-object	我送她一束花（送→花）
间宾关系	IOB	间接宾语，indirect-object	我送她一束花（送→她）
前置宾语	FOB	前置宾语，fronting-object	他什么书都读（书←读）
兼语	DBL	double	他请我吃饭（请→我）
定中关系	ATT	attribute	红苹果（红←苹果）
状中结构	ADV	adverbial	非常美丽（非常←美丽）
动补结构	CMP	complement	做完了作业（做→完）
并列关系	COO	coordinate	大山和大海（大山→大海）
介宾关系	POB	preposition-object	在贸易区（在→内）
左附加关系	LAD	left adjunct	大山和大海（和←大海）
右附加关系	RAD	right adjunct	孩子们（孩子→们）
独立结构	IS	independent structure	两个句子在结构上彼此独立

　　依存分析不仅可以把一个句子解析为一个树结构，而且给每个父子连接上定义好的对应的关系，如主谓关系和动宾关系等。更多的定义示例如表 7.3 所示。

表 7.3　哈尔滨工业大学依存树库标记示例

序号	词语	原型 （中文词语=原型）	粗粒度 词性	细粒度 词性	句法 特征	中心词	依存关系
1	城建	城建	NN	NN	—	2	relevant
2	成为	成为	VV	VV	—	0	ROOT
3	外商	外商	NN	NN	—	4	agent
4	投资	投资	VV	VV	—	7	d-restrictive
5	青海	青海	NR	NR	—	4	patient
6	新	新	JJ	JJ	—	7	d-attribute
7	热点	热点	NN	NN	—	2	isa

　　如图 7.8～图 7.12 是哈尔滨工业大学的依存树库标记体系和清华大学树库的标记体系。依存树库存在与分词标记语料一样的标记系统不统一的问题，所以要么使用规则把各个树库转换为统一的体系，要么就去适配模型进行多语料训练。

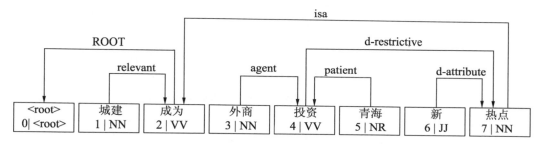

图 7.8　哈尔滨工业大学树库例句句法结构和序列形式 1

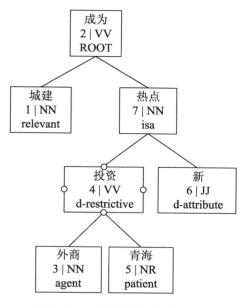

图 7.9　哈尔滨工业大学例句句法结构和树形形式 2

序号	词语	原型 （中文词语=原型）	粗粒度 词性	细粒度 词性	句法 特征	中心词	依存关系
1	世界	世界	n	n	—	5	限定
2	第	第	m	m	—	4	限定
3	八	八	m	m	—	2	连接依存
4	大	大	a	a	—	5	限定
5	奇迹	奇迹	n	n	—	6	存现体
6	出现	出现	v	v	—	0	核心成分

图 7.10　清华大学依存树库标记示例

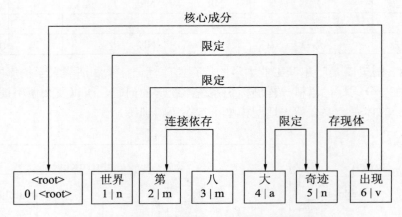

图 7.11　清华大学树库例句句法结构和序列形式 1

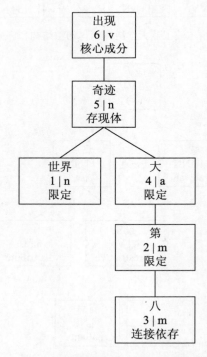

图 7.12　清华大学树库例句句法结构和树形形式 2

以上介绍了依存句法分析的一些内容，下面介绍依存分析的具体方法。

7.4　依存句法分析方法

依存句法分析主要有两个思路：其一是类似序列处理，因为观测到的句子是序列的，所以基于类似 NER 的序列处理方式是最直观的，但因为是树形结构，所以序列处理需要做一些精巧的设计；其二则是从另一个视角，基于最终结构的图型结构进行处理。

下面简单介绍一下依存句法分析的两类方法，后面基于算法模型会具体讲解。

1. 基于图的依存句法分析

基于图的依存句法分析的处理流程类似于短语分析的 PCFG 的解码过程，先基于词性把所有可能组成的树找出来，然后基于树的概率计算出最大概率。

后面会专门介绍基于图的句法分析方法，这里不再展开介绍。

2. 基于转移的依存句法分析

所谓基于转移的方法，其实类似于状态机，要把序列的观测形态转换为树型结构，许多节点是有依赖关系的，并不像 NER 任务那样每一时刻都能基于当前的观察特征得到背后隐藏的目标。当然，对于 RNN 和 CRF 来说并非只基于当前的观测，而是考虑了全局的信息，但这个信息只是观测得到的结果，并没有一些中间处理状态，所以整体上相对简单、直观。为了能让依赖关系顺利地关联上，引入了一些中间状态定义，让暂时没跟任何一个节点关联上的节点保存在缓存队列中。

我们以 "人吃鱼" 这个句子为例手动构建依存句法树。序列第一个观测是 "人"，但单独一个词是不可能跟其他节点关联上的，所以无法处理，只能把这个词放到缓存队列中等待。然后第二个观测是 "吃"，"吃" 与 "人" 是主谓关系，而 "吃" 是核心词，所以从 "吃" 连线到 "人" 建立依存关系，即主谓关系，"吃" 是根节点。下一个词是 "鱼"，是 "吃" 的宾语，从 "吃" 连线到 "鱼" 建立依存关系，即动宾关系。

可以看到，上面的构建过程大概分为 4 个动作：

（1）没有可关联的节点，转移到缓存队列中。

（2）两个节点有关联，左节点为主词，右节点为辅词，左节点连线指向右节点。

（3）两个节点有关联，右节点为主词，左节点为辅词，右节点连线指向左节点。

（4）结束。

对于序列式处理来说，依然跟 NER 类似，是一个序列分类问题，机器学习模型根据句子的当前状态特征来预测这些动作，计算机就能根据这些动作拼装出正确的依存句法树了。这种拼装动作称为转移（Transition），而这类算法统称为基于转移的依存句法分析，其中最经典的就是 Arc-Eager 转移系统。

这里把上面的一系列动作标准化地定义一下。

Arc-Eager 转移系统的定义如下：

一个转移系统 S 由 4 部分构成，即：

$$S=(C,T,Cs,Ct)$$

其中：C 是系统状态的集合；T 是所有可执行的转移动作的集合，就是前面所说的 4 个动作；Cs 是一个初始化函数；Ct 为一系列终止状态，系统进入该状态后即可停止并输出最终的动作序列，如表 7.4 所示。

表 7.4　Arc-Eager 转移系统的 4 个动作

名　　称	条　　件	解　　释
Shift	队列beta非空	将队首单词i压栈
LeftArc	栈顶单词i没有支配词	将栈顶单词i的支配词设为队首单词j,即i作为j的子节点
RightArc	队首单词j没有支配词	将队首单词j的支配词设为栈顶单词i,即j作为i的子节点
Reduce	栈顶单词i已有支配词	将栈顶单词i出栈

系统状态 C 由三部分构成：

$$C=(\sigma, \beta, A)$$

σ 为一个存储单词的栈；β 为存储单词的队列；A 为已确定的依存弧的集合。

"人吃鱼"的标准化转移动作分析如图 7.13 所示，每个动作的标准定义如表 7.4 所示。

装填编号	α	转移动作	β	A
0	[]	初始化	[人,吃,鱼,虚根]	{}
1	[人]	Shift	[吃,鱼,虚根]	{}
2	[]	LeftArc(主谓)	[吃,鱼,虚根]	{人 ←—主谓— 吃}
3	[吃]	Shift	[鱼,虚根]	{人 ←—主谓— 吃}
4	[吃,鱼]	RightArc(动宾)	[虚根]	{人 ←—主谓— 吃, 吃 —动宾—→ 鱼}
5	[吃]	Reduce	[虚根]	{人 ←—主谓— 吃, 吃 —动宾—→ 鱼}

图 7.13　"人吃鱼"例句的标准化转移分析示例

可以再看一个更复杂一些的例子，如图 7.14 所示，例句是："Happy children like to play with their friends"。这里的动作和队栈的定义跟前面稍有不同，这是风格的问题，不影响方法的使用。

关于句法分析的评估方法前面介绍过一些定义，这里再举一个例子，如图 7.15 所示，Gold 部分就是正确的解析结果，也就是对应的标签。Parsed 部分就是用某个算法解析出来的结果，如果只判断连接的准确性，那么 UAS 为 80%，如果不仅要求连接准确，而且连接的类型也要准确，那么 LAS 为 40%。由此可见不同的评估方法，差别还是很大的，准确地连接边比较容易，但是边的类型也识别正确就困难一些。

	α	β	A
	[ROOT]	[Happy,children,…]	∅
Shift	[ROOT,Happy]	[children,like,…]	∅
LAamod	[ROOT]	[children,like,…]	{amod(children,happy)}=A1
Shift	[ROOT,children]	[like,to,…]	A1
LAnsubj	[ROOT]	[like,to,…]	A1 ∪ {nsubj(like,children)}=A2
RAroot	[ROOT,like]	[to, play,…]	A2 ∪ {root(ROOT,like)}=A3
Shift	[ROOT,like,to]	[play,with,…]	A3
LAaux	[ROOT,like]	[play,with,…]	A3 ∪ {aux(play,to)}=A4
RAxcomp	[ROOT,like,play]	[with their,…]	A4 ∪ {xcomp(like,play)}=A5
RAprep	[ROOT,like,play,with]	[their,friends,…]	A5 ∪ {prep(play,with)}=A6
Shift	[ROOT,like,play,with,their]	[friends,.]	A6
LAposs	[ROOT,like,play,with]	[friends,.]	A6 ∪ {poss(friends,their)}=A7
RApobj	[ROOT,like,play,with,friends]	[.]	A7 ∪ {pobj(with,friends)}=A8
Reduce	[ROOT,like,play,with]	[.]	A8
Reduce	[ROOT,like,play]	[.]	A8
Reduce	[ROOT,like]	[.]	A8
RApunc	[ROOT,like,.]	[]	A8 ∪ {punc(like,.)}=A9

图 7.14　另一个例句的解析示例

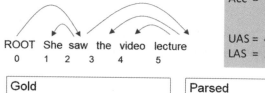

图 7.15　句法分析评估示例

上面介绍的两类方法是方法分类的一种视角，而基于是否深度学习的视角可以划分为三类。

❑ 基于规则的解析方法：此种方法特别依赖专家规则定义，耗时、耗力且效果不好，所以基本上只作为 NLP 的历史来学习。

❑ 传统机器学习：前面我们已经分析过了，虽然最终解析的目标是一个句法树，但是在基于转移的处理系统中每次操作其实还是一个分类预测，所以基本上所有可以用于分类的模型都可以用于句法分析，如 SVM、MaxEnt 和逻辑回归等。当然，如果是基于图的思路，则类似最优路径搜索的场景，计算分词的最短路径及短语分析的 PCFG。

❑ 基于深度神经网络的方法：从下一节开始我们将会介绍几个相对经典的句法分析网络模型。

7.5 深度学习与句法分析的结合

在 NLP 任务中，强依赖句法分析的任务并不多，所以深度学习与句法分析结合的模型并不是为了解决句法分析任务，而是把句法分析作为一个先验特征去辅助其他任务，如语言模型。

7.5.1 基于转移的神经网络分析器

本节我们介绍一个比较简单的使用神经网络的句法分析器，使用句法分析的系统是 7.4 节介绍过的基于转移的 Arc-Eager 系统。

网络结构比较简单，如图 7.16 所示，只有一层隐藏层，输入经过这个隐藏层直接映射到输出层进行概率计算。因为是进行句法分析，同时使用的是 Arc-Eager 转移系统，所以输入的形式有些不一样，其实就是设计了一些特征工程，即手工设计特征输入的形式。

7.4 节我们介绍过，所谓转移系统，其实类似于 NER，就是基于当前状态预测下一步应该采取什么动作的分类算法，具体使用哪一种算法，SVM、最大熵和神经网络都可以，这里使用的是神经网络。

这里比较关键的是输入的特征是如何设计的。这里定义了一个概念 Configuration，就是每次输入包含的所有特征集合。

$$S_t = \{\text{lc1}(s2), s2, \text{rc1}(s2), s1\}$$

S_t 就是当前时刻的 Configuration；lc1($s2$)就是 $s2$ 节点的第一个左子节点；rc1($s2$)就是 $s2$ 节点的第一个右子节点；$s1$ 是 stack 即 α 的第一个值，也就是刚入栈的最外面的那个值；$s2$ 是第二个节点；S_t 分别是$\{s2$ 的左子节点，$s2$，$s2$ 的右子节点，$s1\}$，对应于图 7.17 给出的例子，$S_t = \{$he, has, good, control $\}$，control 就是没有对应的节点时的状态。

节点标识是不能直接输入网络的，必须转化为向量，这里使用了词向量、词性向量和弧向量。词向量就是正常的词向量，可以基于当前任务训练随机初始化，也可以使用预训练的词向量，如 Word2vec 和 GloVe 等。词性向量就是每个词对应的词性嵌入的向量，在图 7.16 所示的例子中，"he, has, good, control" 对应的词性为 t(PRP、VBZ、JJ、NN)。弧向量就是前面 $s2$ 的两个子节点的关系嵌入后的向量。

词向量 e^w 的维度为 d 维，词向量矩阵 $E^w \in \mathbb{R}^{d \times N_w}$，$N_w$ 为字典大小。

词性向量 e^t 与弧标签向量 e^l 也是 d 维，$E^t \in \mathbb{R}^{d \times N_t}$，$E^l \in \mathbb{R}^{d \times N_l}$，$N_t$ 为词性数量，N_l 为弧标签数量。

清楚了输入状态之后，剩下的网络结构就很简单了，如图 7.16 所示，以一个线性变换加一个 3 次方作为非线性激活函数，然后是正常的 softmax 概率输出。

$$h = (W_1^w x^w + W_1^t x^t + W_1^l x^l + b_1)^3$$

$$p = \text{softmax}(W_2 h), W_2 \in \mathbb{R}^{T \times d_h}$$

d_h 就是隐藏向量的维度，可以随意设置。T 是目标类别的数量，如果只标记句法结构而不标记结构的关系，那么就只有 4 个动作，即类别只有 4 个。如果要进行结构关系标注，那么类别就是 $|R| \times 2 + 2$。$|R|$ 就是关系类型的数量。

另外，这个 3 次方的激活函数有个专门的名称——cube，这样设计的目标是寻求 w、t 和 l 之间的关系。

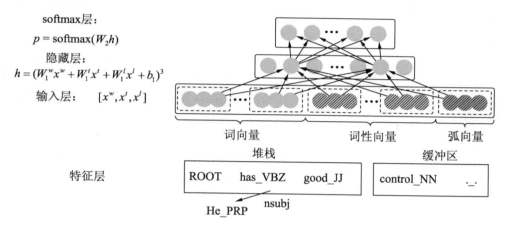

softmax层：
$$p = \text{softmax}(W_2 h)$$
隐藏层：
$$h = (W_1^w x^w + W_1^t x^t + W_1^l x^l + b_1)^3$$
输入层：$[x^w, x^t, x^l]$

图 7.16 模型的网络结构

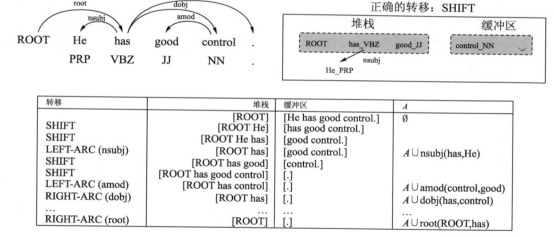

转移	堆栈	缓冲区	A
	[ROOT]	[He has good control.]	∅
SHIFT	[ROOT He]	[has good control.]	
SHIFT	[ROOT He has]	[good control.]	
LEFT-ARC (nsubj)	[ROOT has]	[good control.]	$A \cup$ nsubj(has,He)
SHIFT	[ROOT has good]	[control.]	
SHIFT	[ROOT has good control]	[.]	
LEFT-ARC (amod)	[ROOT has control]	[.]	$A \cup$ amod(control,good)
RIGHT-ARC (dobj)	[ROOT has]	[.]	$A \cup$ dobj(has,control)
…	…	…	…
RIGHT-ARC (root)	[ROOT]	[.]	$A \cup$ root(ROOT,has)

图 7.17 转移过程演示

7.5.2 联合汉语分词和依存句法分析的统一模型

本节介绍一个不是基于转移系统而是基于图结构的模型，其是由 Hang Yan、Xipeng Qiu 和 Xuanjing Huang 等人在论文 A Unified Model for Joint Chinese Word Segmentation and Dependency Parsing 中提出的。它是一个把分词和句法分析任务合并到一起训练的模型。为什么要把分词和句法分析两个任务合并到一起呢？

一般性的先验，如果将两个有相关性的任务进行联合多目标训练，大概率会增加内部隐藏向量的表达和学习能力，就容易对最终任务有正贡献。这里为什么要把分词任务关联到句法分析里呢？前面介绍 NER 时说过，对于分词这种 NLP 上游任务，如果出现错误就会传播到下游，影响下游任务的准确率，句法解析同样也受限于上游分词的效果，那么如何应对呢？必须把分词的准确率提升到接近100％吗？在讲解 NER 时有一种应对方式就是不进行分词，直接基于字进行 NER 识别。句法解析任务也可以使用这个思路，同时把分词任务合并进来也可以提升一些效果。

为什么要使用基于图的系统而不是继续使用基于转移的系统呢？这两个系统各有优劣。

使用基于转换系统的模型的优点是准确率较高，但缺点是，如果标记关系类型，那么分类的类别就比较多，计算量较大，然而最关键的是需要做特征工程，如果特征设计得不合理那么不会得到好的效果。

而基于图系统的模型因为经常需要探索图的结构，所以计算量并没有减多少，有可能会更多。但其最大的优点是不需要做过多的特征工程。虽然在工业界或比赛中经常会涉及大量的特征设计工程，但是在学术界，所有算法探索人员的终极目标是让模型可以自动学习到所有的关键特征，无须再设计特征工程。

下面具体介绍这个模型。

句法分析就是把所有的句子成分之间都关联上一些关系，如主谓关系、动宾关系等。而对于分词来说，其实也可以认为是把句子中所有的字之间关联上关系，例如"上""海"两个字连续地展示就形成了一个词"上海"。这样如果直接针对没有分过词的句子进行句法分析，那么遇到可以组成词的几个字的关系就组成"组词"关系，几个已经成词的就可以组成句子之间的主谓、动宾等关系。最终的效果如图 7.18 所示，每个词以最后一个字作为核心成分，"组词"关系用"app"作为标识。

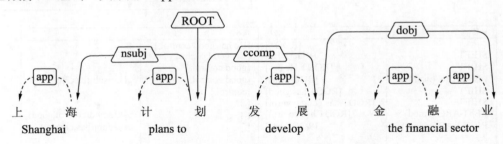

图 7.18 分词与句法分析合并样本示例

模型结构如图 7.19 所示，先是嵌入层，然后是一个常见的双向 LSTM，接着是更常见的全链接线性变换 MLP，最后一层就是输出层，起了一个新名称双线性转换分类器，其实就是一个类似于注意力机制的计算。

看着挺简单，但所谓的图结构在哪里？

其实这个模型没有预先如 PCFG 那样去尝试构成图结构，而是每个字都与其他字计算一次相关性得分，相关性最高的那个字就是有关联的。可以再去观察一下图 7.18，其实每个字无论是基于"组词"关系，还是正常的句子成分关系，最终只会有一个指向自己的关联节点，也就是其父节点，而每个节点的子节点也可以通过这个子节点的父节点的关联操作与这个节点关联上，所以无须单独考虑。每个字与其他字基于相关性计算得到其父节点之后，就可以得到最终的句法分析结构了。这个权重关系矩阵相当于一个图的边，也就形成了所谓的图结构。

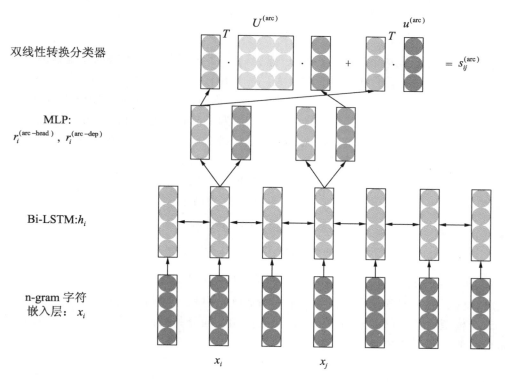

图 7.19 模型结构

下面我们来具体看一下模型的细节。

首先看嵌入层是如何设计的，基于字的模型肯定是字向量而不能是词向量。其中增加了 NLP 任务里比较常见的 bi-gram 信息，也就是双字向量，此外还增加了不常见的 tri-gram 信息，就是三字向量，因为三字组成的组合数量比常见词的数量还要大，所以训练很容易不充分，不过这里是作为补充信息，所以不必要太纠结于此。然后这三字向量没有进行类似高速公路网络或残差连接之类的合并操作，而是直接拼接到了一起。

$$\boldsymbol{x}_i = [x_i; x_{i:i+1}; x_{i:i+2}]$$

然后是双向 LSTM：

$$h_i = \mathrm{BiLSTM}(\boldsymbol{x}_i)$$

这里因为双向 LSTM 出现次数很多了，所以省略了内部的隐藏状态，前后传播等。输出的双向结合拼接到一起形成了最终的输出 h_i。

然后每一个输出 h 经过两种 MLP，分别输出一个作为父节点、一个作为子节点的两个向量，分别对应图 7.19 中 MLP 层左边和右边的两个向量。

$$r_i^{\mathrm{arc\text{-}head}} = \mathrm{MLP}^{\mathrm{arc\text{-}head}}(h_i)$$

MLP 比较常见，就是一个全连接层，一般也会配上一个激活函数。

$$r_j^{\mathrm{arc\text{-}dep}} = \mathrm{MLP}^{\mathrm{arc\text{-}dep}}(h_j)$$

$$s_{ij}^{\mathrm{arc}} = r_i^{\mathrm{arc\text{-}head}} U^{\mathrm{arc}} r_j^{\mathrm{arc\text{-}dep}} + r_i^{\mathrm{arc\text{-}head}} u^{\mathrm{arc}}$$

式中的大小 U 都是可训练的权重，这个操作就是所谓的 Biaffine 了，可以高效地捕捉两个元素的关系。

然后对第 j 个字与其他字都做这样的操作，最终会得到一个向量：

$$s_j^{\text{arc}} = s_{1j}^{\text{arc}}; \cdots s_{Tj}^{\text{arc}}$$

基于这个结果再进行归一化就可以预测第 j 个字与哪个字有关联以及是哪种关联了。

不过这样计算最后的计算量会非常大。基于转移的模型，计算量与词的数量是线性关系，如果有 T 个词，那么只需要做 T 次预测即可。而这里的图系统模型需要做 T 的平方次，这是一个 2 次方关系，所以计算量会大大增加。为了节省算力，Hang Yan 等人使用了分层的设计，就是先预测是否有关系，而不预测是哪种关系，在预测出有关系之后，再基于有关系的两个节点的信息计算是哪种关系，这样计算量就会少很多。

$$r_i^{\text{label-head}} = \text{MLP}^{\text{label-head}}(h_i)$$

$$r_j^{\text{label-dep}} = \text{MLP}^{\text{label-dep}}(h_j)$$

$$r_{ij}^{\text{label}} = r_i^{\text{label-head}}; r_j^{\text{label-dep}}$$

$$s_{ij}^{\text{label}} = r_i^{\text{label-head}} U^{\text{label}} r_j^{\text{label-dep}} + W^{\text{label}} r_{ij}^{\text{label}} + u^{\text{label}}$$

s_{ij}^{arc} 是一个值，而这里的 s_{ij}^{label} 是一个向量，用于预测具体是哪种关联关系。

具体的关联类型预测是直接乘一个权重矩阵，再做一次归一化即可。

这个模型除了可以用来句法分析，只要把句子成分关系换为断词关系，作为分词模型也是可以的，如图 7.20 所示，seg 就是断词的意思。这样关联类型就只剩两种了，所以不需要进行分层计算也可以直接得出目标结果。同时，因为分词不可能跳跃着发生关联，所以相关性计算也不需要对所有词都进行计算，只需要对相邻的词逐个进行计算即可。

图 7.20　分词示例

实验结果如图 7.21 所示。

Models	CTB-5		CTB-7		CTB-9	
	$F1_{\text{seg}}$	$F1_{\text{udep}}$	$F1_{\text{seg}}$	$F1_{\text{udep}}$	$F1_{\text{seg}}$	$F1_{\text{udep}}$
Hatori et al. (2012)	97.75	81.56	95.42	73.58	-	-
Zhang et al. (2014) STD	97.67	81.63	95.53	75.63	-	-
Zhang et al. (2014) EAG	97.76	81.70	95.39	75.56	-	-
Zhang et al. (2015)	98.04	82.01	-	-	-	-
Kurita et al. (2017)	98.37	81.42	95.86	74.04	-	-
Joint-Binary	98.45	87.24	96.57	81.34	97.10	81.67
Joint-Multi	**98.48**	**87.86**	**96.64**	**81.80**	**97.20**	**82.15**
Joint-Multi-BERT	98.46	89.59	97.06	85.06	97.63	85.66

图 7.21　实验结果

$F1_{\text{seg}}$ 是分词的结果，$F1_{\text{udep}}$ 是无标签依存分析的结果，就是 UAS 指标。STD 和 EAG 都是基于转移的系统模型。Binary 表示只预测分词和是否有依存关系，而不预测关系的类型。Multi 表示正常的预测分词和关系类型，不过这里即使预测关系类型，也没有列出 LAS 的指标。BERT 表示使用 BERT 作为生成字向量的前端输入。

再来看一下分词效果的对比，如图 7.22 所示。

Models	Tag Set	CTB-5			CTB-7			CTB-9		
		$F1_{seg}$	P_{seg}	R_{seg}	$F1_{seg}$	P_{seg}	R_{seg}	$F1_{seg}$	P_{seg}	R_{seg}
LSTM+MLP	$\{B,M,E,S\}$	98.47	98.26	98.69	95.45	96.44	96.45	97.11	97.19	97.04
LSTM+CRF	$\{B,M,E,S\}$	98.48	98.33	98.63	96.46	96.45	96.47	97.15	97.18	97.12
LSTM+MLP	$\{app, seg\}$	98.40	98.14	98.66	96.41	96.53	96.29	97.09	97.16	97.02
Joint-SegOnly	$\{app, seg\}$	**98.50**	**98.30**	98.71	96.50	96.67	96.34	97.09	97.15	97.04
Joint-Binary	$\{app, dep\}$	98.45	98.16	98.74	96.57	96.66	96.49	97.10	97.16	97.04
Joint-Multi	$\{app, dep_1, \cdots, dep_K\}$	98.48	98.17	**98.80**	**96.64**	**96.68**	**96.60**	**97.20**	**97.31**	**97.19**
Joint-Multi-BERT	$\{app, dep_1, \cdots, dep_K\}$	98.46	98.12	**98.81**	**97.06**	**97.05**	**97.08**	**97.63**	**97.68**	**97.58**

图 7.22　分词结果对比

这里并没有对比一些 SOTA 模型，而是简单将 LSTM+MLP/CRF 作为 baseline。这里的分词实验结果其实没有太多的指导意义，因为各种组合指标都没有太明显的差异。总体上多目标训练确实会对某个指标有一定的提升作用。

再来看一下消融实验结果，如图 7.23 所示。这里并没有具体对比 bi-gram 和 tri-gram 的各自作用，而是把这两个统一归类为 n-gram 进行实验，结果都比较符合预期。

下一节介绍一个比较神奇的模型，就是无监督依存分析模型。

Models	CTB-5					CTB-7					CTB-9				
	$F1_{seg}$	$F1_{udep}$	UAS	$F1_{ldep}$	LAS	$F1_{seg}$	$F1_{udep}$	UAS	$F1_{ldep}$	LAS	$F1_{seg}$	$F1_{udep}$	UAS	$F1_{ldep}$	LAS
Joint-Multi	98.48	87.86	88.08	85.08	85.23	96.64	81.80	81.80	77.84	77.83	97.20	82.15	82.23	78.08	78.14
-pre-trained	97.72	82.56	82.70	79.8	70.93	95.52	76.35	76.22	72.16	72.04	96.56	78.93	78.93	74.35	74.37
-n-gram	97.72	83.44	83.60	80.24	80.41	95.21	77.37	77.11	72.94	72.69	95.85	78.55	78.41	73.94	73.81

图 7.23　消融实验结果

7.5.3　DIORA 模型

DIORA 是一个无监督的依存句法分析模型，是由 Ardrew Drozdov、Patrick Verga 和 Mohit Yadav 等人在论文 Unsupervised Latent Tree Induction with Deep Inside-Outside Recursive Autoencoders 中提出的。该模型存在的问题是需要大量的标签而这是非常消耗人力的，尤其是句法解析的标签更需要逐词标注，人力消耗更大。但是选择使用监督学习就意味着会抛弃大量的无标签数据。现在比较流行的预训练词向量就是基于大量无标签语料进行的无监督训练。有人认为它不属于严格意义上的无监督，因为模型本身还是有监督的，只是监督的标签不是人标的而是自动生成的。但我们的目标是降低人力消耗，同时提升训练效果，因此并非一定要坚持严格意义上的无监督模型。

目前有一个比较热门的方向是半监督学习，可以综合无监督学习和有监督学习的优点。什么是半监督学习呢？简单说就是在一大堆无标签样本中有一部分少量的样本有标签，这样既能利用标签带来高效学习的效果，又能利用大量的无标签数据。可能读者第一次听到这个概念，实际上这种半监督式的学习是有底层理论依据的，因为人类的学习方式就属于半监督学习。例如，一个小孩要区别什么是猫，什么是狗，一般不会让他看几千张猫和狗的图片或视频，而是基于几张图片或现实中见到的实物，告诉他这是猫还是狗，然后他就可以基于各个对象的特征学习到猫和狗的特征。

半监督学习并非只是简单地把监督学习和无监督学习融合到一起就可以了，而是需要专门进行设计，而且至今依然只是研究热点，并没有全面达到监督学习的效果，所以对于一些无法获得标签样本的场景，要解决问题或者解决部分问题，只能依赖无监督学习。

下面开始介绍 DIORA，这里引入了一个 Inside-Outside 概念，简单说就是对于树型结构，如果是从底向上计算，那么就是 Inside，如果是从顶向下计算，那么就是 Outside，如图 7.24 所示。

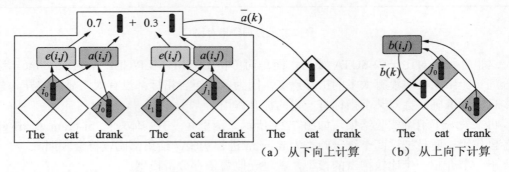

图 7.24　DIORA 的两种计算方向

这两种计算方式有什么作用呢？其实就是利用这两种不同的计算方式最终能得到同样的结果，以此达到无监督训练的效果。

首先嵌入词向量，然后基于一种计算方式，从下往上最终得到一个整合的向量，这是 Inside 过程，然后基于得到的这个全句整合向量从上往下算，最终得到的依然是与输入相同的每个词，这是 Outside 过程。

我们可以设想一下自编码器（Autoencoder），就是先有一个编码过程，得到一个隐藏表示，然后把这个隐藏表示输入解码器中进行反向解码，得到与输入一样的内容。这样有什么用呢？最直接的一种应用就是降维。对于如 PCA 等传统降维算法，不可能保证没有信息丢失。对于自编码器，如果隐藏表示的维度选择得合适，那么是有可能达到无损的。

这里的 Inside-Outside 过程可以视为与自编码器类似的过程，只是学习到的中间过程并非是降维结果而是句法结构的结果。

先验上要如何理解呢？对于降维是非常容易理解的，因为目标是输入本身，但中间隐藏向量的维度是降低的，所以中间的转换就必须要保留尽可能多的信息，丢弃的只能是不重要的信息，如果某些信息是重要的，但是有重复，那么也会被合并。而对于句法结构，并没有提前将其告诉过模型，此时模型怎么样才能学习到其中的结构呢？

其实在进行 Inside 和 Outside 的计算过程并非与自编码器那样全链接随意计算，而是设计了一个计算逻辑，就是类似于句法结构的树型一层一层地计算，这样最终学习到的关系自然就是一个接近树形的形态。

同时对于一些语句的固定用法，就类似于 Word2vec 一些经常出现在同一上下文中的不同的词的语义距离会很近一样，对于近似的句法结构反复出现，模型也会学习到这些特定的组合方式，最终就可以识别出固定搭配而解析出句法树。

下面具体看一下模型的细节。

我们先来看 Inside 的过程是如何计算的：

$$x_k = \sigma(U_x\,v_k + b)$$
$$o_k = \sigma(U_o\,v_k + b)$$
$$u_k = \tanh(U_u\,v_k + b)$$

v_k 是词向量，U 和 b 都是权重。

$$a_k = o_k + \tanh(x_k \odot u_k)$$

$\odot$ 是按位相乘不相加操作。这里的 a_k 就是每个节点的 Inside 向量，相当于每个词的特征向量。不过只有叶子节点的向量是基于上面的公式、使用词向量计算得到的，而后面的非叶子节点就是基于子结点的 Inside 向量计算得到的。

下面开始非叶子节点的向量计算：

$$e_k=0$$

e_k 表示每个节点的 Inside 得分，类似于注意力权重。叶子节点的得分初始化为 0，非叶子节点的得分是基于子节点的 Inside 向量和得分计算得到的。

$$\hat{e}_{i,j} = a_i^T S_\alpha a_j + e_i + e_j$$

$$e_{i,j} = \frac{\exp(\hat{e}_{i,j})}{\sum_{i',j'\in\{k\}}\exp(\hat{e}_{i',j'})}$$

S_α 是权重矩阵。这个 $e_{i,j}$ 只是一个中间值，并不是非叶子节点的得分。$\{k\}$ 表示 k 节点的所有子节点组合，这里 i,j 也是 k 的子节点。

解释一下子节点组合，可以参考图 7.24a 所示的过程，"the cat" 的子节点就是 "the" 和 "cat"，而 "the cat drank" 的子节点组合就是((the cat), drank)和(the, (cat drank))。如果是 "the cat drank milk" 其子节点组合就是((the cat drank), milk)、((the cat), (drank milk))、(the, (cat drank milk))。这里可能不能简单地看出组合逻辑，要么是非叶子节点与叶子节点的组合，要么是非叶子节点之间的组合。到底是怎样的呢？其实要把握的核心就是每个组合都是 2 个节点的组合，也就是不能出现(the,(cat drank), milk)这种组合，这样只要是 2 个节点的组合，就全部都算有效。当然这是一个句子，组合的非叶子节点肯定是要邻近的叶子节点才能合并到一起，如((the milk),(cat drank))这种跳跃式组合是不行的。

$$a_{i,j}=\text{Compose}_\alpha(a_i,a_j)$$

Compose 函数是前面介绍过的 Tree-LSTM，公式如下：

$$x = \sigma(U_x\,h_i;h_j + b_x)$$
$$f_i = \sigma(U_i\,h_i;h_j + b_i + \omega)$$
$$f_j = \sigma(U_j\,h_i;h_j + b_j + \omega)$$
$$o = \sigma(U_o\,h_i;h_j + b_o)$$
$$u = \tanh(U_u\,h_i;h_j + b_u)$$
$$c = c_i \odot f_i + c_j \odot f_j + x \odot u$$
$$h = \tanh(c)$$

h_i, h_j, c_i, c_j 是两个输入节点，这里是子节点的输出。ω 在 Inside 阶段为 1，在 Outside 阶段为 0。

$$e'_k = \sum_{i,j \in \{k\}} e_{i,j} \cdot \hat{e}_{i,j}$$

$$a'_k = \sum_{i,j \in \{k\}} e_{i,j} \cdot a_{i,j}$$

这样就分别得到了非叶子节点的得分和 Inside 向量，直到最后一个根节点。

上面就是 Inside 过程，得到最终根节点的 Inside 向量后结束。下面是 Outside 过程。

$$\hat{f}_{i,j} = \boldsymbol{a}_i^{\mathrm{T}} S_\beta \boldsymbol{b}_j + e_i + f_j$$

$$f_{i,j} = \frac{\exp(\hat{f}_{i,j})}{\sum_{i',j' \in \{k\}} \exp(\hat{f}_{i',j'})}$$

$$b_{i,j} = \mathrm{Compose}_\beta(\boldsymbol{a}_i, \boldsymbol{b}_j)$$

$$f_k = \sum_{i,j \in \{k\}} f_{i,j} \cdot \hat{f}_{i,j}$$

$$b_k = \sum_{i,j \in \{k\}} f_{i,j} \cdot \boldsymbol{b}_{i,j}$$

Compose() 函数还是前面列出的 Tree-LSTM，只不过权重不同。f_k 就是对应于节点 k 的 Outside 得分。b_k 就是对应于节点 k 的 Outside 向量。

这里解释一下 Outside 过程的 $\{k\}$，这里的组合跟 Inside 的组合逻辑一样，就是必须是连续的 2 个节点的组合。但成分有一些区别，涉及 j 的部分是 k 的父节点，这个是唯一的，涉及 i 的部分是 k 的兄弟节点，也就是 k 的子节点之外的其他节点。在图 7.24（b）所示的例子中，(The cat) 的兄弟节点就是 drank。如果再长一点，"The cat drank milk" 的 (The cat)的兄弟节点就是 (drank milk)。

目标函数是：

$$L_x = \sum_{i=0}^{T-1} \sum_{i^*=0}^{N-1} \max(0, 1 - \boldsymbol{b}_i \cdot \boldsymbol{a}_i + \boldsymbol{b}_i \cdot \boldsymbol{a}_{i*})$$

$\boldsymbol{b}_i \cdot \boldsymbol{a}_i$ 就是点乘，两个向量越接近，点乘的值就越大，至于是不是接近 1，需要看是否为单位向量。最小化这个目标函数就是要让 $\boldsymbol{b}_i$ 和 $\boldsymbol{a}_i$ 尽量接近，而后面的 i^* 其实是负采样，让 $\boldsymbol{b}_i$ 与 i 之外的所有向量都尽量远，两个向量越远，点乘的值就越小。

训练出来的模型如何解码求出一个句子的依存结构呢？无论是基于转移的系统还是基于图的系统，都是监督学习，在训练的过程中就有最终结构的指导，所以训练过程与推断过程是一样的。而这里因为是无监督，所以计算过程并不知道真实的句法结构是怎样的。虽然训练过程并没有生成句法结构，但是学习到了两两节点之间的关系，所以求解的过程就是去计算所有情况的两两关系，然后基于最终句法树的概率最大得到一个结构，类似PCFG 的求解，这里使用的 CKY 算法，伪代码如图 7.25 所示。

下面再来看一下实验结果，如图 7.26 所示。

因为 DIORA 是无监督学习，所以这里列的方法和模型都是无监督的。LB 是把所有的节点都定到树的左子节点上，最终会形成一个向左斜的链条。RB 是把所有节点都定到右子节点上。Random 是随机组合结构，Balanced 是基于树的平衡性半随机的组合，后面的RL-SPINN 和 ST-Gumbel 是基于专家特征工程使用的基于策略的方法，这 4 种方法都没有明显的提升效果。

PRPN 是由 Yikang Shen、Zhouhan Lin 和 Chin-Wei Huang 等人在 Neural Language

Modeling by Jointly Learning Syntax and Lexicon 论文中提出的, 大概逻辑就是在有监督训练语言模型的同时, 使用无监督预测句法结构。最终效果对语言模型 LM 的得分提升有帮助, 但句法结构得分较差, 不过总体得分明显比随机好很多。

1:　**procedure** CKY(chart)
　　Initialize terminal values.
2:　　**for each** $k \in$ chart $\mid$ SIZE$(k) = 1$ **do**
3:　　　$x_k \leftarrow 0$
　　Calculate a maximum score for each span,
　　and record a backpointer.
4:　　**for each** $k \in$ chart **do**
5:　　　$x_k \leftarrow \max\limits_{i,j \in \{k\}} [x_i + x_j + e(i,j)]$
6:　　　$\pi_k^i, \pi_k^j \leftarrow \arg\max\limits_{i,j \in \{k\}} [x_i + x_j + e(i,j)]$
　　Backtrack to get the maximal tree.
7:　　**procedure** BACKTRACK(k)
8:　　　**if** SIZE$(k) = 1$ **then**
9:　　　　**return** k
10:　　　$i \leftarrow$ BACKTRACK(π_k^i)
11:　　　$j \leftarrow$ BACKTRACK(π_k^j)
12:　　　**return** (i, j)
13:　　**return** BACKTRACK$(k \leftarrow$ root$)$

图 7.25　CKY 算法的伪代码

Model	F1$_\mu$	F1$_{\max}$	δ
LB	13.1	13.1	12.4
RB	16.5	16.5	12.4
Random	21.4	21.4	5.3
Balanced	21.3	21.3	4.6
RL-SPINN†	13.2	13.2	-
ST-Gumbel - GRU†	22.8 ±1.6	25.0	-
PRPN-UP	38.3 ±0.5	39.8	5.9
PRPN-LM	35.0 ±5.4	42.8	6.2
ON-LSTM	47.7 ±1.5	49.4	5.6
DIORA	48.9 ±0.5	49.6	8.0
PRPN-UP^{+PP}	-	45.2	6.7
PRPN-LM^{+PP}	-	42.4	6.3
DIORA^{+PP}	**55.7** ±0.4	**56.2**	8.5

图 7.26　DIORA 的实验结果

+PP 的意思就是句法分析先基于标点符号进行断句，子句解析完成之后，把基于标点符号切割的多个树直接拼到一起，因为是基于句子天然的结构，所以比不基于标点符号切割的效果好一些。

以上就是对句法分析任务的一个无监督学习模型的介绍，因为是无监督，所以无法标注出联接类型，基于这种模型解析出来的结构无法归类为短语分析，仍然依存句法分析，只能算作某一种句法结构。

既然无监督训练出来的句法分析模型有这么多问题，为什么还要研究呢？其实在本节开始的时候也说了，对于 NLP 语料来说，标注的成本是很高的，即使是依存句法分析这种标注相对简单的句法形式，其标注成本依然是分词或 NER 等任务标注的几倍，因此训练语料是非常稀缺的。如果不研究无监督学习，那么海量的 NLP 语料可能永远也利用不上。此外，分词算是一种语言的先验知识，句子结构同样也是，因此基于无监督学习的句法分析经常会作为其他 NLP 任务多目标学习的另外一个目标，以期望可以提升效果。

7.6 依存句法分析在评论分析中的一种应用

对于句法分析，除了前面介绍过的可以作为先验知识帮助提升其他 NLP 任务的指标之外还有什么作用呢？我们具体举一个评论分析的例子。对于评论分析其实有很多种需求，比较常见的是情感分析，就是分析这个评论所表达的情绪是正向的还是负向的，细粒度的就是分析出评论是开心、激动还是沮丧等。但有些评论的情绪表达可能并不一致，例如电影的影评，里面可能有多个演员，也许对某个演员的情绪表达就是正向的，而对另外一个演员就是负向的。这种分析叫子句级情感分析。

子句级的情感分析是非常困难的，首先要做到准确地断开每个独立的情绪表达就很困难，因为无法直接基于标点符号进行切分，有的可能在两个标点符号之间表达了多个情感，而有的虽然多个短句之间有标点符号分割，但表达的情感是一致的。

下面先看例子。

"电池非常棒，机身不长，长的是待机，但是屏幕分辨率不高。"

我们先使用人工方式分析一下这个评论，里面涉及多个手机的属性，如电池、待机、机身、屏幕，电池和待机的含义一样，但暂时先不进行这种归类，然后每个属性分别进行了正反向的评价。

可以思考一下，使用什么方法可以相对准确地分析出四个对象的情感呢？

最容易想到的是正则表达式，例如识别出电池就怎样，识别出屏幕就怎样等。这种方法其实可以归类为专家法，需要做大量的特征工程，而且这种特征工程是无法迁移的，每个具体的任务都需要执行一次，同时这些特征也只适用于当前的任务。对于评论分析这种场景来说，用户对同一事物的用词可能也会千差万别，最终的特征库可能会非常大，并且"手机"类别会有一套特征库，"衣服"类别也会有，基本上每个品类都会有一套特征库，这样的工作几乎是无穷无尽的。而且即使真的花了大量的时间建立了所谓完善的特征库，但随着产品特性的更新，尤其是数码类产品的快速更新，特征要能匹配上，需要时刻保持特征库的更新。

如果使用分类模型呢？暂且不说最终的效果会怎样，首先就需要进行样本标注，这个工作量依然是非常大的，因为其跟专家法一样，每个类别的商品评论都得有一套标注样本。另外，对于子句级的情感识别，还要把句子进行合适的切分，否则两种情感合到一起进行分类肯定是不准确的。因此，最终的标注工作量是非常大的。

那么是不是可以试试句法分析呢？

评论的依存句法分析示例如图 7.27 所示。虽然还是有些乱，但是基本上已经有了脉络，直接可以看出的关系有：电池——棒、机身——长、分辨率——高。

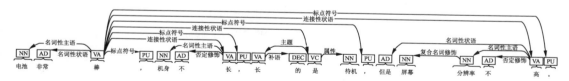

图 7.27　评论的依存句法分析示例

机身和分辨率的情绪是反向的，所以需要加上修饰词：电池——棒、机身——不长、分辨率——不高。

还没有结束，少了一个属性，把间接关系也加上，就能得到最终的分析了：电池——棒、机身——不长、待机——长、分辨率——不高。

可以看到效果还是非常不错的。但在真实场景中就不一定会有这么好的效果了，使用依存句法分析可能会有一定的效果，但准确率可能不会这么高。

7.7　深度学习模型在 NLP 中何时需要树形结构

虽然我们在前面介绍了句法分析的各种作用，也努力在营造一个句法分析是一个非常有价值的语法先验的氛围，但现在很多 NLP 任务确实是不用句法分析的。就如前面介绍的分词一样，分词同样是一个很有用的先验，但在 BERT 之后很多场景完全可以基于字不需要再做分词。

Jiwei Li、Thang Luong 和 Dan Jurafsky 等人在 EMNLP2015 上发表过一篇论文 When Are Tree Structures Necessary for Deep Learning of Representations?，与我们讨论什么场景适合用到中文分词一样，他们在论文中简单地讨论了什么场景需要语句的树型结构，即句法分析出来的结构。

Jiwei Li 等人在论文中主要对比了基于树形结构的递归神经网络（Recursive Neural Network）和基于序列结构的循环神经网络（Recurrent neural network）在几类 NLP 任务上的实验效果，讨论了深度学习模型何时需要树形结构。当然，基于现在的视角，这些实验还是有些简单，并不能完全代表现在树形结构和非树形结构的能力，但总体上还是有相当大的参考意义的。

我们先来介绍一下 Jiwei Li 等人在论文中给出的所谓树形结构的定义。

根据不同的标注树库，句法分析树主要有两种形式：短语结构树（Constituent Tree）和依存结构树（Dependency Tree）。下面举个简单的例子，"My dog likes eating sausage." 使用 Stanford parsing tool 进行句法分析，可以得到如图 7.28 所示的结果。

```
Parse
(ROOT
    (S
        (NP (PRP$ My) (NN dog))
        (VP (VBZ likes)
            (S
                (VP (VBG eating)
                    (NP (NN sausage)))))
        (. .)))
```

Universal dependencies
nmod:poss(dog-2, My-1)
nsubj(likes-3, dog-2)
root(ROOT-0, likes-3)
xcomp(likes-3, eating-4)
dobj(eaing-4, sausage-5)

图 7.28　短语结构树

我们将其可视化后，短语结构树和依存树分别如图 7.29 和图 7.30 所示。

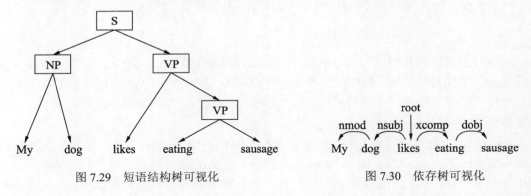

图 7.29　短语结构树可视化　　　　　　图 7.30　依存树可视化

可以看出，上面两个结构跟前面介绍的短语句法分析结构和依存句法分析的结构是相同的。Jiwei Li 等人的论文里的树型结构不区分哪种句法分析，这两种都算是树形结构。我们提到过的语义依存分析基于定义其实不完全是树形，也可以是网状，只是基于句法分析的习惯，多数句子还是分为一个树形，所以也可以将其归类为树形结构。

这里用于对比的模型总共有 6 个，分为两个组，共 3 个类别：

$$S=\{w_1,w_2,\cdots,w_N\}$$

N 是输入序列的长度，所有模型的目标都是把输入映射到一个最终的语义向量 e_s，然后将其作为下游任务的输入。

第一组就是标准组，其实就是支持原始的 RNN：

Standard Sequence models（RNN）结构如图 7.31 所示。

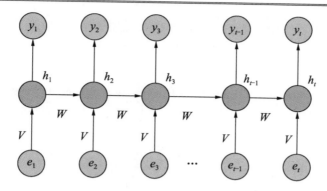

图 7.31　RNN 结构

$$h_t = f(W \cdot h_{t-1} + V \cdot e_t)$$

e_t 就是当前时刻输入的词向量，h_{t-1} 是上一时刻 RNN 输出的状态。

Standard Bi-Directional Sequence Models（BiRNN）结构如图 7.32 所示。

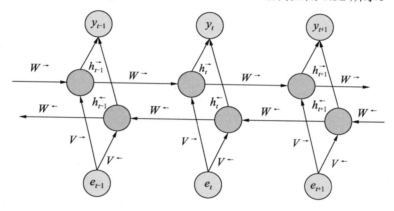

图 7.32　双向 RNN 结构

Standard Tree models 就是上面的双向版，依然是基于传统的 RNN，每一个时间步的输出就是把前向和后向拼接一下，如图 7.33 所示。

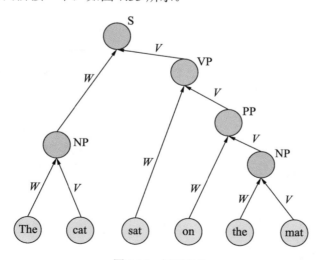

图 7.33　树形结构

我们前面介绍过 Tree-LSTM，那么基于 RNN 的树模型是怎么处理的呢？

$$ek = f(W \cdot e_{k_{left}} + V \cdot e_{k_{right}})$$

就是简单地把左子节点和右子节点线性变换后相加再激活即可，如图 7.33 所示。

LSTM sequence models 和 LSTM bi-directional sequence models 是常见的两种原版 LSTM 结构。Tree-LSTM 在前面在介绍文本分类时讲过，为了方便阅读，这里列出对应的公式：

$$h'_j = \sum_{k \in C(j)} h_k$$

$C(j)$表示 j 节点的所有子节点，h 表示子节点的输出，跟 LSTM 一样，前面一个单元有两个输出会输入当前单元 c,h。

这里就是把所有子节点的输出直接求和，即把所有子节点合起来当一个节点看待。

$$i_j = \sigma(W^i x_j + U^i h'_j + b^i)$$

$$o_j = \sigma(W^o x_j + U^o h'_j + b^o)$$

$$f_{jk} = \sigma(W^f x_j + U^f h_k + b^f)$$

$$u_j = \tanh(W^u x_j + U^u h'_j + b^u)$$

$$c_j = i_j \cdot u_j + \sum_{k \in C(j)} f_{jk} \cdot c_k$$

$$h_j = o_j \cdot \tanh(c_j)$$

其实这里的三个 RNN 和单向 LSTM 没有实验的必要，因为无数的实验已经证明了 LSTM 在几乎所有的 NLP 任务中都优于 RNN，双向 LSTM 也全线优于单向的。所以这里我们只对比两个关键的模型，即 Bi-LSTM 和 Tree-LSTM，如表 7.5 所示。

表 7.5　Bi-LSTM和Tree-LSTM对比

	Bi-LSTM	Tree-LSTM
细粒度情感分类	49.8/50.7（以标点符号分割）	50.4
二元情感分类	79.0	77.4
问答对匹配	56.4	55.8
语义关系分类	**75.2**	**76.7**
Discourse分析	57.5	56.4

Jiwei Li 等人在论文中对 NLP 中的 4 种类型通过 5 个任务进行了实验。

1．细粒度情感分类

根据斯坦福大学的句法树库，在每个节点上都标注情感类型，所以实验分为句子级别和短语级别。从结果来看，如果直接基于原始句子作为输入处理，Tree-LSTM 以 50.4 的分数高于 Bi-LSTM 的 49.8，如果只是简单地基于标点符号进行分割再输入，Bi-LSTM 的指标就提高到了 50.7。

2．二元情感分类

与上一个分类不同的是，二元分类只能在句子级别上进行标注，并且每个句子都比较长。实验结果显示 Tree-LSTM 结构并没有起作用，原因可能是句子较长，并且没有丰富的短语级别标注，导致在长距离的学习中丢失了学习到的情感信息。

3．问答对匹配

问答对匹配任务是给出一段描述（一般由 4～6 句组成），然后根据描述给出一个短语级别的答案，如地名和人名等。在这个任务中，Tree-LSTM 结构也没有发挥作用。

4．语义关系分类

语义关系分类任务是给出两个句子中的名词，然后判断这两个名词的语义关系。Tree-LSTM 结构的方法在这个任务中有较为明显的提升。这也是唯一一个 Tree-LSTM 明显优于 Bi-LSTM 的任务。为了能够更深刻的理解，举个具体的例子。

"哈尔滨工业大学本科生院成立典礼上，校长周玉表示……"

在这种场景，两个名词距离经常是比较远的，即使是号称长短时记忆的 LSTM 也难以学习到其中包含的关系。

5．Discourse分析

Discourse Parsing 是一个分类任务，其特点是其输入的单元很短。可以看到，在这个任务中，Tree-LSTM 结构也没有起到什么效果。

基于上面的实验结果，可以得出一些结论和未来探索方向的先验。

首先，什么时候树形结构是有价值的？

对于大部分 NLP 的简单任务来说，树形结构一般没有正面的效果。所谓简单任务，就是基本上没有太多远距离依赖的任务，如文本分类和情感分析，其实基于我们自身的先验，完全可以对于文中的某些情绪词汇得出正向还是负向的结论。所以复杂的句法结构对最终的指标提升没有任何帮助。既然这样，为什么树形结构不能忽略那些影响因素直接基于一些简单的情绪词汇而得到结果呢？看一下实验结果，其实也不是不能识别，两边的数值相差不多，只是序列 RNN 能忽略不重要的信息，把重要的信息保留下来，而树形结构的输入较复杂，难以选择性地抛弃那些不重要的内容。例如序列处理，如果中间某个词对结果完全没有贡献，那么遗忘门可以选择完全关闭，把这块信息完全忘掉。对于树形结构，如果输入的两个节点、两个词的信息都是不重要的，那也不可能把两个信息都忽略，必须保留一些信息传递下去，要么是左边保留的信息多一些，要么是右边保留的信息多一些，要么是两边的信息都差不多。基于这个原因，树形结构反而不擅长处理简单的任务。

对于不简单的任务，如一些有较长距离依赖的任务，如果训练样本足够多，或是加强序列模型的能力如换 Transformer 的自注意力机制，那么也可以不用树形结构。

对于依赖距离比较长并且经常是长文输入的场景如语义关系分类，树形结构有较大的作用。

现在的大多数 NLP 任务都是基于句子级别进行处理，这样一个句子之内的结构即使是最长距离的依赖也不一定有多远，而且现代人的语言表述，偏于用短句，所以整体上树形结构没有展现出应有的价值。

我们的语言其实是结构化的，不仅句子内是结构化的，一个段落、一篇文章、一本书甚至一系列书的内容也都是结构化的。现在无论是双向 LSTM 还是 Transformer 都不是针对句子结构进行处理，也就是没有使用句法分析的结构，但指标表现原因有两个：其一，并非语言的结构信息已经不重要了，而是现在主流研究的 NLP 任务都是句子级别的，句内的结构其实相对简单；其二，并非这些模型内部完全忽略了语言内的结构，而是基于其内部的黑盒网络或多或少学习到了这些句内的结构。所以理论上如果我们的模型输入可以无限长，训练的样本也可以无限多，模型设计也足够合理，就有可能完全抛弃语言的结构问题，让模型自己去学习、掌握。

但现实中是不可能的，即使真的出现了量子计算机，内存也可以无限大，实现超长的输入长度，可训练样本永远都是有限的。任何模型，其实都是训练样本的排列组合，GPT2 不可能写出真正原创的小说，因为现在的模型只有局部学习的能力，无法真正掌握更大尺度的结构关系。

因此语言的树形结构是一个超强的先验信息，笔者认为其将会是未来 NLP 探索的热门方向之一。目前句法分析的树形结构信息被"压制"，是因为句子级别的结构信息比较简单，基本上可以被足够长的输入和足够多的训练样本覆盖，所以没有展现出足够的价值，但未来段落内的结构和文章内的结构分析将会更加有潜力。

7.8　大模型时代的句法分析

句法分析是自然语言处理中的关键任务之一，旨在揭示句子中各个成分之间的关系。随着 BERT、ChatGPT 等大模型的出现，句法分析的效果和效率得到了极大的提升。本节将介绍大模型在句法分析中的应用，并通过实例展示其强大的功能。

7.8.1　使用 ChatGPT API 进行句法分析

为了展示 ChatGPT 在句法分析中的应用，可以通过以下 Python 示例代码，利用 OpenAI 的 API 进行句法分析：

```python
import openai

openai.api_key = 'your-api-key'

def parse_syntax(text):
    prompt = f"请对以下句子进行句法分析：{text}"
    response = openai.Completion.create(
        engine="text-davinci-003",
        prompt=prompt,
        max_tokens=150
    )
    return response.choices[0].text.strip()

# 示例句子
sentence = "小明在学校里吃了一个苹果。"
syntax_analysis = parse_syntax(sentence)
print(f"句法分析结果：\n{syntax_analysis}")
```

在这个示例中，向 ChatGPT 发送一个请求，要求其对句子进行句法分析。ChatGPT 基于其预训练的知识和上下文信息，能够生成准确的句法结构。

7.8.2　使用 ChatGPT 提示语进行句法分析

假设有以下句子需要进行句法分析。

向 ChatGPT 输入句子："小明在学校里吃了一个苹果。"

然后发送提示语：请对以上句子进行句法分析。ChatGPT 的句法分析结果可能如下：

❑ [小明] （主语）

❑ [在学校里] （状语）

❑ [吃了] （谓语）

❑ [一个苹果] （宾语）

通过大规模预训练，ChatGPT 已经学到了大量的语言知识，使得它在处理句法分析任务时能够自动解析句子的结构。例如，对于句子"他在公园里看书"，ChatGPT 能够正确分析为：

❑ [他] （主语）

❑ [在公园里] （状语）

❑ [看书] （谓语）

大模型在句法分析中的应用，不仅使模型能够更好地解析复杂的句子，而且极大地提升了分析的效率和准确性。随着技术的不断进步，句法分析的应用场景将会更加广泛，为自然语言处理领域带来更多可能性。

7.9　小　　结

本章主要介绍了 3 种常见的句法分析种类，然后基于依存句法分析介绍了传统的基于转移方法的定义，分别介绍了一个基于转移的神经网络方法和基于图的神经网络方法。因为句法分析的标注语料库比分词语料库还要稀少，所以又介绍了一个无监督的分析模型。最后分析了句法结构在深度神经网络时代可能存在的价值，通过两个示例演示了如何使用 ChatGPT API 和 ChatGPT 提示词进行句法分析。

第 8 章 文 本 摘 要

本章介绍文本摘要的相关内容。如果文本摘要使用生成式模型方案则与 NMT 非常类似，如果使用抽取式模型方案则与 MRC 类似。文本摘要任务常见于今日头条之类的信息流展示场景，提供一个文章的摘要，对用户快速定位自己感兴趣的信息是非常有帮助的。如果列表页只展示图片和标题，那么即使用户有看摘要的需求也无法满足，因此产生了一类新问题就是"标题党"。

8.1 文本摘要概述

文本摘要就是把一个长文本的核心内容提炼出来，方便用户快速掌握关键内容。这是一个比较常见的 NLP 任务，凡是有信息阅读的场景对此都有较强的需求，在文本自动摘要技术使用之前，文本摘要多依靠作者自己提炼，这显然是比较麻烦的。写过文章的人应该都有一些感触，花费心思把文章写完，然后再抽象出一小段摘要是非常痛苦的，因此现实情况是多数文章都没有认真写摘要。有些应用为了提供这个功能，使用了相对粗暴的提炼方法，如直接使用第一段，或者使用 TextRank 等简易的技术找出信息量相对较多的那些句子组合一下。

当然，想让无监督算法达到有监督的效果也是不切实际的，但无监督胜在成本低，所以依然还是有很多使用场景的。后面我们将会介绍基于 TextRank 的摘要提取方法。

文本摘要的主流解决方案大致分为两类，这跟 MRC 类似。

一类是生成式，生成式的方法就是使用经典的神经网络机器翻译 NMT 的编码器-解码器结构——编码器-解码器，输入的是原始的文章，输出的同样也是文章，只是长度比较短。当然，常见的 NMT 模型都是基于句子的，句子天然就比文章短得多，一般模型都是可以应对的。但处理文章就比较麻烦了，所以针对此类问题，文本摘要任务需要做一些适配，常见的方案如下：

- 一段一段地提取，一段提取为一句，最后把多个句子合并成一小段摘要。显然，这样拼凑出来的段落连贯性肯定比较差。
- 类似 NMT 里的全文翻译，使用层级式的 RNN 让编码器可以看到整篇文章，然后输出一个摘要段落。

另一类就是抽取式，这里的抽取式跟 MRC 不一样，文本摘要的抽取一般都是抽句子，然后拼凑成段落再输出，如果跟 MRC 一样抽取单词，则跟生成式的区别就不大了。

MRC 目前的解决方案偏重抽取式，更多的是抽取原文中的一小段文字作为答案，如一句话。因为生成式极不稳定，所以结果也不准确。

文本摘要任务相对来说反而生成式更热门一些，因为一篇文章都是基于上下文形成特有的结构信息，从其中硬抽出一句话来完成某个任务还是可行的，但抽出多个句子拼成一段话就有些勉强了。

所有的无监督方法都属于抽取式，但抽取式不一定都是无监督的，后面会介绍有监督的抽取式方法。

目前的摘要任务不限于文本摘要，如 pic2text 的图片描述和 mv2text 的视频摘要等，都是比较热门的研究方向。

下面我们先简单介绍一下基于 TextRank 的文本摘要，然后重点介绍一下神经网络方法。

8.2　传统的摘要方法

传统的文本摘要方法相对比较生硬，效果也较差，但胜在不需要标签样本，而且简单易实现。传统的文本摘要方法最常见的是 TF-IDF，就是基于句子内的词的信息量给句子排序，把信息量最高的一些句子取出来即可，这里就不展开介绍了。下面主要介绍基于 TextRank 的摘要方法，虽然整体思路与 TF-IDF 相似，但是底层原理还是差别较大。

8.2.1　PageRank 算法

在介绍 TextRank 之前先介绍一下 PageRank，因为 TextRank 的计算逻辑完全是基于 PageRank 的。

PageRank 其实就是一个应对搜索引擎作弊而生的算法。搜索引擎最早采用的是目录法，即通过人工进行网页分类并整理的方法。早期的 Yahoo 和国内的 hao123 使用的就是这种方法。

随着网页越来越多，通过人工分类已经不现实了。因此搜索引擎进入了文本检索，即通过计算用户查询关键词与网页内容的相关程度来返回搜索结果。这种方法突破了数量的限制，但是搜索结果不好。

谷歌的两位创始人（当时还是美国斯坦福大学研究生的佩奇（Larry Page）和布林（Sergey Brin））开始了对网页排序问题的研究。他们借鉴了学术界评判学术论文重要性的通用方法，就是看论文被引用的次数。由此想到网页的重要性也可以根据这种方法来评价。于是 PageRank 的核心思想就诞生了，具体包括两个方面：

❏ 如果一个网页被其他网页连接，就说明这个网页比较重要，也就是 PageRank 值相对较高。

❏ 如果一个 PageRank 值很高的网页连接到一个其他的网页，那么被链接到的网页的 PageRank 值会相应地提高。

1. 算法原理

PageRank 算法简单来说分为两步：

（1）给每个网页一个 PR 值（下面用 PR 值指代 PageRank 值）。

（2）通过（投票）算法不断迭代，直至达到平稳分布为止。

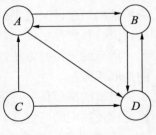

互联网中的众多网页可以看作一个有向图，如图8.1所示。

由于PR值物理意义上为一个网页被访问的概率，所以初始值可以假设为1/N，其中，N为网页总数。一般情况下，所有网页的PR值的总和为1。如果不为1，那么最后算出来的不同网页之间PR值的大小关系仍然是正确的，只是不能直接反映概率，而且公式也不再是这里提供的公式了。

图8.1　4个网页的关系

如图8.1所示，A、B、C三个页面都链入D页面，则D的PR值将是A、B、C三个页面PR值的总和：

$$PR(D)=PR(A)+PR(B)+PR(C)$$

继续上面的假设，A除了链接D以外，A还链接了C和B，那么当用户访问A的时候，有可能会跳转到B、C或者D页面，跳转概率均为1/3。在计算D的PR值时，A的PR值只能投出1/3的票，B的PR值只能投出1/2的票，而C只链接到D，所以能投出全票，因此D的PR值总和应为：

$$PR(D)=PR(A)/3+PR(B)/2+PR(C)$$

可以得出一个网页的PR值计算公式为：

$$PR(u) = \sum_{v \in B_u} \frac{PR(v)}{L(v)}$$

其中，B_u是所有链接到网页u的网页集合，网页v是属于集合B_u的一个网页，$L(v)$则是网页v的对外链接数（即出度）

如表8.1所示，经过几次迭代后，PR值逐渐收敛稳定。

表8.1　根据图8.1计算的PR值

	PR(A)	PR(B)	PR(C)	PR(D)
初始值	0.25	0.25	0.25	0.25
一次迭代	0.125	0.333	0.083	0.458
二次迭代	0.166	0.499	0.041	0.291
n次迭代	0.199	0.399	0.066	0.333

2. 排名泄露

如图8.2所示，如果网页没有出度链接，如A节点所示，则会产生排名泄露问题，经过多次迭代后，所有网页的PR值都趋向于0。

为什么会出现这种情况？

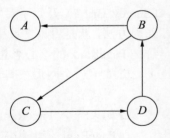

其实这应该算PR公式的一个bug，PR(B)=PR(D)，PR(D)=PR(C)，PR(C)=1/2×PR(B)，每次迭代在计算PR(C)时，因为B有两个分流，所以PR值会变为原来的一半，而A又没有出度，所以A的PR值永远不会流出，这样每次迭代都会损失一部分PR值，最终让全部PR值都接近0，如表8.2所示。

图8.2　存在无外链的网页

表 8.2　根据图 8.2 计算PR值

	PR(A)	PR(B)	PR(C)	PR(D)
初始值	0.25	0.25	0.25	0.25
一次迭代	0.125	0.125	0.125	0.125
二次迭代	0.062	0.062	0.062	0.062
n次迭代	0.0	0.0	0.0	0.0

3．解决办法

出现图 8.2 所示问题的原因就是有网页没有出链，对其他网页没有 PR 值的贡献。为了满足 Markov 链的收敛性，我们强制每个没有出链的网页都对其他所有页面有一个链接，对于图 8.2 来说，就相当于 A 链接到了 ABCD，则图 8.2 中 BC 的 PR 值可表示为：

$$PR(B) = \frac{PR(A)}{4} + PR(D)$$
$$PR(C) = \frac{PR(A)}{4} + \frac{PR(B)}{2}$$

这也比较符合真实场景，一个真实的用户，不可能因为一个网页没有链接到其他网页而卡顿在当前页面上，肯定会通过直接输入网址等方式跳转到其他页面。

4．排名下沉和排名上升

如果网页没有入度链接，如图 8.3 节点 A 所示，那么经过多次迭代后，A 的 PR 值会趋向于 0，如表 8.3 所示。

表 8.3　根据图 8.3 计算PR值

	PR(A)	PR(B)	PR(C)	PR(D)
初始值	0.25	0.25	0.25	0.25
一次迭代	0.0	0.375	0.25	0.375
二次迭代	0.0	0.375	0.375	0.25
n次迭代	0.0	?	?	?

如果一个网页只有对自己出链，或者几个网页互相之间形成一个循环并且这几个网页没有链接到其他网页的出链，那么在不断迭代过程中，这一个或几个网页的 PR 值将只增不减，如图 8.4 的 C 网页所示。

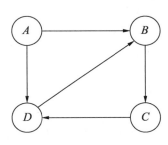

图 8.3　有节点没有入度

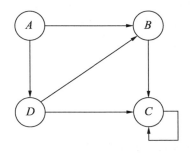

图 8.4　出度链接到自身

这个逻辑其实跟排名泄露的逻辑类似，排名泄露是一部分值因为没有出链所以会让所有的分值慢慢接近于 0，而这种有出链但链接到自己的分值，其他节点还是会慢慢接近 0，而有循环链接的这部分的分值则不断提升。

这个问题的解决方法也一样，虽然 C 网页的出链链接到了自身，但是一个正常的人是不可能跟机器人一样自己把自己卡在这个循环里的。我们假定有一定的概率他会输入网址直接跳转到一个随机的网页，并且跳转到每个网页的概率是一样的。

于是图 8.4 中 C 的 PR 值可表示为：

$$PR(C) = \alpha(\frac{PR(D)}{2} + PR(B)) + \frac{(1-\alpha)}{4}$$

一般情况下，一个网页的 PR 值计算如下：

$$PR(p_i) = \alpha \sum_{p_j \in M_{p_i}} \frac{PR(p_j)}{L(p_i)} + \frac{(1-\alpha)}{N}$$

其中，M_{p_i} 是所有对 p_i 网页有出链的网页集合，$L(p_i)$ 是网页 p_i 的出链数目，N 是网页总数，α 一般取 0.85。这个公式看着有点复杂，其实逻辑跟处理排名泄漏一样，就是把自己链接到自己的出度取消，转为平均链接到其他页面的出度。

根据上面的公式，我们可以计算每个网页的 PR 值，在不断迭代趋于平稳的时候，即为最终结果。具体怎样算是趋于平稳的，在后面的 PR 值计算方法部分再详细介绍。

下面证明 PageRank 算法一定会收敛，而且存在极值。

5．算法证明

PageRank 算法的正确性证明包括下面两点。

（1）$\lim_{n \to \infty} P_n$ 是否存在？

（2）如果极限存在，那么它是否与 P_0 的值无关？

为了方便证明，我们先将 PR 值的计算方法转换一下，如图 8.5 所示。

因为每一次迭代一个节点 X 的 PR 值都相当于其他所有节点对 X 部分的出度值之和，其实就是一个矩阵相乘的操作，初始矩阵就是每个节点的初始值，转移矩阵 **S** 就是节点的出度和入度分值。

我们随便用一个图来举例，如图 8.3 所示，可以用一个矩阵来表示图 8.3 所示的出链和入链关系，$S_{ij}=0$ 表示 j 网页没有对 i 网页的出链：

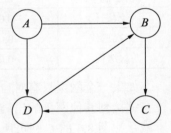

图 8.5　PR 值的计算方法转换

$$S = \begin{pmatrix} 0 & 0 & 0 & 0 \\ 1/2 & 0 & 0 & 1 \\ 0 & 1 & 0 & 0 \\ 1/2 & 0 & 1 & 0 \end{pmatrix}$$

$S_{\cdot j}$ 列向量表示节点 j 的出度分别链接到哪个节点，同时分值占比是多少。因为是平均分配，所以列向量之和必定为 1。$S_{i\cdot}$ 行向量表示节点 i 有几个入度，分别都是哪些节点链接的。冒号代表所有值，:j 代表列向量，i:代表行向量。

假设 E 为所有元素都为 1 的列向量，接着定义矩阵：

$$A = \alpha S + \frac{(1-\alpha)}{N} EE^{\mathrm{T}}$$

这里后半部分其实就是为了防止前面提出的几个问题，当然是可以只针对有缺陷的节点、没有出度和入度以及有循环出度的节点进行加乘，但为方便起见，可以对所有节点都进行加乘。这在原理上也是可以说得通的，因为在浏览任何一个网页时都有可能跳出内部的链接限制，跳转到页面链接之外的任何一个页面，无论这个页面有没有出度，有多少个出度。

基于前式，PR 值的计算如下，其中，P_n 为第 n 次迭代时各网页 PR 值组成的列向量：

$$P_{n+1} = AP_n$$

于是计算 PR 值的过程就变成了一个 Markov 过程，那么 PageRank 算法的证明就转为证明 Markov 过程的收敛性证明。

如果这个 Markov 过程收敛，那么 $\lim_{n\to\infty} P_n$ 存在且与 P_0 的选取无关。

如果一个 Markov 过程收敛，那么它的状态转移矩阵 A 需要满足以下条件：

❑ A 为随机矩阵；

❑ A 是不可约的；

❑ A 是非周期的。

第一点，随机矩阵又叫概率矩阵或 Markov 矩阵，满足以下条件：

令 a_{ij} 为矩阵 A 中第 i 行第 j 列的元素，则

$$\forall i=1,\cdots,n,\ j=1,\cdots,n,\ a_{ij} \geqslant 0,\ \text{且} \forall i=1,\cdots,n, \sum_{j=1}^{n} a_{ij} = 1$$

显然 A 矩阵的所有元素都大于或等于 0，并且每一列的元素和都为 1，所以 A 矩阵为左随机矩阵。

第二点，不可约矩阵：矩阵 A 是不可约的，当且仅当与 A 对应的有向图是强联通的。

有向图 $G=(V, E)$ 是强联通的，当且仅当每一对节点对 $u, v \in V$，存在从 u 到 v 的路径。

因为之前设定用户在浏览页面时有一定的概率会通过输入网址的方式访问一个随机网页，所以 A 矩阵强连通的，同样满足不可约的要求。

第三点，要求 A 是非周期的。

所谓周期性，体现在 Markov 链的周期性上，即在经历一段转移之后必然会回到链中的某个位置并开始循环。如果 A 的幂具有周期性，那么这个 Markov 链的状态就是周期性变化的。

因为 A 是素矩阵（素矩阵指自身的某个次幂为正矩阵的矩阵），所以 A 是非周期的。

至此，我们证明了 PageRank 算法的正确性。

6．PR值计算方法

1）幂迭代法

首先给每个页面赋予随机的 PR 值，然后通过 $P_{n+1}=AP_n$ 不断地迭代 PR 值。当满足下面的不等式后迭代结束，获得所有页面的 PR 值：

$$|P_{n+1} - P_n| < \theta$$

2）特征值法

当上面提到的 Markov 链收敛时，必有：

$P = AP \Rightarrow P$ 为矩阵 A 特征值 1 对应的特征向量，随机矩阵必有特征值 1，并且其特征向量的所有分量全为正或全为负。

3）代数法

相似的，当上面提到的 Markov 链收敛时，必有：

$$P = AP$$

$$\Rightarrow P = \alpha S + \frac{(1-\alpha)}{N} EE^{\mathrm{T}} - P$$

又因为 E 为所有元素都为 1 的列向量，P 的所有列向量之和也为 1：

$$\Rightarrow P = \alpha SP + \frac{(1-\alpha)}{N} E$$

$$\Rightarrow (EE^{\mathrm{T}} - \alpha S)P = \frac{(1-\alpha)}{N} E$$

$$\Rightarrow P = (EE^{\mathrm{T}} - \alpha S)^{-1} \frac{(1-\alpha)}{N} E$$

8.2.2　TextRank 算法

8.2.1 节我们讲了 PageRank 算法。TextRank 算法的基本思想就来源于 PageRank 算法。TextRank 算法可以用于多种 NLP 任务，如果用于关键词提取，那么跟 TF-IDF 一样，会计算出文章中所有词的一个分值。TextRank 算法还可以用于文本摘要提取。

无论 TextRank 用于什么任务，其计算方式跟 PageRank 完全相同，但有向图的构建方式不同，就是如何针对不同的任务，基于一段文本去构建类似网页跳转的一个有向图。

1．基于TextRank的关键词提取

关键词抽取的任务就是从一段给定的文本中自动抽取出若干个最有价值的词语。主要步骤如下。

（1）把给定的文本 T 按照完整句子进行分割，即 $T = S_1, \cdots, S_m$。

（2）对于每个句子 $S_i \in T$，进行分词和词性标注处理，过滤掉停用词，只保留指定词性的单词，如名词、动词和形容词，即 $S_i = t_{i,1}, \cdots, t_{i,n}$，其中，$t_{i,j} \in S_i$ 是第 i 个句子中保留下来的第 j 个词。

（3）构建词图 $G = (V, E)$，其中，V 为节点集，由第（2）步生成的所有词组成，然后采用共现关系构造任意两点之间的边，两个节点之间存在边，仅当它们对应的词汇在长度为 K 的窗口中共现，K 表示窗口大小，即最多共现 K 个单词。这里可以基于词的先后顺序定义边的方向。

（4）根据 PageRank 计算公式计算出结果。

之后就可以基于结果选出分值最高的前几个词作为关键词了。

2. 基于TextRank的文本摘要

前面讲过，使用 TextRank 进行文本摘要提取的方法是抽取式的，核心逻辑跟提取关键词类似，即把文章中信息量最大的那几个句子硬拼成一个段落就可以作为摘要了。

（1）把文本分割成单个句子。

（2）每个句子计算出向量表示。这一步可以采用的方法有很多，最简单的方法就是把句子中的词向量直接相加后取平均值，使用 Doc2vec 也可以，也可以用训练好的语义相似度模型。

（3）计算句子向量间的相似性并存放在矩阵中。

（4）将相似矩阵转换为以句子为节点、相似性得分为边的图结构，用于句子 TextRank 计算。

（5）进行一定数量的排名，排名最高的句子构成最后的摘要。

边的方向也是基于前后顺序，但边的权重不是像 PageRank 那样基于出度的数量等分的，而是等于这两个句子的相似性。

基于 TextRank 算法进行文本摘要提取的原理其实比较简单，就是把文章中相同语义重复次数最多的那些句子找出来，认为这些句子包含文章最核心的含义。通俗地说就是在一篇文章中，重点内容肯定会强调、重复，而那些简略带过的句子肯定不是核心。

上面就是 TextRank 用于 NLP 的两种任务，跟 TF-IDF 的逻辑很像，TF-IDF 也可以用于摘要提取，它是直接对句子里词的信息含量值进行求和并排序，然后把最靠前的那些句子提取出来就是摘要。

8.3　抽取式模型

使用神经网络解决抽取式文本摘要任务大致分为两步，第一步是如何用向量更好地表征句子；第二步是基于表征好的句向量集，选择最恰当的那些句子作为结果输出。

基于这个框架，我们来介绍几个模型。

8.3.1　CNNLM 模型

CNNLM 算法的句子表征部分比较简单，就是对 CBOW 的一个演化，类似于 Doc2vec。不过这里训练的是一个表征提取器，而不是给每个句子训练出一个固定的向量，后者每个句子都是需要训练的，而前者训练好之后可以多处使用。除非推断语料发生了巨大的变化，例如训练文章集是数码类文章，而后面却处理养生类文章，导致数据分布变化让提取器性能下降，否则是可以一直使用的。

下面具体介绍一下。

首先输入的是正常的静态词向量，就是利用 CBOW 和 GloVe 训练的固定的词向量，BERT 之类基于不同上下文生成的词向量我们称为动态词向量。凡是可以使用静态词向量的场景，其实都可以替换成动态词向量，本来很简单的一个模型在其前面加个 BERT，会导致头重脚轻，带来巨大的计算资源消耗，但指标并没有提升多少，所以 BERT 的使用率并不高，静态词向量依然有很多的使用场景。

$$s=w_1, w_1, \cdots, w_s$$

如图 8.6 所示，第一层就是正常的词嵌入层，也就是 one-hot 词向量转为预训练的稠密词向量。之后是卷积层的处理。卷积核的长度是一个超参数，可以修改，图 8.6 中设置的是 3，后面是一个激活函数。

$$c_i=\text{CNN}(w_{i-1}, w_i, w_{i+1})$$

$$u_i=\tanh(Wc_i+b)$$

然后是一个针对全句的 Max-Pooling 层：

$$x=\max(u_1, \cdots, u_{s-l+1})$$

$$x_j=\max(u_{1,j}, \cdots, u_{s-l+1,j})$$

l 是卷积核的长度。

x 就是表示全句语义的向量，然后配合正常的 CBOW 式词向量训练，如图 8.6 所示，就是用 the、cat 和 sat 三个单词预测下一个单词 on。这里进行全新训练或者基于预训练的词向量进行微调都是可以的，主要目的是训练 CNN 的权重。

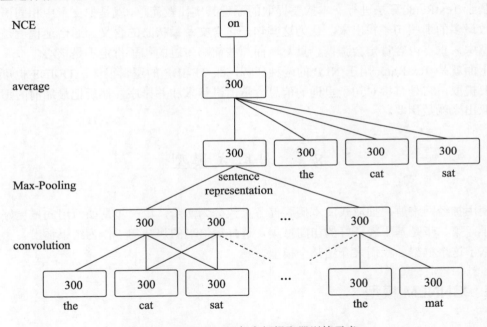

图 8.6　CNNLM 语句表征提取器训练示意

这样基于无监督模式可以训练出一个句子语义提取器。

下一步就是如何选择句子。

这里没有使用训练的模型，而是直接使用一个目标函数。

$$\arg\max_{|C|=k} Q(C) = \alpha \sum_{i \in C} p_i^2 - \sum_{i,j \in C} p_i \boldsymbol{S}_{i,j} p_j$$

C 就是所有挑选出来作为摘要的句子的集合。k 是预先设定的用于作为摘要的句子数量。α 是一个权衡参数，是预先设定的。$\boldsymbol{S}$ 是一个 $n \times n$ 的矩阵，代表句子之间的相关度，使用前面提取的句子向量和 cos 距离来代表它们之间的相关度。前面使用 TextRank 来提取文本摘要时已经介绍过，基于一个相关度矩阵就可以构建一个 PageRank 网络，然后计算出每个节点的得分，这里 p 就是节点的得分。

观察一下这个目标函数，第一部分很容易理解，就是尽可能选出权重得分最高的那些句子，第二部分是让两个不同的句子向量与相似度矩阵 S 相乘，结果就是这两个句子的相似度，因为其前面是负号，表示让选出来的句子两两之间的语义尽量不要类似。

因此这个目标函数的逻辑就是尽量把那些语义得分高的句子，同时又不是语义互相类似的句子选取出来作为最终的摘要。介绍到这里我们回头再看 TextRank，因为后边没有限制语义重复的部分，所以结果可能就是同一个语义反复说。稍作修改，可以在 TextRank 的选择部分也加上限制语义重复的这一部分，TextRank 提取文本摘要的逻辑跟 CNNLM 算法其实没有本质上的区别。

8.3.2 PriorSum 模型

PriorSum 也是一个抽取式文本摘要方法。它跟通用框架一样包含两个部分，一是句子打分排序，二是句子选择。下面分别介绍。

1. 打分排序

这里使用的方法跟 TextRank 和 CNNLM 不同，不再是无监督训练，而是有监督训练，也就是每篇文章必须配有一段建议式的摘要作为标准。但对于抽取式的算法，这个标签如何使用呢？

对于生成式标签的使用方法非常直观，可以跟 NMT 机器翻译问题一样，接收原文输入，然后把摘要标签作为输出目标就行了。

而抽取式没有直接输出，对于句子选择来说，最多只能算是一个连续分类问题。如果给出的摘要建议全部都是基于抽取式的逻辑，全部来源于原文，那么把抽取式文本摘要转换为一个连续分类问题也是可以的。最简单的样本和模型构造方式是，对文章的每个句子基于是否属于摘要进行标记，属于摘要的标记为 1，不属于的标记为 0。模型有两个输入，一个是原文，另一个就是当前需要判断是否属于摘要的句子。当然，把原文打散，一句一句地输入，输出的就是 0 和 1，以此判断是否属于摘要也是可以的，不过没有全文作为参考，单句信息量有限，不容易得到高指标的结果。

至于模型内部如何设计，思路就很多了。每个句子都有对应的标签，训练目标也就有了。至于如何使用，就是把文章作为输入，然后依次输入文章的所有句子，凡是句子标签分类为 1 的，就都属于摘要，将它们拼接起来就行了。当然，如果想跟 CNNLM 的句子选择一样尽量减少同语义的句子，则可以加一些惩罚项、负采样等，同时把已经选择过的句子也进行标识或输入。

不过这个方案的可行性是存疑的，因为一般摘要标签都是人工给出的，人的工作方式多数都不是抽取式的，而是看一下全文，基于记忆和理解，重新生成一段摘要，所以往往没有办法将每句话都跟摘要对应上，也就没有办法给出每个句子的标签了。

PriorSum 的方案是使用 ROUGE-2 进行打分，我们在介绍机器翻译 NMT 时对 ROUGE-L 做过简单介绍，这里的 ROUGE-2 也是同系列指标，区别只是分子与分母的计算方式不同。它同样也是评估两段字符串相似度的一种相对粗暴、高效的指标。

$$\text{ROUGE-N} = \frac{\text{count}_{\text{match}}(\text{gram}_n)}{\text{count}(\text{gram}_n)}$$

N 一般代表 n-gram 的 n 的值，ROUGE-2 就是 2-gram。分子就是 2-gram 词组中所有匹配上的数量，分母就是标准摘要中所有 2-gram 的数量。

这个计算逻辑很简单，其实算是 BLEU 里的一部分，因为 BLEU 要分别计算 1-gram～3-gram，所以 BLEU 可靠性要高于 ROUGE-N。

这样，对文章中的每句话与整段摘要都计算一个 ROUGE-2 得分，这个得分就是这句话的标签。然后使用 CNN 进行每句话的 ROUGE-2 评估。

这里的 CNN 使用了多内核并行，这个方法在文本分类时介绍过。然后每一路最后都接一个 Max-Pooling，针对全部路再使用一个 Max-Pooling。

$$x_p = \max(\max(C^1), \cdots, \max(C^m))$$

C^1 就是第一个 CNN 内核的卷积输出，一共有 m 个。

之后可以直接计算 ROUGE-2 得分，这样就可以构造出与抽取式标签类似的样本，就是每个句子都对应于一个标签，原来设想的标签应该是 0 和 1，现在是一个分值。但直接计算有一个问题，因为这样的句子样本其实是与原文无关的，所以同样的句子在这段文章里可能基于摘要得分为 A，而在另外一段文章中可能会有不同的得分 B，这样会对算法的运行造成干扰。虽然句子本身的语义不可能完全独立于文章，但是有些常见句或名言之类的就非常容易遇到此类问题。这就是前面我们构造模型时想要把原文也输进去的原因，这里没有采用这种方案，而是使用了相对轻量的特征工程方案。

PriorSum 模型的作者在计算 ROUGE-2 得分之前加了几个与文章相关的手工特征：

❑ 位置信息：这个句子在文章中的排序。

❑ AVG-TF：句子中的每个词在文章中的平均词频。

❑ AVG-CF：词组在文章中的平均频率。

这 3 个特征是加到第二次的 Max-Pooling 之后。

$$x_e = \text{pos, tf, cf}$$
$$x = x_p, x_e$$
$$y = \boldsymbol{w}_r^{\text{T}} \times x$$

因为目标是一个分值，所以是回归问题而不是分类问题。这样就构建出了一个有监督的打分模型，基于回归模型给每个句子打一个分数。

2. 句子选择

基于上面的监督训练，每个句子都会有一个 ROUGE-2 得分评估，基于这个得分就可以进行排序，然后基于这个排序选择最靠前的几个句子组成的摘要。对于避免重复语句，前面介绍了一个基于目标函数的方案，就是对语义类似的语句选择进行惩罚。而这里使用了一个更简单、粗暴的方法来避免重复，就是基于新词量。

首先把句子的停用词去掉，把少于 8 个词的句子也去掉，然后依次取出排好序的句子，如果当前句子中一半以上的词不在已选出的摘要里，就把这个句子加到摘要中，最初的摘要里是空的，所以第一个句子肯定是可以选择成功的。第二个句子要判断的就是包含的词对于第一个句子来说是否有一个以上的新词。如此迭代，直到达到预设的句子数为止。

8.3.3 NN-SE 模型

前面我们讲 PriorSum 时提到过文章的摘要一般都是人工写的，因此不可能直接把文章中的每句话都标记为是否可以作为摘要的标签。下面要介绍的 NN-SE 模型却可以这么做，它的有监督标签就是完全基于抽取式的逻辑，可以对文章中的每句话都做一个是否作为摘要的标记。

基于这个逻辑产生了一个数据集——DailyMail，其包含 20 万个句子样本。

这里有了每个句子的 0 和 1 标签之后，模型的设计没有使用前面介绍的直接输入原文和句子输出 0 或 1 的结构，而是使用 LSTM 提取上下文信息来代替全文的输入。

1．句子表征层

句子选择的过程这里不需要排序了，所以不再进行打分，而是使用表征向量。

结构先使用了与 CNNLM 类似的 CNN 层，然后使用 Max-Pooling，每个句子输出一个向量表征，为了处理相关关系，句子之上连接了一层单向 LSTM 作为最终的句子表征。

经过 CNN 的句子序列：

$$s_1, \cdots, s_T$$

再经过 RNN：

$$h_1, \cdots, h_T$$

2．句子选择层

由于是基于分类直接预测句子是否属于摘要，上面的表征层其实可以看作编码层，而这里的就是解码层，也是一个 LSTM。

$$d_1, \cdots, d_T$$
$$d_t = \text{LSTM}(p_{t-1}\, s_{t-1}, d_{t-1})$$

这里是直接基于前面 CNN 的输出作为解码层的输入。p_{t-1} 是上一句话预测是否属于摘要的概率。

$$p(y(t)=1|D) = \sigma(\text{MLP}(d_t; h_t))$$

MLP 就是一个全连接层。

这其实属于一个端到端的模型，表征层和选择层没有明显的划分。因此，如果语料充分，那么是比较容易使用大规模语料进行训练的。

8.3.4 SummaRuNNer 模型

SummaRuNNer 模型是由 Ramesh Nallapati、Feifei Zhai 和 Bowen Zhou 在论文 SummaRuNNer: A recurrent neural network based sequence model for extractive summarization of documents 中提出的，其整体的处理流程与 NN-SE 类似，只是在模型的具体方法上有所区别。

1. 句子表征层

SummaRuNNer 模型使用了两层 RNN 来分别提取句子表征和文档表征。第一层 RNN 在句子上使用的是一个双向 GRU，输入的是句子内的词向量，输出之后把每个时间步的输出全部相加取平均作为句子的表征。第二层是在文档层上，输入的是前面生成的句子的表征向量，使用的还是一个双向 GRU，然后使用一个非线性变换得到最终文档的表征向量。

$$ut = \text{BiGRU}(u_{t-1}, u_{t+1}, w_t)$$
$$h_t = \text{avg}(u_1, \cdots, u_T)$$
$$e_t = \text{BiGRU}(e_{t-1}, e_{t+1}, h_t)$$
$$d = f(e_1, \cdots, e_T)$$

2. 句子选择层

SummaRuNNer 模型的选择方法跟 NN-SE 模型的逻辑很像，也是把句子选择转换为一个序列标注问题，使用纯抽取式的文本摘要标注。

这里并没有使用解码层，而是基于前面句子和文档的表征直接计算属于摘要的概率。

$$P(y_t = 1 \mid h_t, s_t, d) = \sigma(w_c \boldsymbol{h}_t + \boldsymbol{h}_t^\mathrm{T} W_1 d - \boldsymbol{h}_t^\mathrm{T} W_2 \tanh(s_t) + b)$$

b 是偏置，同时也包含这个句子在文档中的位置信息。s_t 是前面已选择的摘要信息的加权求和。

$$s_t = \sum_{t=1}^{t-1} h_i P(y_i = 1)$$

这样，这个模型跟 NN-SE 模型一样也是端到端的，可以直接基于大量样本进行训练。下面我们来看看前面介绍的这 4 个抽取式文本摘要模型的效果对比，如表 8.4 所示。

表 8.4　4 个抽取式文本摘要模型的效果对比

模　　型	辅　助　数　据	ROUGE-1	ROUGE-2	ROUGE-L
CNNLM	预训练的Word2vec向量	51.0	27.0	
PriorSum	预训练词向量	36.6	8.97	
NN-SE	DailyMail	47.4	23.0	43.5
SummaRuNNer	预训练GloVe词向量、DailyMail	46.6	23.1	43.0

可以看到，虽然 CNNLM 出现得很早，并且模型设计也比较粗糙，但是效果的确是最好的。当然，这里 ROUGE-1 和 ROUGE-2 的指标不见得可以准确代表模型的真实水准，相对来说 BLEU 可能更合适一些，ROUGE-L 或许也更好一些，可惜 CNNLM 没有这两个指标。

8.4　生成式模型

生成式的文本摘要模型理论上也分为两层，即编码层和解码层，不过是连接在一起的一个模型，跟 NMT 机器翻译的结构是相同的。但为了能匹配较长的输入，文本摘要模型多数都需要进行一些如全文表征的动作，以辅助结果的生成。

8.4.1 ABS 模型

ABS 模型是由 Alexander M.Rush、Sumit Chopra 和 Jason Weston 于 2015 年在论文 neural attention model for abstractive sentence summarization 中提出的。

1. 编码层

ABS 使用了 3 种方法来提取全文表征。

1）词袋模型

词袋模型就是把全文档的所有词向量相加再求平均。

$$d_1 = \frac{1}{T}\sum_{i=1}^{T} x_i$$

词袋模型的问题就是失去了词序信息，这种暴力相加还有一个比较严重的问题，当词数比较少的时候还能相对有效地表征句子的语义，如 CBOW，但当词数比较多，例如想表征一篇文章，假设这篇文章有 1 万个词，那么这样的平均向量可能跟其他文章的表征向量相差非常小。因为词多了之后必然会有大量相同的词，同时都会慢慢靠向全语料的平均表征。举个例子，每个人的身高都是不同的，如果采样取平均值，那么随着采样数量越多，其平均值会越接近全体人群的平均值。

2）卷积操作

跟抽取式文本摘要使用的几个 CNN 模型差不多，就是一个卷积操作再加上一个宽度为 2 的 Max-Pooling。不过这里使用了多层结构，就是在 Max-Pooling 之后再来一次卷积操作，再接 Max-Pooling，一共 L 层。其实前面所有模型任意一个 CNN 都可以改为多层结构，还有卷积核的宽度、池化层的宽度都是可调的，具体哪种效果最好没有明确的先验结论。最后再接一个全时间步的 Max-Pooling 层输出一个代表全文的表征向量。

$$u_i = \mathrm{CNN}(w_{i-k},\cdots,w_{i+k})$$
$$\widehat{u_i} = \max(u_{2i-1}, w_{2i})$$
$$d_2 = \max(\widehat{u_1},\cdots,\widehat{u_t})$$

这里只写了一层 CNN 操作，后面多层 CNN 的公式是近似的，就不赘述了。

3）注意力操作

注意力操作就是基于已经生成的前 C 个词计算出一个注意力上下文。

$$X = x_1,\cdots, x_m$$
$$y_C^{t-1} = y_{t-C};\cdots;y_{t-1}$$

这里是一个 concat 操作，就是把多个向量拼接为一个向量，而不是拼接成一个矩阵。因为最终要输出一个文档表征向量，但有 C 个注意力的查询向量，所以要么在进行相关度计算之前把 C 个向量合并，要么就是在计算出 C 个注意力上下文向量之后将它们合并。当然，不合并，将它们全部都作为解码层的输入也是可以的。这里使用的是在计算之前合并。

$$p = \mathrm{softmax}(XWy_C^{t-1}) \in \mathbb{R}^m$$
$$d_3^t = \boldsymbol{p}^\mathrm{T} X$$

与 NMT 模型不同的是，NMT 模型在预测生成下一个词的时候，注意力计算只需要前一个词即可，而 ABS 模型需要前 C 个词。在 NMT 模型中，编码器与解码器结构在通信中一般会保留待翻译原句的整句信息，注意力的计算需要针对当前词进行注意力加强，所以无须更多的前文。ABS 摘要模型的全文信息除了注意力之外，前两个只是简单的特征提取，所以注意力需要保留更多的信息，并且摘要生成的是一个段落，不仅有通畅性需求，而且有避免语义重复的需求，所以尽量多地增加前文信息是必要的。

2．解码层

直接使用编码层输出的文档表征向量一步一步地计算输出解码层。

$$d^t = \text{concat}(d_1, d_2 d_3^t)$$

因为 d_3^t 是基于前一时间步输出的前 C 个词计算的，而 d_1, d_2 是固定的，所以每次只更新 d_3^t 即可。

$$h^t = \tanh(W_3 y_C^{t-1})$$

$$p(y_t \mid y_C^{t-1}, d^t) = \text{softmax}(W_1 h^t + W_2 d^t)$$

损失函数就是 NLLLoss（negative log-likelihood loss）。

$$\text{NNL}(\theta) = -\sum_{j=1}^{j} \log p(y^j \mid x^j; \theta) = -\sum_{j=1}^{J} \sum_{t=1}^{T} \log p(y_t^j \mid x^j; \theta)$$

最终的效果放到最后与其他模型一起对比来看。

8.4.2　RAS-LSTM 模型

RAS-LSTM 模型是 Alex Alifimoft 于 2016 年在论文 Abstractive sentence summarization with attentive recurrent neural networks 中提出的。

1．编码层

这里使用了 CNN+注意力的组合。就是先用 CNN 提取更简练的文章表征。

$$z_1, \cdots, z_T = \text{CNN}(x_1, \cdots, x_T)$$

$$\alpha_t = \text{softmax}(z \cdot h_t)$$

$$d_t = \sum_{j=1}^{T} \alpha_{j,t-1} x_j$$

这里有一个细节，就是经过 CNN 处理之后的维度与原始输入维度是相同的，所以要么是正常的 CNN 两边需要增加 padding，要么是 Wide CNN 不进行两边的延伸计算，或直接截断。

至于这里 CNN 的内核宽度多大，使用多少层都是可调的。使用经过 CNN 提炼后的向量进行注意力计算可视作一种范围注意力计算，因为摘要不只是生成下一个目标词，还需要避免前后语句语义的重复。

当然，如果最后上下文 d_t 的计算不是基于 x，而是基于 z，那么两者就可以不保持同样的维度，这样还有一个好处就是可以压缩文章长度，只要 CNN 层数和内核宽度调节合适，压缩到任意长度都是可行的，可以极大地减少计算量。

h_t 是后面解码层在时间步 t 时的输出。这里就是注意力计算的查询。

2. 解码层

这里使用 RNN 进行解码，之后进行输出计算。

$$h_t = \sigma(W_1 y_{t-1} + W_2 y_{t-1} + W_3 d_t)$$

y_{t-1} 是上一时间步的输出，可以发现这里并没有使用前面的多个输出，只使用了一个。如果输出的只是一句话，那么只基于前一个词的信息计算下一个词是没有问题的，如果输出的是一段话，那么有过文本生成经验的人就会想到一个问题，就是前文和后文经常会出现重复，即便使用前面多个词的 Transformer 或 GPT1/2，在进行文本生成的时候，一旦生成内容过多，依然会出现此类问题。而 Transformer 的解码器结构是使用了前面 N 个输出词作为输入的。有兴趣的读者可以自己实验一下，增加几个已生成的词 y 输入，验证是否可以提升指标。

最后计算输出词的概率。

$$p_t = \text{softmax}(W_4 h_t + W_5 d_t)$$

RAS-LSTM 模型就比较像典型的 NMT 编码器-解码器结构了。

8.4.3　HierAttRNN 模型

HierAttRNN 模型是 Ramesh Nallapati、Bowen Zhou 和 Cicero dos Santos 于 2017 年在论文 Abstractive text summarization using sequence-to-sequence RNNs and beyond 中提出的。

1. 编码层

HierAttRNN 模型的输入除了使用预训练词向量之外还添加了一些手工特征。

❑ 词性 POS；

❑ NER 标签，这里使用的是常见的 NER 标签，如人名、地名和公司名等；

❑ TF 和 IDF 信息，这两个信息算是连续值，需要先基于分布进行离散化，将它们全部转换为 one-hot 向量，然后与前两个特征一样使用嵌入矩阵转化为稠密向量。

然后将以上 3 个特征向量与词向量拼接在一起成为一个长向量。

可以想一下，为什么要加这 3 个手工特征呢？

其实作为文章的摘要，在先验上，肯定会包含那些在本文中信息含量最多的词，所谓信息含量就是 TF-IDF，跟 TextRank 的逻辑也类似。另外，一般一些特有的实体，如人名、地名也都是信息含量较多的关键信息候选，这就是 NER 标签的作用。最后的词性特征就更普遍一些，核心内容一般是表述主语与宾语的关系、谁要干什么之类的内容。所以添加 POS 特征就是很自然的事情了。

最终拼接成的输入向量如图 8.7 所示。

HierAttRNN 模型独创性地设计了一种层级式的注意力机制，以前我们接触的注意力都是基于一层，即使是多层注意力，也只是一层一层独立使用的。这里的层级还是句内的单词级和句间的句子级，这种结构我们见过许多次了，没有见过的是注意力的计算方式。如图 8.8 所示。

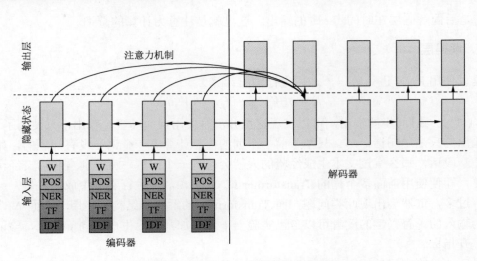

图 8.7　包含手工特征的输入向量

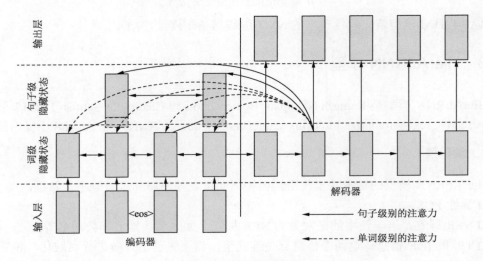

图 8.8　层级式注意力

层级注意力结构如图 8.8 所示，使用的查询还是前一时刻解码层的输出 h_{t-1}^d，而 value 也还是词向量经过 RNN 处理后的状态输出 $h_1^e, \cdots, h_m^e$。而 key 则是分层使用的。在计算单词注意力时，key 和 value 是相同的。而句子注意力的 key 就不同了，这里引入了句子表征向量作为 key，句子向量如下：

$s_1, \cdots, s_n$。

先是基于句子的表征计算句子的注意力权重，然后逐一计算句子内部单词的注意力权重。

$$P_s^a(s(j)) = \text{softmax}(s_{s(j)} W_s h_{t-1}^d)$$

这是句子的权重，$s(j)$ 是第 j 个单词所在的句子的序号。

$$P_w^a(j) = \text{softmax}(h_j^e W_w h_{t-1}^d)$$

这是单词的权重。注意，这里有两种方式可以计算单词的注意力权重。

一种是 softmax 的分母只是基于当前句子的所有单词进行计算。最终的单词注意力权重就是：

$$\alpha(j) = P_s^a(s(j))P_w^a(j)$$

另一种就是基于全文的单词计算，那么最终的注意力就需要进行归一化：

$$\alpha(j) = \frac{P_s^a(s(j))P_w^a(j)}{\sum_{k=1}^m P_s^a(s(k))P_w^a(k)}$$

最终的上下文向量就是：

$$c_t = \sum_{k=1}^m \alpha_t(k)h_k^e$$

这个思路其实比较直观，对于文本摘要任务来说，那些更重要的句子里的词才更重要，而那些不重要的句子里的词也就不那么重要了。

2. 解码层

其实所有的生成式模型都会遇到 OOV 问题，就是输入的词不在词表中。一般应对的方式就是专设一个标识，要么直接忽略掉，要么在训练时把所有 OOV 单词都替换为标识，同时指定一个嵌入向量代替这些 OOV 词。在模型使用时，也是把所有的 OOV 词替换为这个词向量，生成的时候不会生成不在词表中的词。

但无论是 NMT 机器翻译场景，还是文本摘要场景，一些 OOV 词经常是一些专有名词或专业术语等，都属于核心词，如果忽略就会令生成的语义缺失很多东西，甚至完全错误。

例如"雷军是小米公司的创立者"，如果词典里没有"雷军"这个词，那么翻译的肯定会是一个错误的结果。文本摘要也一样，如果是一篇介绍某个技术的文章，如介绍 Java，但摘要里因为 OOV 问题没有引用 Java 这个词，那么这个摘要与文章肯定就是完全不匹配的。

为了解决这个问题，这里使用了指针网络（Pointer Network），其实前面我们也见过使用指针网络解决 OOV 问题的案例。思路是：既然无法避免 OOV 词的出现，那么一旦出现了 OOV 词，并且还需要使用这个词就直接复制，所以指针网络的输出不是某个词的概率，而是一个位置的概率，其实就是原文中每个词对应位置的概率，一般取最大的那个值。跟注意力权重的概率类似，向量长度就是文章的长度，这个向量就是针对每个位置单词计算出一个概率，然后概率最大的那个位置的单词就被复制过来直接作为输出。这种使用方式称为指针生成网络（Pointer Generator Network，PGN），也就是先计算一个概率，然后判断是使用指针网络直接去原文里复制单词，还是使用生成网络去生成单词，如图 8.9 所示。

$$P(s_t = 1) = \sigma(v^s \cdot (W_1^s h_t^d + W_2^s y_{t-1} + W_3^s c_t + b^s))$$

y_{t-1} 就是上一时刻的输出。

$$P_a^t(j) \propto \exp(v^a \cdot (W_4^a h_{t-1}^d + W_5^a y_{t-1} + W_6^a h_j^e + b^a))$$

$$p_t = \arg\max_j(P_t^a(j)), j \in \{1, \cdots, m\}$$

p_t 就是指针网络最终的输出，对应于原文中的一个位置。

而生成部分就是常见的解码器部分

$$y_t = \arg\max_j \exp(V \cdot (W_7 h_t^d + W_8 y_{t-1} + W_9 c_t + b))$$

V 就是对应词表的权重，经常直接使用词嵌入矩阵。

损失函数如下：

$$\log P(y\,|\,x) = \sum_i (g_i \log P(y_i\,|\,y_{i-1}, X)P(s_i) + (1-g_i)\log P(y_p\,|\,y_{i-1}, X)(1-P(s_i)))$$

以上这就是层级注意力模型的介绍。

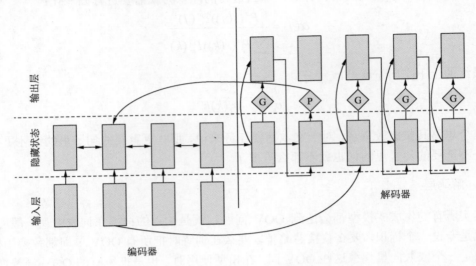

图 8.9　指针生成网络

8.4.4　PGN 模型

PGN 在 8.4.3 节使用过，不过指针生成网络的使用场景比较多，并非只限于文本摘要，使用方法也相近，但不能认为它只是一个文本摘要模型。

1．编码层

PGN 模型只使用了一层双向 LSTM，然后文档的表征向量 d_t 是基于注意力权重计算出的上下文向量。这里就是标准的一层注意力了。

2．解码层

解码层跟 Hierarchical Attentive RNN 完全一样。不过前面我们说过，在生成任务中，非常容易出现前后内容重复的问题，主流的解决方案比较简单，就是把前面已经生成的内容再输入进去，让模型自己去学习，从而不再生成已经生成的内容。ABS 模型是直接把输出的字进行拼接，然后基于这个拼接向量与全文做注意力计算，以减少因为忽略已生成内容而产生的语义重复。PGN 模型使用了一种较为新奇的方法来避免语义重复，即使用一种基于注意力权重的上下文向量。

$$c^t = \sum_{k=0}^{t-1} a^k$$

a^k 是生成前面的每个单词时的注意力权重。

然后在损失函数计算时增加惩罚项：

$$L_t = -\log p(w_t^*) + \lambda \sum_i \min(a_i^t, c_i^t)$$

仔细观察后面的惩罚项，如果最新的词的注意力权重与以前某个词重复，那么这个维度的权重 a 和 c 的值都会很大，取 min 也依然大，这样最终此项的得分就会比较大。所以惩罚项的作用就是避免新的注意力权重与以前的权重产生冲突。

这样在解码过程中，就可以变相地减少生成词的重复，至于语义能否避免重复则不一定。

下面我们来看一下前面介绍的这几个生成式文本摘要模型的效果对比，如表 8.5 所示。

表 8.5　生成式文本摘要模型效果对比

模　　型	ROUGE-1		ROUGE-2		ROUGE-L	
	G	C	G	C	G	C
ABS（2015）	29.78	—	11.89	—	26.97	—
RAS-LSTM（2016）	33.78	—	15.97	—	31.15	—
HierAttRNN（2017）	35.3	35.46	16.64	13.3	32.62	32.65
PGN（2017）	—	39.53	—	17.28	—	36.38

G 是 Gigaword 数据集，C 是前面抽取式文本摘要制作的一个数据集 DailyMail。ROUGE-1 就是对比标准（建议）答案和生成结构的单词匹配度，完全不考虑词序甚至语义，其并不能体现出结果的正确与否。而 ROUGE-2 是基于 2-gram 的双词匹配度，必然比单个词的匹配度评估更准确一些，但还是相对机械。相对而言 ROUGE-L 基于最小匹配子串的评估结果或许会更合理一些。上面的指标没有某个太强而某个太弱的大反差，所以可以比较简单地评估出哪个模型更好。

ABS 模型的表现相对最差，一是没有使用类似指针网络的方法避免 OOV 问题，这对于翻译和摘要都是比较严重的问题；二是全文表征提取不如正常的编码器的效果。

PGN 模型优于层级注意力 RNN 模型的原因可能就是惩罚项的作用，一定程度上减少了生成词的重复。

8.5　大模型时代的文本摘要

文本摘要在自然语言处理领域中一直是一个关键任务。随着人工智能技术的飞速发展，尤其是大模型的应用，文本摘要技术取得了显著的提升。这些模型能够深入理解文本内容和结构，生成更加精准和连贯的摘要。本节将介绍大模型在文本摘要中的应用，并通过实例展示其强大的功能。

8.5.1　使用 ChatGPT API 进行文本摘要

为了展示 ChatGPT 在文本摘要中的应用，可以通过以下 Python 示例代码，利用 OpenAI 的 API 进行文本摘要：

```
import openai

openai.api_key = 'your-api-key'

def generate_summary(text):
    response = openai.Completion.create(
```

```
        engine="text-davinci-003",
        prompt=f"请为下面的文本生成一个简短的摘要：{text}",
        max_tokens=50
    )
    return response.choices[0].text.strip()

# 示例文本
input_text = (
    "最近，人工智能技术取得了显著进展，尤其是在自然语言处理领域。"
    "大规模预训练模型如 BERT 和 GPT-3 展示了强大的能力，可以在多个任务中表现出色。"
    "这些进展不仅推动了学术研究，也为商业应用打开了新的大门。"
)

summary = generate_summary(input_text)
print(f"摘要：{summary}")
```

在这个示例中，向 ChatGPT 发送一个请求，要求其对文本生成摘要。ChatGPT 基于其预训练的知识和上下文信息，能够生成高质量的结果。

8.5.2 使用 ChatGPT 提示语进行文本摘要

假设有以下新闻文章需要生成摘要：

最近，人工智能技术取得了显著进展，尤其是在自然语言处理领域。大规模预训练模型如 BERT 和 GPT-3 展示了强大的能力，可以在多个任务中表现出色。这些进展不仅推动了学术研究，也为商业应用打开了新的大门。

可以向 ChatGPT 输入以上新闻内容，然后发送提示语：请为上面的文本生成一个简短的摘要。

ChatGPT 生成的摘要如下：

摘要：人工智能技术在自然语言处理领域取得了显著进展，大模型展示了强大的功能，推动了学术研究和商业应用的发展。

通过深入学习大模型技术，读者可以在实际应用中更高效地生成高质量的文本摘要。这不仅简化了摘要生成的过程，也大大提升了文本摘要的质量，为自然语言处理领域带来了新的发展机遇。

8.6 小　　结

本章首先简单介绍了基于 TextRank 的文本摘要方法。虽然效果不一定有多好，但是无监督方法最大的优势不在于效果而是不需要标签样本。然后分别介绍了深度学习方法中抽取式和生成式两类摘要方法。虽然抽取式摘要方法最终难以达到语句通畅的效果，但是其胜在完全是从原文中提取的，所以不会出现奇怪的结果，即是可控的，而生成式则相反，因为其在生成过程中有类似 LM 的限制，所以语句的通畅性比较好，但意外情况较难避免。最后通过两个示例介绍了如何使用 ChatGPT API 和 ChatGPT 提示词进行文本摘要。

第 9 章　信息检索和问答系统

如果问 NLP 领域哪类任务使用频率最高，那么一定是文本检索。当然，如果使用关键词进行完全匹配，那么就不能算是 NLP 任务，因为这种场景使用一个数据结构就能解决——要么正向索引，要么反向索引。现今检查场景可以说是无处不在，类似百度、谷歌的大搜索，各类电商搜索，各种论文、各个社区以及微信等的垂直搜索场景，都不是通过一个关键词完全匹配就可以解决的，都需要进行语义相关度匹配检索。

当然，语义相似性或相关度看着不是很复杂，但由于语言的复杂性，即使用最复杂的模型，其准确率目前依然不高。同时，关于各类语义的相关搜索基本上对响应延时非常敏感，即使能用复杂的模型把相关性的准确率提高，但搜索结果需要等待几秒钟才能返回，用户仍然不愿意接受。因此这个问题跟前面介绍的一些 NLP 场景如分词等非常类似，至今依然非常依赖传统工程实现的算法。

下面将从传统的文本检索方法开始介绍。

9.1　传统的检索方法

由于文本检索经常是基于海量文本的筛选，如百度搜索，可能是几十亿或几百亿的网页，这样的场景使用深度学习是不可能的，所以传统检索在很长时间内依然是主流的检索方法。本节我们介绍一个使用率非常高的全文检索引擎 ES 的检索方法——BM25。BM25是基于 TF-IDF 升级的，所以先介绍 TF-IDF 方法。

9.1.1　TF-IDF 方法

TF-IDF 其实不算是一个算法，因为其计算方式很简单，就是进行两次统计。这个方法的逻辑是在文本检索的过程中，不能对所有词都一视同仁，因为有的词信息量大，有的词信息量少。那么如何判断哪些词信息量大，哪些词信息量少呢？简单地说就是在当前文章内出现的次数越多，而在整个语料库中出现的次数越少，这个词的信息量就是大的。

TF-IDF 是两个词的组合，可以拆分为 TF 和 IDF。

TF（Term Frequency，词频）表示一个词在文章中出现的次数。如果一个词在文章中出现很多次，那么这个词肯定有着很大的作用，但是，如果我们只基于这个指标去计算的话，会发现统计出来的最高频的词大都是一些"的""是"这样的词。当然对于这些特别高频而缺少语义的词是可以使用停用词的方法直接剔除的，但对于语义价值是一个连续值，也就是不存在要么有用要么没用的情况，会有大量的处于有用和没用之间的词，所以没有办法把介于有用和没用之间的词全部去掉，所以还得有另外一个限制指标就是 IDF。

假设有一个文档，我们发现"中国""蜜蜂""养殖"这 3 个词的出现次数一样多。这是不是意味着，作为关键词，它们的重要性是一样的？

显然不是这样。因为"中国"是很常见的词，相对而言，"蜜蜂"和"养殖"不那么常见。如果这 3 个词在一篇文章中的出现次数一样多，有理由认为，"蜜蜂"和"养殖"的重要程度要大于"中国"，也就是说，在关键词排序上，"蜜蜂"和"养殖"应该排在"中国"的前面。

所以，我们需要一个重要性调整系数，衡量一个词是不是常见词。如果某个词比较少见，但是它在这篇文章中多次出现，那么它很可能就反映了这篇文章的特性，这正是我们需要的关键词。

用统计学语言表达，就是在词频的基础上，要对每个词分配一个"重要性"权重。最常见的词（"的""是""在"）给予最小的权重，较常见的词（"中国"）给予较小的权重，较少见的词（"蜜蜂""养殖"）给予较大的权重。这个权重称为"逆文档频率"（Inverse Document Frequency，IDF），它的大小与一个词的常见程度成反比。

1．计算词频TF

$$TF(i,j)=\text{count}(i,j)$$

TF 表示词 i 在文章 j 中出现的次数

但文章有长有短，如果一视同仁，可能会产生一些偏差，例如，在只有几句话的文章里一个词重复出现的次数最多可能只有 2 或 3 次，但在一篇几万字的文章中，某个词可能会重复出现几十次，所以可以加一个分母做归一化计算。

$$TF(i,j) = \frac{\text{count}(i,j)}{\text{Len}(j)}$$

分母表示文章 j 的长度。

有时候为了调整 SEO 优化，在文章中添加了大量关键词，此时可以把分母改为文章中频率最高的词的数量。

$$TF(i,j) = \frac{\text{count}(i,j)}{\text{count}(m,j)}$$

m 表示频次最高的词的数量。

2．计算逆文档频率IDF

IDF 是基于一个语料的，也就是先必须有一堆文章。

$$IDF(i) = \log\left(\frac{N}{\text{count}(i)+1}\right)$$

这里 N 是文章的总数，分母是包含词 i 的文档数，+1 是防止分母为 0。如果是基于语料内的分词计算，那么每个词都必定会有一篇文档包含这个词，除非是基于独立的词库计算，才可能出现没有文档包含的情况。取对数（log）的意思是降低 IDF 对这个词最终打分的影响，防止文档数很多而某个词只在一篇文章出现过，这样 IDF 的分值影响就会非常大。

3．TF-IDF

$$TFIDF(i,j)=TF(i,j)\times IDF(i)$$

可以看到，TF-IDF 与一个词在文档中的出现次数成正比，与该词在整个语言中的出现次数成反比。

9.1.2　Elasticsearch 的 BM25 算法

Elasticsearch 简称 ES，是基于 Lucene 开发的一套全文检索数据库。ES 是现在商业场景中比较常见的搜索解决方案，其内部的功能是比较多的，这里简单介绍一下其内部做相关性召回部分的核心算法——BM25。

其实网页搜索功能早年的实现也是基于类似 BM25 的算法，只是因为 BM25 完全不考虑作弊问题，所以后面慢慢增加了很多反作弊的算法策略，如 PageRank 等。其实现在还有一种职业是 SEO 排名优化师，本质上就是利用搜索排名的规则让目标网站的排名尽量往前排，实际上就是作弊，所以搜索公司都不敢公开内部的排名逻辑和反作弊策略，否则会被 SEO 优化师针对性地利用。早年的反作弊技术就是在网页里不断地重复你想要提取的关键词，这样就能提升网页的排名，这就是利用了类似 BM25 算法的特性。

BM25 算法其实是基于 TF-IDF 改进的一个算法。做相关性召回和排序的时候，给出的假设同样是：文档内出现的查询关键词的数量越多，频次也越多，文档的相关性就越高，反之，如果这些词在其他文档中出现的频率也很高，那么说明这些词本身的信息含量就低，文档的相关性就降低。

再看一下 TF-IDF 的公式：

$$\text{TF}_i\text{IDF}_i = \frac{f_i}{f_m} \times \log\frac{N}{1+n(i)}$$

f_i 就是词 i 在文档中出现的次数。f_m 就是文档中出现次数最多的那个词的出现次数。$n(i)$ 是出现这个词的文档数。

BM25 的公式：

$$\text{score}(Q,d) = \sum_i^n W_i R(q_i,d)$$

这个得分表示查询词与某个文档的相关性打分，约等于每个查询词在这个文档中的 TF-IDF 值之和。Q 表示所有查询词，q_i 表示一个查询词，d 表示文档。

$$W_i = \text{IDF}(q_i) = \log\frac{N - n(q_i) + 0.5}{n(q_i) + 0.5}$$

N 表示全部文档数，$n(q_i)$ 是包含 q_i 的文档数。分子和分母加上的 0.5 是为了防止出现 0。

$$R(q_i,d) = \frac{f_i \times (k_1 + 1)}{f_i + k_1 \times (1 - b + b \times \text{dl}/\text{avgdl})} \times \frac{qf_i \times (k_2 + 1)}{qf_i + k_2}$$

k_1、k_2 和 b 都是超参数。

f_i 是 q_i 在 d 中出现的次数，qf_i 是 q_i 在查询中出现的次数。dl 是 d 的长度，avgdl 是所有文本的平均长度。

查询一般不会很长，所以查询中的词多数词频都是 1，公式后面的部分大多数情况下是可以忽略的。前面与 IDF 不同的部分其实都是一些归一化的参数，逻辑没有变化。

在搜索之前先要构建倒排索引，所有入库的文档都需要这一步操作。常见的倒排索引就是先对文档进行分词，然后合并去重，去除停用词，对剩下的词构建索引的 key，value

就是文档的 ID 和其他信息。如果某个词被多个文档包含，那么倒排的时候这个词就对应所有包含它的文档 ID。

所谓倒排索引是相对正排而言的，正排就是以文章 ID 和作者等信息作为索引，而以内容作为索引就称为倒排索引。例如，去图书馆找书，以书名查找就是正排索引，以作者姓名查找也是正排索引，但以书的章节名或某些内容来查找，那么就是倒排索引。

搜索的过程是先对文本进行分词，然后在索引里对每个词进行检索，召回所有匹配的文档。

每个分词都搜索一遍之后可能已经召回了很多文档，这时候就需要排序，就用上了BM25 算法，每个文档中每个词的词频以及包含的文档数这些统计参数在文档入库构建索引时已经计算好了，只需要查询相关数据计算 BM25 得分即可。

在计算得分的过程中还有一些客户基于自身逻辑增加一些加权、降权参数，然后将它们合并给每个文档计算出一个最终的得分，针对这个得分计算最后的排序顺序。

当然这样完全基于相关性，或者更准确地说是基于 BM25 的相关性得分得到的结果，有时候是不能令用户满意的，所以其只被用于搜索场景的召回，召回之后还需要一个更准确的排序，这个排序涉及更多的信息，如召回文章或商品本身的特性，以及搜索用户本身的特性等，这部分属于推荐算法的内容，这里不再展开介绍。

9.2　QA 概述

QA 是 Question Answering 的缩写，对于了解一些 QA 和 MRC 任务的人来说，可能会有个问题，QA 与 MRC 到底有什么区别？

其实这两项任务在某些技术实现上非常类似。它们的主要区别是使用场景不同，MRC 的使用场景其实还是偏理论，还没有完美匹配的现实场景，大多是作为 QA 问题解决方案的一环。

MRC 是给定一篇文章，机器通过这篇文章回答一些问题，而 QA 则是给出一个问题，机器基于这个问题去资料库中找到答案。

可见，QA 最大的应用场景就是搜索和问答，而对于网页来说，如果找到了某一篇包含答案的文章，那么剩下的就是基于这篇文章找出问题具体的答案，一般是这篇文章的某一段或某一句话，这就属于 MRC 问题了。

基于网页的 QA 只是 QA 任务的一种，属于基于文本的 QA 问题，还有一种是基于知识库的 QA 任务，就是先建立好一个相关的知识库，如某人的身高和体重，父亲是谁、子女是谁，回答的问题就是事实类问题。如果事先建立的是问答库，那么就是问题和答案配对的数据库，这也算是一种知识库，不过这种 QA 服务的使用场景就被限于问答库方面，如果是基于电商场景建立的问答库，那么就只能用于电商客服。

前面讲 MRC 时介绍过百度的 DuReader 数据集，严格来说是 QA 数据集。对于 QA 问题来说，第一步最重要的就是判断哪个（或哪些）文档包含问题的答案，然后就是类似MRC 的答案提取。而 DuReader 因为已经把答案文档限定为 5 个，所以 QA 的搜索问题被简化了，从而更容易直接作为 MRC 数据集使用。

后面我们主要介绍基于文本的 QA 技术，因为基于知识库的 QA 系统的核心是构建知识库，这部分工作相对系统化，涉及的环节比较多，例如，如何基于语义相似度合并问题和答案，如何基于开源语料或已有的数据库构建知识图谱等，如果要讲清楚可能需要几个章节，限于篇幅这里就略过了。

9.2.1　QA 数据集

下面列举几个常见的 QA 数据集。

1. WikiQA

WikiQA 是一个开放领域的 QA 数据集。该数据集从 Bing 查询日志中收集，包含 3047 个问题和 1473 个答案。WikiQA 的一个显著特点是并非所有问题中都包含正确答案。

2. Trec QA

Trec QA 数据来自文本检索会议（Trec）8-13 QA 数据集。使用 Trec 8-12 的问题作为训练数据集，使用 Trec 13 的问题作为开发和测试数据集。

3. MovieQA

MovieQA 有多种数据来源，这是该数据集的一个特征。它包含 14 944 道题，每道题有 5 个答案，包括 1 个正确答案和 4 个"欺骗"答案。

4. Yahoo!DS

雅虎数据集是从 Yahoo 的 QA 系统中抽取的，类似于百度的 DuReader。其包括 142 627 个问题/回答对。如果基于雅虎数据集做基于知识库的 QA 是比较直接的，如果基于文本的 QA 就需要再添加一些假答案作为干扰，以便训练 QA 系统的搜索能力。

9.2.2　QA 评估方法

MRC 的评估相对简单，直接使用完全匹配，看看输出的答案与标准答案是否一致即可。当然，如果是生成式也可以使用 ROUGE 系统的指标，不过 MRC 问题的主流方案都是抽取式，所以 ROUGE 指标不常见。

而 QA 问题因为涉及判断文档是否包含答案，以及包含答案的结果排序是否靠前，所以还有一些其他指标辅助判断 QA 系统的优劣。

第一个指标是 Mean Reciprocal Rank（MRR）：

$$\text{MRR} = \frac{1}{Q} \sum_{i=1}^{Q} \frac{1}{\text{rank}_i}$$

Q 表示全部样本中问题的数量。rank_i 是第 i 个问题包含答案的文档在结构序列中的排名数。例如，在百度搜索结构页中，1 页包含 10 个结果，有的结果可能包含答案，有的不包含。那么第一个包含答案的排名就是这个 rank_i 的值。如果结果页中没有一个文档包含答案，那么 rank_i 得分就是无限大，$1/\text{rank}_i$ 就是 0。

这样，如果每个问题的结果都能在第一条文档中找到答案，那么 MRR 就是满分为 1。第二个指标是 MAP（Mean of the Average of the Precisions at Each Rank）：

$$p_k = \frac{c}{k}$$

c 表示答案序列的前 k 个结果中包含正确答案的数量。

$$AP(q) = \frac{1}{k} \times \sum_{k=1}^{K} p_k$$

$$MAP = \frac{1}{Q} \sum_{q=1}^{Q} AP(q)$$

这个指标评估的是包含正确答案的结构的整体排名情况。主要是针对那些结果显示数量比较多的场景，例如百度搜索的结果页至少是 10 个结果。如果是对话式 QA 场景，那么一般返回排名第一的那个结果，那么使用前一个 MRR 指标就更合适。

9.2.3 QA 系统的结构

跟 NMT、文本摘要和 MRC 等问题一样，QA 也有其相对通用的处理结构。

1．问题处理

问题处理包括两个主要步骤，一是文本改写，二是类型检测。在文本改写步骤中会利用一些技术把文本改为相对标准化以及信息更完整、更适合搜索引擎的查询。前面讲过的纠错也会在这个场景中派上用场。在类型检测步骤中，使用分类器根据预期答案类型对问题进行分类。在这个步骤中可以使用不同的基于神经或基于特征的分类器。这一步相当于粗筛，因为即使是同一领域的 QA 系统，如客服对话系统，其内部依然会包含很多子系统，如售前、售后和投诉等，这样就是为了给后续的召回操作减少计算量，同时提升召回效果，降低召回不相关的回答的概率。

2．文档召回

文档召回与百度、谷歌搜索一样，基于一个文本查询出一批相关文档，不过对于 QA 系统，需要给出最终的答案，所以为了降低答案选择的计算量，一般会选出相关度最高的一批文档（如第一页的所有结果）返回而不是全部都返回。

3．段落筛选

因为文档一般比较长，直接基于文档进行答案提取的计算量很大，所以在提取答案之前还要从文档中把可能包含答案的段落提取出来。对于答案超过一段文字的，可能提取的就不只是一段而是一篇文章范围。

4．答案提取

答案提取就是基于给出的一些段落从中提取出可能的答案。

9.3　用神经网络计算问题与答案的相关性

相关性计算其实就是为了召回文档，前面我们介绍过 BM25 算法，它是一种相对简单、有效的相关性计算方法，属于传统的计算方式。下面介绍一些深度学习相关性计算的方法。

深度学习相关性计算有 3 种方式。

- □ 表征式：问题查询和文档都用提取模型提取一个固定维度的向量。之后基于两个向量无论是余弦还是欧式等都可以算出它们的距离，用于表示它们的相关性。这种方式最终的准确性是较差的，不过依然有很多的使用场景，其原因就是文档的表征向量是可以提前离线计算的，线上使用时只计算问题查询的向量即可，而问题查询一般长度也不长，所以这样的系统性能比较好。
- □ 交互式：类似于 MRC 模型，把问题和文档之间在模型层面上进行交叉计算，最终得到一个相关性打分。无论从经验还是实践结果，都表明其效果还是比较好的。
- □ 混合式：模型前段还是做表征提取，不过这里提取的表征可能不限于只有一个固定的向量，可以是更多个向量组成的矩阵等。这样的目标之一就是提升相关性的正确率，同时降低交叉式模型的计算量。因为前半段文档的表征可以离线计算，而且后面的混合层因为层数较少，消耗的计算比交叉式少很多，所以最终指标确实比纯粹的表征式好一些。

当然也有一些混合式模型是先表征再交叉再表征再交叉，这样的结构纯粹是为了提升指标，因为内部的表征无法提前计算，所以这种设计按笔者的定义应该被归类为交互式，不能称为混合式，不过我们还是按照通行的归类讲解。

9.4　表征式模型

先看几个表征式的模型设计。下面会介绍 4 种表征式模型，细节上相差比较大，但整体结构上基本还是一致的，都是先做表征提取，之后再进行相关打分计算。

9.4.1　CNNQA 模型

CNNQA 模型是由 Aliaksei Severyn 和 Alessandro Moschitti 于 2015 年在论文 Learning to rank short text pairs with convolutional deep neural networks 中提出的，模型的结构如图 9.1 所示，比较简单，就是查询（Query）和文档（Document）分别使用一层卷积层加池化层提取到一个表征向量。

下面把每层公式稍微展开一下：

$$x_q=\text{CNN}(\text{query})$$
$$x_d=\text{CNN}(\text{doc})$$

然后用交叉计算出一个相关度打分。

$$\text{sim}(q,d) = x_d^T M x_d$$

之后把 $x_q, x_d, \text{sim}(q,d)$ 全部映射到一个长向量中，外加一些手动特征，如文档中包含文本的词数、文档的类型等，最终经过一层全连接层后就是输出了。

这里的相关性并没有直接使用距离计算，而是用了一些更复杂的方式，但计算量的增加有限，依然还是表征式结构，至于要复杂到什么程度才算混合式则没有明确的界定，而且此类结构的划分只是为了方便后来者的学习和引用，对解决问题本身并没有什么影响。

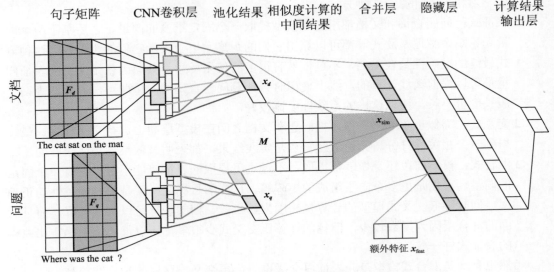

图 9.1 CNNQA 的模型结构

CNNQA 模型在 TREC-QA 数据集上的实验结果是：MAP=0.746，MRR=0.808。

9.4.2 HDLSTM 模型

HDLSTM 模型是由 Yi Tay、Minh C. Phan 和 Luu Anh Tuan 等人于 2017 年在论文 Learning to rank question answer pairs with holographic dual lstm architecture 中提出的，模型结构如图 9.2 所示，其结构与 CNNQA 模型的结构类似，只是具体的计算方式不同。

首先第一层是词向量嵌入层，词向量是用 Skip-Gram 结构预训练出来的。问题和答案使用同样的预训练词向量。

然后分别进入一个多层单向的 LSTM 网络，处理问题的称为 Q-LSTM，处理答案的称为 A-LSTM。虽然它们的内部单元结构还是一样的，但是并没有共享权重，而是使用最后一层的 LSTM 的最后一个时间步的输出作为问题和答案的表征。

下一步并没有直接把两个向量表征拼接到一起，而是使用了一个特征的合并方式：

$$q \times a_k = \sum_{i=0}^{d-1} q_i a_{(k+i) \bmod d}$$

合并后的向量与其中一个向量的长度是相等的。k 表示向量中第 k 个元素，mod 表示取余操作。计算过程是每个查询表征向量的元素与 answer 表征向量的元素进行点乘之后求和作为一个元素的值，然后在下一个位置轮换答案向量的元素位置，再进行点乘求和作为下一个元素的值。

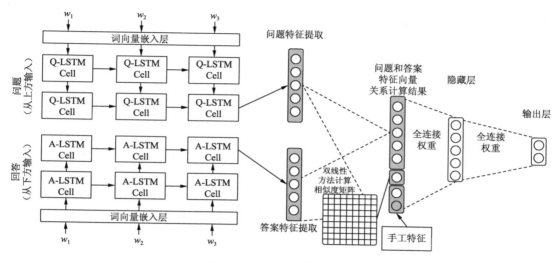

图 9.2　HDLSTM 模型结构

$$sim(\boldsymbol{q},a)=\boldsymbol{q}^{\mathrm{T}}Ma$$

这个打分跟 CNNQA 模型的方式完全一样。

$$h_o=q\times a; \ sim(q,a); \ X_{\mathrm{feat}}$$

然后就是向量拼接，也是增加了一些手工特征到合并的向量上。这里使用的特征就是问题中的词在答案中是否存在。

最后一层就是输出层：

$$P=\mathrm{softmax}(W_f\,h_o+b_f)$$

HDLSTM 模型是对上一个模型的微调优化，在 WikiQA 数据集上的实验结果是：MAP=0.749，MRR=0.815。

9.4.3　ImpRrepQA 模型

Ming Tan、Cicero dos Santos 和 Bing Xiang 等人于 2016 年在论文 Improved representation learning for question answer matching 中提出了 ImpRrepQA 模型。

ImpRrepQA 模型结构非常简单，就是问题和答案两边各有一个双向 LSTM，然后把 LSTM 每个时间步的输出全部经过一个 Max-Pooling 层，输出作为各自的表征。最后基于 cosine 距离为相关性打分，如图 9.3 所示。

基于这样的结构，其实表征提取层是可以做很多变形的。例如，对于 RNN 的 LSTM 来说，相对擅长的是保留较远距离的信息，当然，这个"远"只是相对后面的 CNN 说的。词周围的信息 LSTM 当然也是可以识别的，但不如 CNN 保留的信息多，毕竟 CNN 只输入前后几个词。

所以 Ming Tan、Cicero dos Stantos 等人在论文中尝试了两个变体。

变体一就是在池化层之前添加一层卷积层，以增强保留局部信息，如图 9.4 所示。

在 TrecQA 数据集上的实验结果是：MAP=0.742，MRR=0.819，如图 9.5 所示。

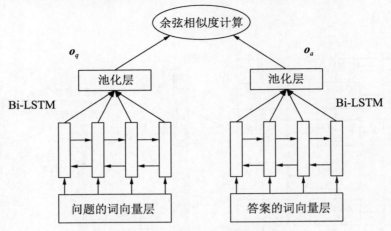

图 9.3　ImpRrepQA 模型结构 1

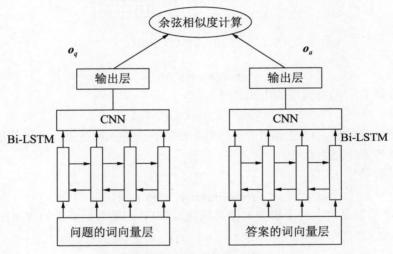

图 9.4　ImpRrepQA 模型结构 2

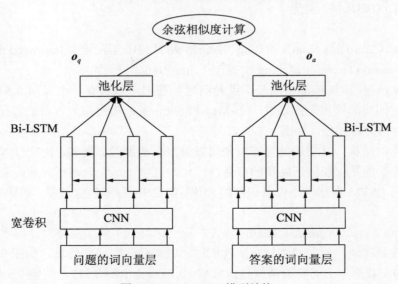

图 9.5　ImpRrepQA 模型结构 3

变体二就是把输入的词向量先进行 CNN 卷积层处理，再进行双向 LSTM 处理，最后由 Max-Pooling 层输出固定维度的表征向量。

在 TrecQA 数据集上的实验结果是：MAP=0.737，MRR=0.827。

这两个变体与第一个 CNNQA 相比，简化了最后的相关度计算，加强了前面表征层的挖掘，实验都是基于 TrecQA 数据集，可以看出效果还是有提升的。

9.4.4　ABCNN 模型

Wenpeng Yin、Hinrich Schütze 和 Bing Xiang 等人于 2016 年在论文 Abcnn: Attention-based convolutional neural network for modeling sentence pairs 中提出了一个基础版模型 BCNN 和进化版 ABCNN。ABCNN 属于混合式。先看 BCNN，结构如图 9.6 所示。

第一层还是词向量嵌入，使用预训练好的词向量嵌入，问题和答案分别嵌入，如图 9.7 所示。

第二层就是一个卷积层，不过这里使用的是宽卷积（Wide Convolution），前面在文本分类的内容中涉及 DCNN 时讲过宽卷积，它其实与正常的卷积区别不大，就是在两边进行卷积计算时，正常的卷积操作必须让输入的数据数量满足卷积核宽度的要求，如图 9.7 所示，如果是一个宽度为 5 的卷积核，那么第一个卷积结果必须是 $s_1, \cdots, s_5$ 五个输入。最后一个卷积结果必须是 $s_3, \cdots, s_7$ 五个输入。这样经过 7 个输入卷积操作之后只剩 3 个输出。而宽卷积则没有这个限制，卷积计算可以只接受一个输入。这样：

$$c_1 = \text{CNN}(s_1)$$
$$c_2 = \text{CNN}(s_1, s_2)$$
$$c_5 = \text{CNN}(s_1, s_2, \cdots, s_5)$$

最终 7 个输入会产生 11 个输出，如图 9.7 右图所示。

对于宽卷积来说只是加强了数据两边的信息处理的强度。

$$c_i \in \mathbb{R}^{w \times d}, i \in 0, \cdots, s + w$$

$$P_i = \tanh(W c_i + b)$$

以上是卷积层的非线性变换。

第三层接一个平均池化层（Average Pooling）。后面又接一个宽卷积层和平均池化层。这个池化层与上一个池化层稍有不同，上一个池化层的 kernel 宽度是固定的，而这个池化层因为后面接的是最后一层，所以为了便于计算，其输出只有一个向量，两边两个池化层的输出分别表示问题和答案两个表征。

最后把这两个向量拼接起来进行一个线性变换再经过 sigmoid 输出一个相关度的结果。这种相关度计算类似于注意力中的加法式注意力。本质上跟点乘和几种距离没有什么区别。

DCNN 模型在 WikiQA 数据集上的实验结果是：MAP=0.663，MRR=0.681。可以看出，该模型表现比较一般，说明如果 DCNN 不使用多通道，那么提取表征还是相对单薄的，同时宽卷积在其中产生的贡献推测也不高。

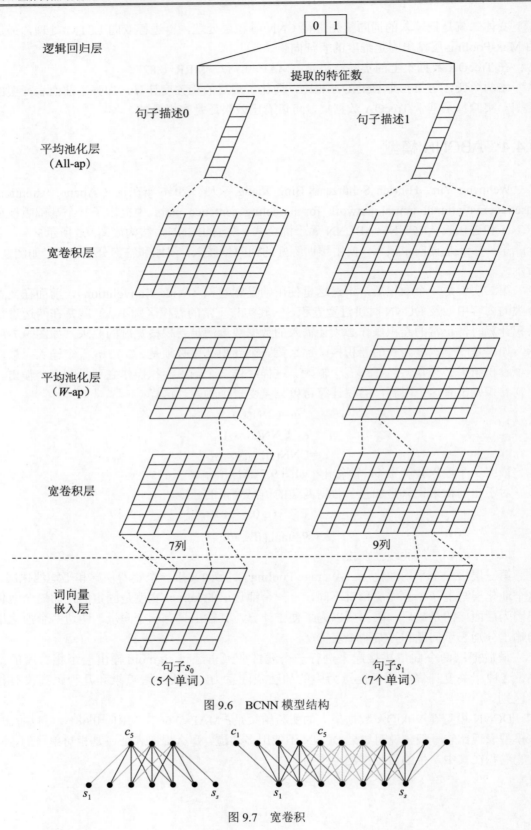

图 9.6　BCNN 模型结构

图 9.7　宽卷积

再来看混合式的模型 ABCNN，如图 9.8 所示。

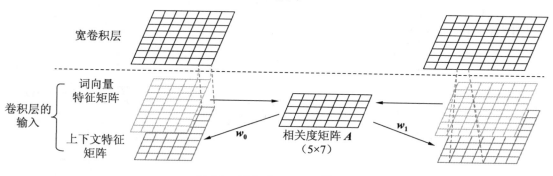

图 9.8　混合式 ABCNN 模型 1

ABCNN 设计了三种变体，前两种不同的交互方式各算一种，第三种就是两者同时使用。

ABCNN 模型 1 的结构如图 9.8 所示。Wenpeng Yin、Hincrich Schütze 等人的论文描述得挺复杂，其实就是一种交叉注意力的变体，数据流向如图 9.8 所示，先计算出一个相关度矩阵，再基于这个矩阵分别计算得到两个辅助矩阵。

第一层词嵌入之后进行交互计算，得到一个相关度矩阵 A。这里是针对问题中的每个词与答案中的每个词都计算一个相关度得分，最终得到一个矩阵，与自注意力计算类似。

$$A_{ij}=\mathrm{ms}(q_i, d_j)$$

ms 可以理解为相关度打分函数，使用了不常见的方法：

$$\mathrm{ms} = \frac{1}{1+|x-y|}$$

然后基于这个矩阵计算两个辅助矩阵：

$$Q^f=W_0A^{\mathrm{T}}$$
$$D^f=W_1A$$

这里跟常见的注意力计算也不同，常见的是基于相关度打分之后与 value 相乘，得到一个上下文向量，而这里直接对相关度打分进行线性变换，分别变换到与两个句子相同的维度，形成一个补充特征。

之后的操作跟 BCNN 模型相同，就是先进行宽卷积再进行池化等操作。不过这个宽卷积的输入是两个矩阵，其实可以简单地理解为两个矩阵在词向量的维度上进行合并，也就是进行向量拼接。

$$q_i' = q_i; q_i^f$$
$$d_j' = d_j; d_j^f$$

这一步操作可以理解为，通过这个交互计算，增强了原有输入的信息。

之后的网络模型就与 BCNN 模型完全一样了。

再看 ABCNN 模型 2，如图 9.9 所示。

结构如图 9.9 所示，这次的交互计算不是在输入层上，而是在经过了宽卷积之后的第二层上。交互计算方式与 ABCNN 模型 1 是一样的，都是得到一个相关矩阵 A。

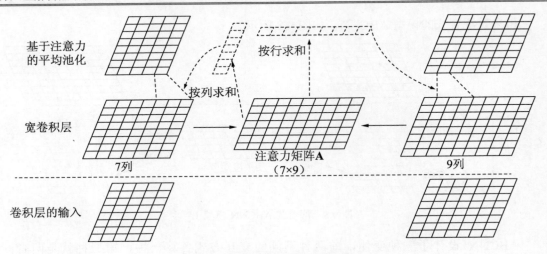

图 9.9　混合式 ABCNN 模型 2

与 ABCNN 模型 1 不同，这里不是再计算一个辅助特征矩阵，而是作为下一层池化计算的权重。

$$a_i^q = \sum A\, i,;$$
$$a_j^d = \sum A::,j$$

这两个权重向量分别对应问题和文档两个卷积矩阵的每个词单元。池化时基于这个权重进行加权求和，而不是平均求和。

$$q_j^p = \sum_{k=j}^{j+w} a_k^q q^c :, k$$

其他环节与 BCNN 模型相同。

第三种是前两种的组合，结构如图 9.10 所示。

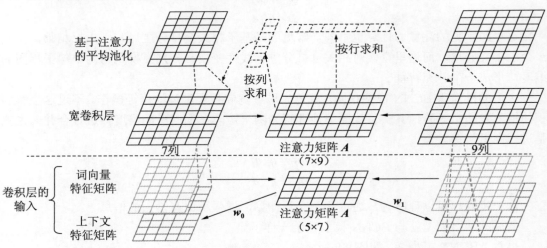

图 9.10　混合式 ABCNN 模型 3

三种变化在 WikiQA 数据集上的实验结果如下：

❑ ABCNN-1：MAP=0.685，MRR=0.702；

❑ ABCNN-2：MAP=0.688，MRR=0.707；

❑ ABCNN-3：MAP=0.682，MRR=0.710。

可以看到结果表现一般，不过比基础版的 BCNN 确实提升了一定的幅度，所以两种交互还是有贡献的。

9.5　交互式模型

交互式结构的特点就是模型全程都是两边一起参与计算，你中有我，我中有你，不像表征式你是你，我是我，直到最后两边才一起参与相关性计算。

9.5.1　CubeQA 模型

CubeQA 模型是 Hua He 和 Jimmy Lin 于 2016 年在论文 Pairwise word interaction modeling with deep neural networks for semantic similarity measurement 中提出的。

CubeQA 模型结构如图 9.11 所示。第一层是词嵌入层，两边各自经过一层 Bi-LSTM，这一步与表征式没有什么不同，下面开始交互计算。

这里使用了类似自注意力的交互方式，就是问题的每一个词（这里是经过 Bi-LSTM 处理的隐藏输出 h），与答案中的每个词都计算一个相关性。前面的 ABCNN 也进行过此类交互。

这里的相关性计算不是像注意力只计算一个相关性得分，而是一共计算 12 个相关性得分。

$$\text{CoU}(h_1, h_2) = \cos(h_1, h_2); \text{L2Euclid}(h_1, h_2); h_1 \cdot h_2$$

上式中等号右边的三个部分是常见的距离计算方法余弦、欧氏距离和点乘。12 个相关性得分就是用这三个函数与基于 Bi-LSTM 前向和后向的 4 种组合形成 12 个值。

$$h^{\text{add}} = h^f + h^b$$
$$h_{\text{bf}} = h^f; h_b$$
$$\text{simCube}\,1:3\,t\,s = \text{CoU}(h_t^{bf}, h_s^{bf})$$
$$\text{simCube}\,4:6\,t\,s = \text{CoU}(h_t^f, h_s^f)$$
$$\text{simCube}\,7:9\,t\,s = \text{CoU}(h_t^b, h_s^b)$$
$$\text{simCube}\,10:12\,t\,s = \text{CoU}(h_t^{\text{add}}, h_s^{\text{add}})$$

计算结果是一个三维张量，各维的长度是 $R^{13 \times |q| \times |a|}$，$q$ 和 a 分别是问题和答案的长度，13=3×4+1，额外的是一个 padding 维，Hua He 和 Jimmy Lin 在论文里没有详述其作用。笔者推测是辅助记录一些手工特征，如两个词如果是完全相同的，那么就做一个标识。

下一层称为 focus 层，详细处理过程比较烦琐，但理解起来很容易，就是前面 simCube 存有计算出来的相关度权重，相关度不高的词对输出结果来说并不重要，为了避免对结果的干扰，使用 Mask 把不重要的数据全部置为 0。换句话说就是问题和答案两两计算出相关性之后，只保留相关度高的数据，相当于注意力计算完之后，把注意力权重低的数据直接抛弃。如果想了解细节，可以参考如图 9.12 所示的伪代码。

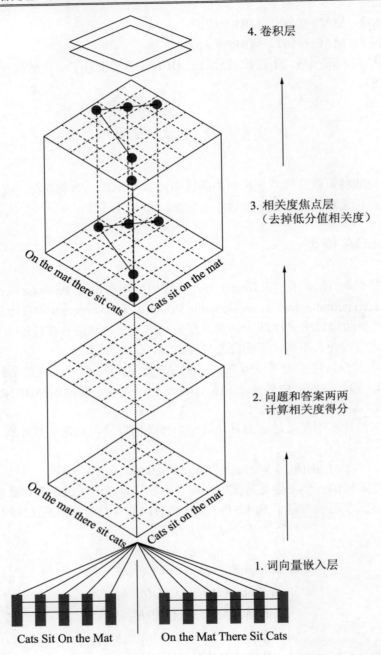

4. 卷积层

3. 相关度焦点层
（去掉低分值相关度）

2. 问题和答案两两
计算相关度得分

1. 词向量嵌入层

Cats Sit On the Mat   On the Mat There Sit Cats

图 9.11　CubeQA 模型结构

　　在 focusCube 有结果之后，可以把它视为一张图片，长、宽和色深为三通道，如图 9.11
所示。然后使用一个多层的 CNN 去处理，最终输出一个两个句子的相关度得分。但句子
长度经常是不同的，为了匹配 CNN 的输入，使用了 padding 方案，就是长宽不够的句子则
padding 为零向量，如果超过长度就截取。

　　因为 focus 层把相关得分低的值置为 0，即将 cube 中得分低的那些点的值置为 0，这
样被看作图片的 focusCube 里的数据就组成了一个形状。同时，最后的计算并没有基于得

到的权重与词向量相乘得到上下文信息，而 focusCube 表面的图形对于最终得分的作用更大，这样最后的动作更像是一个模式识别。

CubeQA 模型基于 WikiQA 数据集的实验得分：MAP=0.709，MRR=0.723。可以看到，虽然该模型提出得比较早，而且里面有不少非常见操作，但是结果好于前面介绍的 ABCNN。笔者推测，原因不在于后面交互方式的差异，而在于表征提取部分，ABCNN 的表征提取只使用了简单的 CNN，而 ImpRrepQA 使用的是 LSTM。因此不经过一些多通道等方式加强的 CNN，在处理 NLP 任务时是先天不如 LSTM 的。

Algorithm 2 Forward Pass: Similarity Focus Layer

1: Input: $simCube \in R^{13 \cdot |sent_1| \cdot |sent_2|}$
2: Initialize: $mask \in R^{13 \cdot |sent_1| \cdot |sent_2|}$ to all 0.1
3: Initialize: $s1tag \in R^{|sent_1|}$ to all zeros
4: Initialize: $s2tag \in R^{|sent_2|}$ to all zeros
5: $sortIndex_1 = sort(simCube[10])$
6: **for** each $id = 1...|sent_1| + |sent_2|$ **do**
7: 　　$pos_{s1}, pos_{s2} = calcPos(id, sortIndex_1)$
8: 　　**if** $s1tag[pos_{s1}] + s2tag[pos_{s2}] == 0$ **then**
9: 　　　　$s1tag[pos_{s1}] = 1$
10: 　　　　$s2tag[pos_{s2}] = 1$
11: 　　　　$mask[:][pos_{s1}][pos_{s2}] = 1$
12: 　　**end if**
13: **end for**
14: Re-Initialize: $s1tag, s2tag$ to all zeros
15: $sortIndex_2 = sort(simCube[11])$
16: **for** each $id = 1...|sent_1| + |sent_2|$ **do**
17: 　　$pos_{s1}, pos_{s2} = calcPos(id, sortIndex_2)$
18: 　　**if** $s1tag[pos_{s1}] + s2tag[pos_{s2}] == 0$ **then**
19: 　　　　$s1tag[pos_{s1}] = 1$
20: 　　　　$s2tag[pos_{s2}] = 1$
21: 　　　　$mask[:][pos_{s1}][pos_{s2}] = 1$
22: 　　**end if**
23: **end for**
24: $mask[13][:][:] = 1$
25: $focusCube = mask \cdot simCube$
26: **return** $focusCube \in R^{13 \cdot |sent_1| \cdot |sent_2|}$

图 9.12　计算 focusCube 的伪代码

9.5.2　BERTSel 模型

在介绍 BERTSel 之前，我们先介绍 BERT。Jacob Devlin、Miny-wei Chany 和 Kenton Lee

等人于 2019 年在论文 BERT: Pre-training of deep bidirectional transformers for language understanding 中提出了 BERT 模型，这个模型在接入 QA 任务后进行了微调。

如图 9.13 所示为 BERT 的训练结构图，对于 QA 任务来说跟 MRC 类似，如图 9.13 的 SQuAD 部分。输入是问题和答案的拼接，只是问题之前加了一个 cls 标识，而问题和答案之间加了一个 sep 标识。输出的就是最后一层 cls 位置的值，然后进行线性变换加 sigmoid 输出一个相关度打分。

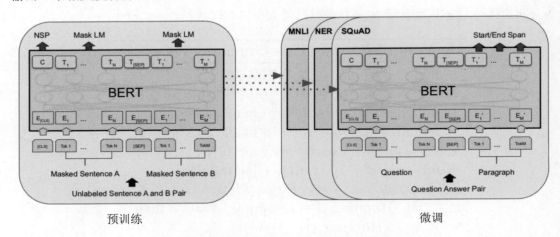

图 9.13　BERT 预训练和微调

而 BERTSel 是由 Donyfang Li、Yifei Yu 和 Qingcai Chen 等人于 2019 年在论文 BERTSel: Answer selection with pre-trained models 中提出的，这个模型是基于 BERT 进行了微调，模型还是 BERT，只是针对 QA 问题在训练上进行了一些修改，如图 9.14 所示。

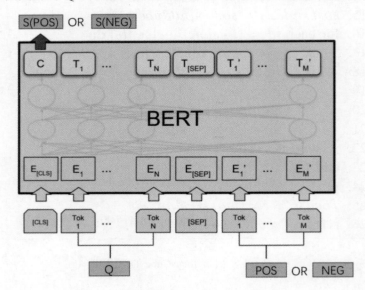

图 9.14　用于 QA 任务的 BERTSel 结构

样本是由问题 q，错误答案 n 和正确答案 p 组成的三元组(q,n,p)。训练时一次是正确的答案，一次是错误的答案，交叉进行。输出依然是 cls 位置经过线性变换外加 sigmoid。

9.5.3 MCAN 模型

MCAN 模型是由 Yi Tay、LuuAnh Tuan 和 Siu Cheuny Hui 在论文 Multi-cast attention networks for retrieval-based question answering and response prediction 中提出的。这个模型并非专为 QA 任务而设计，凡是类似于 QA，输入两个句子，输出一个打分的任务都可以使用（其实其他 QA 模型也适用于同类输入、输出的任务，如语义相似度），MCAN 模型结构如图 9.15 所示。

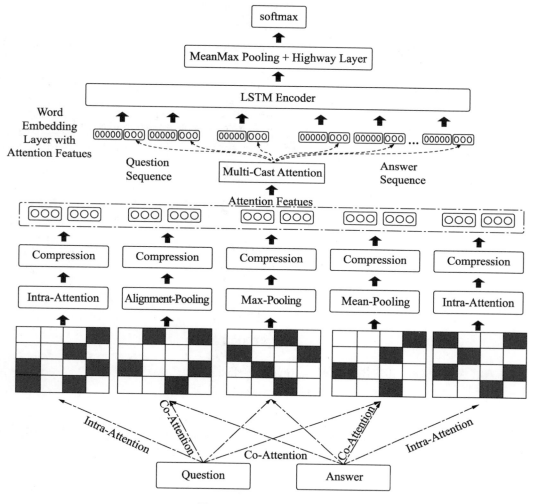

图 9.15　MCAN 模型结构

MCAN 模型的整体设计比较新颖，用到了很多不常见的处理方法。在图 9.15 中，Question 和 Answer 表示问题的输入和答案的输入，Intra-Attention、Alignment-Pooling、Max-Pooling 和 Mean-Pooling 分别表示 4 种特征提取操作（后面会介绍），Compression 表示压缩层，Attention Features 表示提取的特征，Multi-Cast Attention 表示把前面的特征与词向量拼接，Word Embedding Layer with Attention Features 表示拼接上注意力特征的词向量，MeanMax

Pooling+Highway Layer 表示平均池化和最大池化操作后再接高速公路网络，Softmax 表示最后的输出层。

第一层还是标准的词嵌入层，不过之后的处理有些出人意料，使用高速公路网络代替了 LSTM 处理问题和答案两个句子。

$$y = H(x,W_H)\cdot T(x,W_T) + (1 - T(x,W_T))\cdot x$$

这是高速公路网络的公式，其实里面也有一个门控，如果用于代替 LSTM 单元，就相当于一个简化版的 LSTM，简化到只有一个门。

第二层是交互注意层，这里使用了 4 种交互方法。

前面三种方法都是基于类似注意力计算的相关度矩阵。

$$s_{ij}=F(q_i)^T F(d_j)$$

F 就是多层感知机，也就是多层全连接层。我们前面介绍过相关度打分有很多种，使用其他方法也可以，例如：

$$s_{ij} = q_i^T W d_j$$

$$s_{ij}=F(q_i; d_j)$$

效果应该相差不大，后面没有给出这几种相关度计算的消融实验也佐证了这一点，如果某一种效果明显比另外一种好，那么就不会有这么多计算方法了，直接统一使用最好的那一种即可。

这样就会得到一个相关度矩阵 S。

1．Alignment-Pooling（对齐池化）

$$d_i' = \sum_{j=1}^{Q} \frac{\exp(s_{ij})}{\sum_{k=1}^{Q} \exp(s_{ik})} q_j$$

$$q_j' = \sum_{i=1}^{D} \frac{\exp(s_{ij})}{\sum_{k=1}^{D} \exp(s_{kj})} d_j$$

看着好像很复杂，其实内部就是 softmax，外部是求和：

$$d_i' = \text{softmax}(s_{i:})^T Q$$

$$q_j' = \text{softmax}(s_{:j})^T D$$

d_i' 就是用第 i 个文档词与全部问题词计算出相关权重，再与问题词矩阵相乘得出的上下文向量。q_j' 就是问题词视角的上下文向量。

2．Max-Pooling（最大池化）

这里的名称虽然叫 Max-Pooling，但跟 CNN 的那个最大池化层还是有些区别的。

$$q'=\text{softmax}(\max_{\text{col}}(S))^T Q$$

$$d'=\text{softmax}(\max_{\text{row}}(S))^T D$$

这与注意力计算也很相似，只是没有使用所有的词，而是只取了相关矩阵中值最大的那一部分，就是对 S 进行 Max-Pooling。以问题为视角，就是将所有问题词中与文档词相关度最大的那些词提取出来作为权重，然后基于这个权重对问题词向量进行加权求和。

3．Mean-Pooling（平均池化）

Mean-Pooling 的逻辑跟最大池化的是一样的，就是把最大池化改为平均池化。

$$q'=\mathrm{softmax}(\mathrm{mean}_{\mathrm{col}}(\boldsymbol{S}))^{\mathrm{T}}Q$$
$$d'=\mathrm{softmax}(\mathrm{meam}_{\mathrm{row}}(\boldsymbol{S}))^{\mathrm{T}}D$$

4．Intra-Attention（自注意力）

$$x_i' = \sum_{j=1}^{N} \frac{\exp(s_{ij})}{\sum\limits_{k=1}^{N}\exp(s_{ik})} x_j$$

中间的相关矩阵 $\boldsymbol{S}$ 是通过自注意力计算出来的。x 是通用标识，既可以代表 q 也可以代表 d，如图 9.15 中第二层的两边，中间的 3 种交互都有 q 和 d 两个箭头输入，而两边分别只有一个箭头。

下一层是压缩（Compression）层。这一层的目的就是压缩空间，因为使用了多种交互方式进行计算，所以输出值会很多，如果不进行压缩，那么计算量会暴增。当然，如果只是作为学术研究，不压缩的影响也不大，直接通过向量计算来提升指标效果是比较常见的方法。而作为工业模型，即使进行了一定程度的压缩也完全不够。

$$f_c=F_c(x';\,x)$$
$$f_m=F_c(x'\odot x)$$
$$f_s=F_c(x'-x)$$

"；"表示向量拼接，$\odot$ 表示按位相乘而不相加，x 表示通用标识，可以是 q 也可以是 d。这里使用了 3 种方法让处理过的 x' 与原始输入的值 x 进行交互，避免经过处理之后重要信息丢失。F_c 是压缩函数，这里使用了 3 种压缩函数进行实验。

直接求和：

$$F_{\mathrm{sm}}(x) = \sum_{i}^{n} x_i$$

全连接：

$$F_{nn}(x)=\mathrm{ReLU}(W_c(x)+b_c)$$

因子分解机 FM：

$$F_{fm}(x) = w_0 + \sum_{i=1}^{n} w_i x_i + \sum_{i=1}^{n}\sum_{j=i+1}^{n} w_{ij} x_i x_j$$

$w_0 \in R$ 是一个值，相当于偏置，w_i，$w_{ij} \in R$ 都是权重。

上面其实是为了给每个词向量做一些信息增强，下一层会把初始词向量重新输入一次进行后续的计算。

每个词经过压缩操作都可以得到 3 个值，3 种压缩函数是并行的，不同时出现在模型中。每个词在输入压缩层之前有几种变化呢？有 4 种，即 Max、Mean、Alignment-Pooling 和自注意力，只是 Max 和 Mean 计算出来的输出只有两个，就是不同问题词之间是一样的，文档词之间也是一样的。而自注意力和交互注意力的结果是每个词都是不一样的。这样每个词向量都能得到一个增强向量 $z \in \mathbb{R}^{12}$。

与原始词向量拼接之后就形成了下一层的输入。

$$w_i' = w_i; z_i$$

下一层使用了常见的 LSTM，是单向的。

输出使用了 Max-Pooling 和 Mean-Pooling，没有固定使用最后一个时间步的输出，而是分别用最大池化和平均池化对全部时间步的输出提取出一个向量并拼接起来。

$$h=\text{MeanMax}(h_1,\cdots,h_N)$$

问题和答案分别进行这样的处理。

然后是经过两次高速公路网络。

$$y_{\text{out}}=H_2(H_1(\ h_q;\ h_d;\ h_q \odot h_d;\ h_q-h_d))$$

然后输出最终值：

$$y' = \text{softmax}(W_F \bullet y_{out} + b_F)$$

这里是以 0～1 进行预测，所以改为 sigmoid 也可以。

损失函数还是交叉熵：

$$J(\theta) = -\sum_{i=1}^{N} y_i \log y_i' + (1-y_i)\log(1-y_i') + \lambda \parallel \theta \parallel_{L2}$$

下面看实验结果，如图 9.16 所示。

虽然最终的结果是模型发表是最好的，但是整体上每个环节先验的有效性还是存疑的。在向量压缩方法中 FM 明显更好一些，观察一下 FM 的公式可以发现，单层全连接层其实就是一个逻辑回归，相当于 FM 中的前半部分，只能发掘出浅层的向量间关系，而 FM 的后半部分是元素间两两相乘，关系可以发掘得更深一些。FM 在排序场景使用得更多一些，如推荐系统，如果想要发掘更深的关系，则可以使用 FFM 或多层神经网络。

下面再看消融实验结果，如图 9.17 所示。

Model	MAP	MRR
QA-LSTM (dos Santos et al.)	0.728	0.832
AP-CNN (dos Santos et al.)	0.753	0.851
LDC Model (Wang et al.)	0.771	0.845
MPCNN (He et al.)	0.777	0.836
HyperQA (Tay et al.)	0.784	0.865
MPCNN + NCE (Rao et al.)	0.801	0.877
BiMPM (Wang et al.)	0.802	0.899
IWAN (Shen et al.)	0.822	0.889
MCAN (SM)	0.827	0.880
MCAN (NN)	0.827	0.890
MCAN (FM)	**0.838**	**0.904**

图 9.16　在 TrecQA 数据集上的实验

Setting	MAP	MRR
Original	**0.866**	**0.922**
(1) Remove Highway	0.825	0.863
(2) Remove LSTM	0.765	0.809
(3) Remove MCA	0.670	0.749
(4) Remove Intra	0.834	0.910
(5) Remove Align	0.682	0.726
(6) Remove Mean	0.858	0.906
(7) Remove Max	0.862	0.915

图 9.17　消融实验结果

虽然做了消融实验，但是消融的对比是基于本模型的使用方法进行的，也就是说，换一种使用方式不一定会得到同样的提升效果。

图 9.17 中最后 4 行对应的是 4 种交互方式，可以看到相互注意力是最重要的，Mean 和 Max 的贡献非常小。MCA 包括 4 种交互方式和全部的向量压缩，去掉 MCA 之后就只剩 LSTM 后面的部分。可以看到，MCA 对整体的贡献还是比较大的。

9.6　混　合　式

　　混合式其实就是既有表征也有交互，但交互式有时候也有表征的部分，所以两者之间的区分没有严格的界限，只是帮助归类理解的一种手段。

9.6.1　CompQA 模型

　　CompQA 模型是由 Weijie Bian、SiLi 和 Zhao Yang 等人在论文 A compare-aggregate model with latent clustering for answer selection 中提出的，模型结构如图 9.18 所示。混合式模型既有表征也有交叉计算，不过什么时候开始交叉没有明确的规定。

　　模型目标还是 $f(y|Q, A)$，其中：

$$Q = \{q_1, \cdots, q_n\} \in \mathbb{R}^{d \times n}$$
$$A = \{a_1, \cdots, a_m\} \in \mathbb{R}^{d \times m}$$

　　这里第一层使用了动态词向量，也就是 ELMo，所以模型第一层就是 ELMo 模型。为什么不使用 BERT 呢？因为 BERT 的多层自注意力的计算量还是偏大的，虽然 ELMo 对于静态词向量也需要额外的计算，但是比 BERT 少一些。

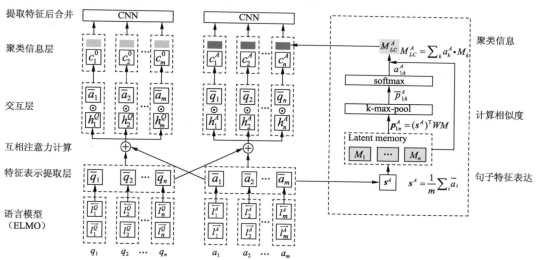

图 9.18　CompQA 模型结构

　　第二层是上下文表示层。

$$Q' = \sigma(W\, Q) \odot \tanh(W^u Q)$$
$$A' = \sigma(W^i A) \odot \tanh(W^u A)$$

　　$\odot$ 是按位相乘。σ 是 sigmoid 函数。$W \in \mathbb{R}^{l \times d}$，$Q' \in \mathbb{R}^{l \times n}$，$A' \in \mathbb{R}^{l \times m}$

　　看着有些复杂，其实跟自注意力类似，先是基于自身计算出一个权重，然后与 value 相乘，不过这里没有像自注意力那样进行相加操作。也就是这里的"自注意力"只是把权重高的位置上的信息进行了加权，而没有与其他信息进行合并。

下一层是一个完整的相互注意力计算。

$$H^Q = Q' \cdot \text{softmax}\left(\left(W^q Q'\right)^{\text{T}} A'\right), H^Q \in \mathbb{R}^{l \times m}$$

$$H^A = A' \cdot \text{softmax}\left(\left(W^a A'\right)^{\text{T}} Q'\right), H^A \in \mathbb{R}^{l \times n}$$

一次使用 Q 作为 key 和 value，A 作为 Query，另一次使用 A 作为 key 和 value，Q 作为 Query。

下一层又是一个交互层。

$$C^Q = A' \odot H^Q, C^Q \in \mathbb{R}^{l \times m}$$

$$C^A = Q' \odot H^A, C^A \in \mathbb{R}^{l \times n}$$

交互之后就使用 CNN 进行特征提取。这里的 CNN 使用了 k 种宽度的 kernel 进行提取，最后把不同宽度的 kernel 提取的向量合并。

$$\mathbb{R}^Q = \text{CNN}(C^Q), \mathbb{R}^Q \in \mathbb{R}^{kl}$$

$$\mathbb{R}^A = \text{CNN}(C^A), \mathbb{R}^A \in \mathbb{R}^{kl}$$

$$\text{score} = \sigma(\mathbb{R}^Q, \mathbb{R}^{A\,\text{T}} W), W \in \mathbb{R}^{2kl \times 1}$$

1. 排序

其实对于 QA 问题，有两种训练和使用方式，一种是一对一，即一个问题与一个答案，预测的是问题和答案的匹配度，另一种是一对多，即一个问题与多个答案，预测的是这里面哪个答案是正确的。

$$\text{score}_i = \text{model}(Q, A_i)$$

当然为了适应性，模型的输入是一个问题与一个答案，然后得出一个分数。

$$S = \text{softmax}(\text{score}_1, \cdots, \text{score}_i)$$

得出分数后进行归一化。i 是与问题配套的答案的数量。

$$\text{loss} = \sum_{n=1}^{N} \text{KL}(S_n \| y_n)$$

使用 KL 散度作为损失函数。N 是训练阶段一个批次的问题数。这被称为 Listwise 方式。

而这里使用更常用的一对一基于交叉熵损失的训练方式。

$$\text{loss} = -\sum_{n=1}^{N} y_n \log(\text{score}_n)$$

这种方式称为 Pointwise 方式。

对于 QA 问题来说，给定问题之后，需要在多个答案中找到最有可能是正确的那个答案。所以这其实还是排序问题。有了前面训练出来的相关度得分，其实就可以基于这个得分进行排序了。得分最高的最有可能是正确答案。当然，如果是基于聊天式的对话，那么不能只排序，还要判断得分最高的那个答案的相关度得分的高低，如果得分比较高，那么就可以作为答案返回给用户，如果得分相对最高，但绝对值依然比较低，如低于 0.5，那么就可以认为没有答案，然后转入其他流程处理。

多数 QA 模型的假设都是答案不包含无关信息，而对于搜索场景来说可能不是这样的，一个文档里会包含大量的无关信息，在这种场景中，模型的作用就是选择出最有可能包含答案的那个文档。然后针对这个文档，使用 MRC 模型把准确答案的位置提取出来。

上面的模型只是一个基准模型，为了提升模型效果增加了一些操作。

2. 语言模型

语言模型使用了 ELMo 动态词向量，而不是静态的，最后的效果对比显示了动态与静态词向量的差别。

3. 迁移学习

一般而言，使用更大的训练语料都会带来模型指标性能的提升。这里先使用了数量更大的 QNLI 语料集进行训练，然后在 WikiQA 和 Trec QA 数据集基础上进行微调。

4. 聚类信息（LC, Latent Clustering Method）

先看 LC 操作：

$$p_{1:n} = s^T W M_{1:n}$$
$$p'_{1:k} = \max_k(p_{1:n})$$
$$\alpha_{1:k} = \text{softmax}(p'_{1:k})$$
$$M_{LC} = \sum_k \alpha_k M_k$$

看到一堆新变量是不觉得很复杂？其实不然，这个操作就是一个记忆网络的提取操作。$M_{1:n}$ 是预先计算好的句子表征向量，一般是基于全部样本提取出来的。这里是问题和答案分别计算两套。$s \in \mathbb{R}^d$ 就是输入记忆网络进行内容提取的文本，这里是一个句子表征向量。

$$s_q = \sum_i q'_i / n, q'_i \subset Q'_{1:n}$$
$$s_a = \sum_i a'_i / m, a'_i \subset A'_{1:m}$$

Q', A' 就是表征层计算出来的问题矩阵和答案矩阵。

s 与所有的记忆向量做相关性计算之后，取出相关度最高的 k 个，然后基于这 k 个相关度进行归一化，基于这个归一权重与原来的记忆向量相乘后相加。最后得出类似于针对记忆网络的内容进行注意力计算的上下文向量 M_{LC}，如图 9.18 右部所示。

得到这个记忆上下文向量如何使用呢？

$$M_{LC}^Q = f(s_q)$$
$$M_{LC}^A = f(s_a)$$

f 就是刚才定义的 LC 操作。

$$C_{new}^Q = C^Q; M_{LC}^Q$$
$$C_{new}^A = C^A; M_{LC}^A$$

这里"；"操作符与我们经常使用的稍有不同，一般表示向量拼接操作，这里 C 是一个矩阵，所以拼接是针对 C 中的每一个向量进行的。也就是说这里的信息插到最后 CNN 特征提取之前。其他操作都是一样的，因为空间问题只画了 answer 的 LC 操作，其实 question

也有这个操作。

5. 实验

下面看一下实验结果和消融实验对比，如图 9.19 所示。

Model	WikiQA				TREC-QA			
	MAP		MRR		MAP		MRR	
	dev	test	dev	test	dev	test	dev	test
Compare-Aggregate (2017) [15]	0.743*	0.699*	0.754*	0.708*	-	-	-	-
Comp-Clip (2017) [1]	0.732*	0.718*	0.738*	0.732*	-	0.821	-	0.899
IWAN (2017) [9]	0.738*	0.692*	0.749*	0.705*	-	0.822	-	0.899
IWAN + sCARNN (2018) [12]	0.719*	0.716*	0.729*	0.722*	-	0.829	-	0.875
MCAN (2018) [11]					-	0.838	-	**0.904**
Question Classification (2018) [5]	-	-	-	-	**0.865**	-	0.904	
Listwise Learning to Rank								
Comp-Clip (our implementation)	0.756	0.708	0.766	0.725	0.750	0.744	0.805	0.791
Comp-Clip (our implementation) + LM	0.783	0.748	0.791	0.768	0.825	0.823	0.870	0.868
Comp-Clip (our implementation) + LM + LC	0.787	0.759	0.793	0.772	0.841	0.832	0.877	0.880
Comp-Clip (our implementation) + LM + LC +TL	0.822	**0.830**	0.836	**0.841**	0.866	0.848	0.911	0.902
Pointwise Learning to Rank								
Comp-Clip (our implementation)	0.776	0.714	0.784	0.732	0.866	0.835	0.933	0.877
Comp-Clip (our implementation) + LM	0.785	0.746	0.789	0.762	0.872	0.850	0.930	0.898
Comp-Clip (our implementation) + LM + LC	0.782	**0.764**	0.785	**0.784**	0.879	**0.868**	0.942	**0.928**
Comp-Clip (our implementation) + LM + LC +TL	0.842	**0.834**	0.845	**0.848**	0.913	**0.875**	0.977	**0.940**

图 9.19　实验结果对比

可以看到，整体上 Pointwise 的训练效果比 Listwise 稍好一点。推测主要原因是 List 形式不便于把样本打散，而 Point 形式则可以。ELMo 动态词向量的提升也是相对置信的，只是幅度较小，LC 操作提升的幅度更小，总体上最有效的方式反而是迁移学习 TL，也就是增加训练样本。

模型情况就介绍得差不多了，下面我们来汇总看看各个模型的实验结果对比。

9.6.2　所有模型的实验对比

前面介绍的各个模型的实验结果对比如表 9.1 和表 9.2 所示。

表 9.1　WiKiQA数据集上的实验结果

模　　型	MAP	MRR
BCNN	0.663	0.681
ABCNN-1	0.685	0.702
ABCNN-2	0.688	0.707
ABCNN-3	0.682	0.710
CubeQA	0.709	0.723
BERTSel-base	0.770	0.753
BERTSel-large	0.875	0.860
CompQA+LM	0.746	0.762
CompQA+LM+LC	0.764	0.784
CompQA+LM+LC+TL	0.834	0.848

表 9.2　TrecQA数据集上的实验结果

模　型	设　置	MAP	MRR
CNNQA(2015)	TRAIN-ALL	0.746	0.808
HDLSTM(2017)	TRAIN-ALL	0.749	0.815
ImpRrepQA(2016)	Conv-pooling-LSTM	0.742	0.819
ImpRrepQA(2016)	Conv-based LSTM	0.737	0.827
BERTSel	large	0.961	0.904
MCAN	sm	0.827	0.880
MCAN	nn	0.827	0.890
MCAN	fm	0.838	0.904
CompQA	+LM	0.850	0.898
CompQA	+LM+LC	0.868	0.928
CompQA	+LM+LC+TL	0.875	0.940

9.7　大模型时代的信息检索和问答系统

信息检索和问答系统在自然语言处理领域中具有重要地位。随着人工智能技术的不断进步，尤其是大模型的引入，这一领域取得了突破性的发展。这些模型通过复杂的训练和丰富的语料库，能够更加准确地理解和回答用户的查询。本节将介绍大模型在信息检索和问答系统中的应用，并通过具体示例展示其强大的功能。

9.7.1　使用大模型进行直接问答

大模型如 ChatGPT 本身就集成了信息检索和问答系统的功能。下面通过一个简单的一问一答示例来展示 ChatGPT 自带的检索和问答功能。

假设有一个问题需要 ChatGPT 回答，则可以直接提问。

问：请解释一下量子计算的基本原理？

ChatGPT 回答：量子计算是一种利用量子力学原理进行计算的技术。与传统计算机使用比特（bit）作为信息的基本单位不同，量子计算机使用量子比特（qubit）。

问：能用简单易懂的例子再解释一下吗？

ChatGPT 回答：想象一下，你有一个普通的灯泡开关。这个开关只能有两种状态，即开（1）或者关（0）。这就像传统计算机中的比特（bit）。现在，想象你有一个魔法开关。这个开关不仅可以是开（1）或者关（0），它还可以同时处于开和关的状态。这就像量子计算机中的量子比特（qubit）。所以，传统计算机就像普通的灯泡开关，而量子计算机就像那个神奇的魔法开关。量子计算利用这些"魔法开关"来进行计算，这就是它与传统计算机的不同之处。

在这个示例中，向 ChatGPT 发送一些问题，要求其提供相关的回答。ChatGPT 基于其预训练的知识和上下文信息，能够生成准确且详细的回答。

9.7.2　使用大模型进行本地文件信息检索和问答

ChatGPT 除了可以直接问答外，大模型还可以通过 API 读取本地文件夹下的文件，并基于这些文件进行信息检索和问答。这对于需要处理大量文档的场景尤为有用。

假设有一个文件夹，里面包含 n 个相关文件（如 document1.pdf、document2.pdf 和 document3.pdf），则可以基于这些文件内容进行问答。

```python
import openai
import os

openai.api_key = 'your-api-key'

def read_files(folder_path):
    file_contents = {}
    for filename in os.listdir(folder_path):
        if filename.endswith(".pdf"):
            with open(os.path.join(folder_path, filename), 'r', encoding=
'utf-8') as file:
                file_contents[filename] = file.read()
    return file_contents

def ask_question_based_on_files(question, file_contents):
    combined_text = "\n".join(file_contents.values())
    prompt = f"{combined_text}\n\n基于以上内容，请回答以下问题：{question}"
    response = openai.Completion.create(
        engine="text-davinci-003",
        prompt=prompt,
        max_tokens=150
    )
    return response.choices[0].text.strip()

# 示例文件夹路径
folder_path = 'path_to_your_folder'

# 读取文件内容
file_contents = read_files(folder_path)

# 示例问题
question = "根据这些文件，什么是机器学习的主要应用领域？"
answer = ask_question_based_on_files(question, file_contents)
print(f"回答: \n{answer}")
```

在这个示例中，首先读取本地文件夹下的所有文件内容，并将其合并成一个大的文本块，然后将这个文本块和用户的问题一起发送给 ChatGPT 进行处理。ChatGPT 基于这些文本内容生成相关的回答。

大模型的应用使信息检索和问答系统的效率和准确性明显提升。通过学习这些前沿技术，读者不仅可以更好地理解大模型的工作原理，还能在实际项目中有效利用这些技术来解决复杂的信息检索等问题。

9.8　小　　结

本章主要介绍了 QA 任务中候选答案的打分方法，传统方法是基于 TF-IDF 的 BM25。深度学习方法主要有三类：表征式、交互式和混合式。效果肯定是交互式和混合式最好。例如 BERTSel，仅仅是套用了 BERT，做了非常少的改动就达到了较好的效果。混合式与交互式其实没有本质区别，都涉及大量交互。相对来说交互式在交互的过程中会把两边的数据融合，虽然混合式也有大量交互，但是问题和答案两条线一直没有消失。但在工程界，表征式的使用场景相对来说更多一些，原因是性能限制。本章最后通过示例展示了如何使用 ChatGPT 模型进行直接回答，以及进行本地文件信息检索和问答。

QA 有很多种，有基于知识库的，有基于文本的，也有基于文档的。上面的打分方法可以通用，不一定只能基于文本的 QA 才能使用。例如，基于问题答案库的 QA，在搜索答案的过程中完全可以使用，无论是 BM25 还是 BERTSel。

如果是对话式的 QA 场景，那么打分结束后，不能直接把得分最高的那个返回，还需要判断一些分值的范围，如果得分最高的那个分值依然比较低，如低于 0.5，那么可以判断这个问题在知识库中没有答案，因此会进行其他处理，如反问一些问题，以辅助限定更小的范围等。

如果是类似搜索场景的 QA，那么基于大量候选文档，即使是表征式打分方法也不可能直接基于全量文档使用，必须使用如 BM25 等基于反向索引的工程性方法进行初步召回，大量过滤那些包含答案概率非常低的文档，然后使用模型打分找出最有可能包含答案的几个文档，最后才可以使用 MRC 之类的模型定位出最终的答案。